박영훈 선생님의

생각하는 초등연산

◇ 당신은 언제나 옳습니다. 그대의 삶을 응원합니다. – 라의눈출판그룹

박영훈 선생님의

생각하는 초등연산 4권

초판 1쇄 | 2023년 3월 15일

지은이 | 박영훈
펴낸이 | 설응도
편집주간 | 안은주
영업책임 | 민경업
디자인 | 박성진

펴낸곳 | 라의눈

출판등록 | 2014년 1월 13일(제2019-000228호)
주소 | 서울시 강남구 테헤란로78길 14-12(대치동) 동영빌딩 4층
전화 | 02-466-1283 팩스 | 02-466-1301

문의(e-mail) 편집 | editor@eyeofra.co.kr
영업마케팅 | marketing@eyeofra.co.kr
경영지원 | management@eyeofra.co.kr

ISBN 979-11-92151-49-6 64410
ISBN 979-11-92151-06-9 64410(세트)

박영훈 선생님의

생각하는 초등연산

★ 박영훈 지음 ★

4권

2학년

라의눈

<생각하는 연산>을 지도하는 선생님과 학부모님께

수학의 기초는 '계산'일까요, 아니면 '연산'일까요? 계산과 연산은 어떻게 다를까요?

54+39=93

이 덧셈의 답만 구하는 것은 계산입니다. 단순화된 계산절차를 기계적으로 따르면 쉽게 답을 얻습니다.
반면 '연산'은 93이라는 답이 나오는 과정에 주목합니다. 4와 9를 더한 13에서 1과 3을 왜 각각 구별해야 하는지, 왜 올려 쓰고 내려 써야 하는지 이해하는 것입니다. 절차를 무작정 따르지 않고, 그 절차를 스스로 생각하여 만드는 것이 바로 연산입니다.

$$\begin{array}{r} ^{1} \\ 54 \\ +\,39 \\ \hline 93 \end{array}$$

덧셈의 원리를 이렇게 이해하면 뺄셈과 곱셈으로 그리고 나눗셈까지 차례로 확장할 수 있습니다. 수학 공부의 참모습은 이런 것입니다. 형성된 개념을 토대로 새로운 개념을 하나씩 쌓아가는 것이 수학의 본질이니까요. 당연히 생각할 시간이 필요하고, 그래서 '느린 수학'입니다. 그렇게 얻은 수학의 지식과 개념은 완벽하게 내면화되어 다음 단계로 이어지거나 쉽게 응용할 수 있습니다.
그러나 왜 그런지 모른 채 절차 외우기에만 열중했다면, 그 후에도 계속 외워야 하고 응용도 별개로 외워야 합니다. 그러다 지치거나 기억의 한계 때문에 잊어버릴 수밖에 없어 포기하는 상황에 놓이게 되겠죠.

$$\begin{array}{r} ^{1} \\ 13 \\ \times\quad 5 \\ \hline 65 \end{array}$$

아이가 연산문제에서 자꾸 실수를 하나요? 그래서 각 페이지마다 숫자만 빼곡히 이삼십 개의 계산 문제를 늘어놓은 문제지를 풀게 하고, 심지어 시계까지 동원해 아이들을 압박하는 것은 아닌가요? 그것은 교육(education)이 아닌 훈련(training)입니다. 빨리 정확하게 계산하는 것을 목표로 하는 숨 막히는 훈련의 결과는 다음과 같은 심각한 부작용을 가져옵니다.

첫째, 아이가 스스로 생각할 수 있는 능력을 포기하게 됩니다.

둘째, 의미도 모른 채 제시된 절차를 기계적으로 따르기만 하였기에 수학에서 가장 중요한 연결하는 사고를 할 수 없게 됩니다.
셋째, 결국 다른 사람에게 의존하는 수동적 존재로 전락합니다.

빨리 정확하게 계산하는 것보다 중요한 것은 왜 그런지 원리를 이해하는 것이고, 그것이 바로 연산입니다. 계산기는 있지만 연산기가 없는 이유를 이해하시겠죠. 계산은 기계가 할 수 있지만, 생각하고 이해해야 하는 연산은 사람만 할 수 있습니다. 그래서 연산은 수학입니다. 계산이 아닌 연산 학습은 왜 그런지에 대한 이해가 핵심이므로 굳이 외우지 않아도 헷갈리는 법이 없고 틀릴 수가 없습니다.

수학의 기초는 '계산'이 아니라 '연산'입니다

'연산'이라 쓰고 '계산'만 반복하는 지루하고 재미없는 훈련은 이제 멈추어야 합니다.
태어날 때부터 자적 호기심이 충만한 아이들은 당연히 생각하는 것을 즐거워합니다. 타고난 아이들의 생각이 계속 무럭무럭 자라날 수 있도록 『생각하는 초등연산』은 처음부터 끝까지 세심하게 설계되어 있습니다. 각각의 문제마다 아이가 '생각'할 수 있게끔 자극을 주기 위해 나름의 깊은 의도가 들어 있습니다. 아이 스스로 하나씩 원리를 깨우칠 수 있도록 문제의 구성이 정교하게 이루어졌다는 것입니다. 이를 위해서는 앞의 문제가 그 다음 문제의 단서가 되어야겠기에, 밑바탕에는 자연스럽게 인지학습심리학 이론으로 무장했습니다.

이렇게 구성된 『생각하는 초등연산』의 문제 하나를 풀이하는 것은 등산로에 놓여 있는 계단 하나를 오르는 것에 비유할 수 있습니다. 계단 하나를 오르면 스스로 다음 계단을 오를 수 있고, 그렇게 계단을 하나씩 올라설 때마다 새로운 것이 보이고 더 멀리 보이듯, 마침내는 꼭대기에 올라서면 거대한 연산의 맥락을 이해할 수 있게 됩니다. 높은 산의 정상에 올라 사칙연산의 개념을 한눈에 조망할 수 있게 되는 것이죠. 그렇게 아이 스스로 연산의 원리를 발견하고 규칙을 만들 수 있는 능력을 기르는 것이 『생각하는 초등연산』이 추구하는 교육입니다.

연산의 중요성은 아무리 강조해도 지나치지 않습니다. 연산은 이후에 펼쳐지는 수학의 맥락과 개념을 이해하는 기초이며 동시에 사고가 본질이자 핵심인 수학의 한 분야입니다. 이제 계산은 빠르고 정확해야 한다는 구시대적 고정관념에서 벗어나서, 아이가 혼자 생각하고 스스로 답을 찾아내도록 기다려 주세요. 처음엔 느린 듯하지만, 스스로 찾아낸 해답은 고등학교 수학 학습을 마무리할 때까지 흔들리지 않는 튼튼한 기반이 되어줄 겁니다. 그것이 느린 것처럼 보이지만 오히려 빠른 길임을 우리 어른들은 경험적으로 잘 알고 있습니다.

시험문제 풀이에서 빠른 계산이 필요하다는 주장은 수학에 대한 무지에서 비롯되었으니, 이에 현혹되는 선생님과 학생들이 더 이상 나오지 않았으면 하는 바람을 담아 『생각하는 초등연산』을 세상에 내놓았습니다. 인스턴트가 아닌 유기농 식품과 같다고나 할까요. 아무쪼록 산수가 아닌 수학을 배우고자 하는 아이들에게 『생각하는 초등연산』이 진정한 의미의 연산 학습 도우미가 되기를 바랍니다.

박영훈

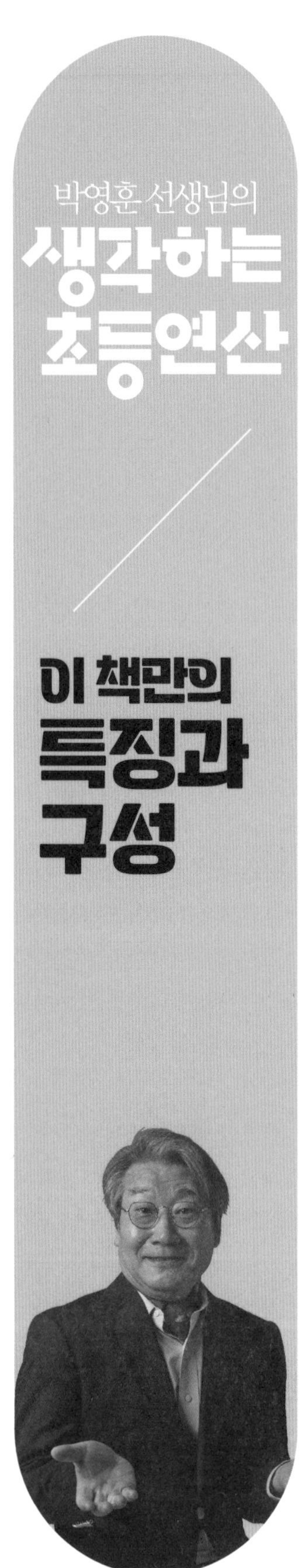

박영훈 선생님의
생각하는
초등연산
이 책만의
특징과
구성

이 책만의 특징 01

'계산' 말고 '연산'!

수학을 잘하려면 '계산' 말고 '연산'을 잘해야 합니다. 많은 사람들이 오해하는 것처럼 빨리 정확히 계산하기 위해 연산을 배우는 것이 아닙니다. 연산은 수학의 구조와 원리를 이해하는 시작점입니다. 연산 학습에도 이해력, 문제해결능력, 추론능력이 핵심요소입니다. 계산을 빨리 정확하게 하기 위한 기능의 습득은 수학이 아니고, 연산 그 자체가 수학입니다. 그래서 『생각하는 초등연산』은 '계산'이 아니라 '연산'을 가르칩니다.

이 책만의 특징 02

스스로 원리를 발견하고, 개념을 확장하는 연산

다른 계산학습서와 다르지 않게 보인다고요? 제시된 절차를 외워 생각하지 않고 기계적으로 반복하여 빠른 답을 구하도록 강요하는 계산학습서와는 비교할 수 없습니다.

이 책으로 공부할 땐 절대로 문제 순서를 바꾸면 안 됩니다. 생각의 흐름에는 순서가 있고, 이 책의 문제 배열은 그 흐름에 맞추었기 때문이죠. 문제마다 깊은 의도가 숨어 있고, 앞의 문제는 다음 문제의 단서이기도 합니다. 순서대로 문제풀이를 하다보면 스스로 원리를 깨우쳐 자연스럽게 이해하고 개념을 확장할 수 있습니다. 인지학습심리학은 그래서 필요합니다. 1번부터 차례로 차근차근 풀게 해주세요.

이 책만의 특징 03

게임처럼 재미있는 연산

게임도 결국 문제를 해결하는 것입니다. 시간 가는 줄 모르고 게임에 몰두하는 것은 재미있기 때문이죠. 왜 재미있을까요? 화면에 펼쳐진 게임 장면을 자신이 스스로 해결할 수 있다고 여겨 도전하고 성취감을 맛보기 때문입니다. 타고난 지적 호기심을 충족시킬 만큼 생각하게 만드는 것이죠. 그렇게 아이는 원래 생각할 수 있고 능동적으로 문제 해결을 좋아하는 지적인 존재입니다.

아이들이 연산공부를 하기 싫어하나요? 그것은 아이들 잘못이 아닙니다. 빠른 속도로 정확한 답을 위해 기계적인 반복을 강요하는 계산연습이 지루하고 재미없는 것은 당연합니다. 인지심리학을 토대로 구성한『생각하는 초등연산』의 문제들은 게임과 같습니다. 한 문제 안에서도 조금씩 다른 변화를 넣어 호기심을 자극하고 생각하도록 하였습니다. 게임처럼 스스로 발견하는 재미를 만끽할 수 있는 연산 교육 프로그램입니다.

이 책만의 특징 04

교사와 학부모를 위한 '교사용 해설'

이 문제를 통해 무엇을 가르치려 할까요? 문제와 문제 사이에는 어떤 연관이 있을까요? 아이는 이 문제를 해결하며 어떤 생각을 할까요? 교사와 학부모는 이 문제에서 어떤 것을 강조하고 아이의 어떤 반응을 기대할까요?

이 모든 질문에 대한 전문가의 답이 각 챕터별로 '교사용 해설'에 들어 있습니다. 또한 각 문제의 하단에 문제의 출제 의도와 교수법을 담았습니다. 수학전공자가 아닌 학부모 혹은 교사가 전문가처럼 아이를 지도할 수 있는 친절하고도 흥미진진한 안내서 역할을 해줄 것입니다.

이 책만의 특징 05

선생님을 가르치는 선생님, 박영훈!

이 책을 집필한 박영훈 선생님은 2만 명의 초등교사를 가르친 '선생님의 선생님'입니다. 180만 부라는 경이로운 판매를 기록한 베스트셀러『기적의 유아수학』의 저자이기도 합니다. 이 책은, 잘못된 연산 공부가 수학을 재미없는 학문으로 인식하게 하고 마침내 수포자를 만드는 현실에서, 연산의 참모습을 보여주고 진정한 의미의 연산학습 도우미가 되기를 바라는 마음으로, 12년간 현장의 선생님들과 함께 양팔을 걷어붙이고 심혈을 기울여 집필한 책입니다.

박영훈 선생님의

생각하는 초등연산

차례

머리말 4

이 책만의 특징과 구성 6

박영훈의 생각하는 연산이란? 10

개념 MAP 11

1 곱셈 기초

1 일차 | 뛰어 세기를 곱셈으로 14

2 일차 | 묶어 세기를 곱셈으로 19

3 일차 | 곱셈은 '몇 배' 27

교사용 해설 35

4 일차 | '몇의 몇 배'를 곱셈으로 37

교사용 해설 43

5 일차 | 여러 개의 곱셈식으로 44

6 일차 | 곱셈 연습(1) 51

교사용 해설 59

7 일차 | 곱셈 연습(2) 60

8 일차 | 길이도 곱셈으로 65

교사용 해설 73

9 일차 | 곱셈 연습(3) 74

10 일차 | 곱셈 연습(4) 81

교사용 해설 88

2

곱셈 구구

1 일차 | 2의 배수(1) 90
2 일차 | 2의 배수(2) 95
교사용 해설 99
3 일차 | 4의 배수(1) 100
4 일차 | 4의 배수(2) 106
5 일차 | 5의 배수(1) 110
6 일차 | 5의 배수(2) 114
7 일차 | 3의 배수(1) 119
8 일차 | 3의 배수(2) 123
9 일차 | 6의 배수(1) 128
10 일차 | 6의 배수(2) 132
11 일차 | 9의 배수(1) 137
12 일차 | 9의 배수(2) 141
13 일차 | 7의 배수(1) 146
14 일차 | 7의 배수(2) 150
15 일차 | 8의 배수(1) 155
16 일차 | 8의 배수(2) 159
17 일차 | 1의 배수와 0의 배수 164
18 일차 | 곱셈구구 연습(1) 169
19 일차 | 곱셈구구 연습(2) 174

정답 178

박영훈 선생님의
생각하는 초등연산

박영훈의 생각하는 연산이란?

계산 문제집과 『박영훈의 생각하는 연산』의 차이

	기존 계산 문제집	박영훈의 생각하는 연산
수학 vs. 산수	수학이 없다. 계산 기능만 있다.	연산도 수학이다. 생각해야 한다.
교육 vs. 훈련	교육이 없다. 훈련만 있다.	연산은 훈련이 아닌 교육이다.
교육원리 vs, 맹목적 반복	교육원리가 없다. 기계적인 반복 연습만 있다.	교육적 원리에 따라 사고를 자극하는 활동이 제시되어 있다.
사람 vs. 기계	사람이 없다. 싸구려 계산기로 만든다.	우리 아이는 생각할 수 있는 지적인 존재다.
한국인 필자 vs. 일본 계산문제집 모방	필자가 없다. 옛날 일본에서 수입된 학습지 형태 그대로이다.	수학교육 전문가와 초등교사들의 연구모임에서 집필했다.

계산문제집의 역사

초등학교에서 계산이 중시되었던 유래는 백여 년 전 일제 강점기로 거슬러 올라갑니다. 당시 일제의 교육목표는, 국민학교(당시 초등학교)를 졸업하자마자 상점이나 공장에서 취업할 수 있도록 간단한 계산능력을 기르는 것이었습니다.
이후 보통교육이 중등학교까지 확대되지만, 경쟁률이 높아지면서 시험을 위한 계산 기능이 강조될 수밖에 없었습니다. 이에 발맞추어 구몬과 같은 일본의 계산 문제집들이 수입되었고, 우리 아이들은 무한히 반복되는 기계적인 계산 훈련을 지금까지 강요당하게 된 것입니다. 빠르고 정확한 '계산'과 '수학'이 무관함에도 어른들의 무지로 인해 21세기인 지금도 계속되는 안타까운 현실이 아닐 수 없습니다.
이제는 이런 악습에서 벗어나 OECD 회원국의 자녀로 태어난 우리 아이들에게 계산 기능의 훈련이 아닌 수학으로서의 연산 교육을 제공해야 하지 않을까요?

박영훈 선생님의

생각하는 초등연산

개념 MAP

수 세기
- 5까지의 수 세기
- 9까지의 수 세기
- 10 이상의 수 세기

유치원

덧셈기호와 뺄셈기호의 도입

『생각하는 초등연산』 1권

수 세기에 의한 덧셈과 뺄셈
받아올림과 받아내림을 수 세기로 도입

『생각하는 초등연산』 2권

두 자리 수의 덧셈과 뺄셈 1
세로셈 도입

『생각하는 초등연산』 2권

두 자리 수의 덧셈과 뺄셈 2
받아올림과 받아내림을 세로셈으로 도입

『생각하는 초등연산』 3권

세 자리 수의 덧셈과 뺄셈 (덧셈과 뺄셈의 완성)

『생각하는 초등연산』 5권

곱셈기호의 도입
동수누가에 의한 덧셈의 확장으로 곱셈 도입

『생각하는 초등연산』 4권

곱셈구구의 완성
동수누가에 의한 덧셈의 확장으로 곱셈 도입

『생각하는 초등연산』 4권

두 자리수의 곱셈
분배법칙의 적용

『생각하는 초등연산』 6권

두 자리수 곱셈의 완성

『생각하는 초등연산』 7권

나눗셈기호의 도입
곱셈구구에서 곱셈의 역에 의한 나눗셈 도입

『생각하는 초등연산』 6권

나머지가 있는 나눗셈

『생각하는 초등연산』 6권

몫이 두 자리 수인 나눗셈

『생각하는 초등연산』 7권

곱셈과 나눗셈의 완성

『생각하는 초등연산』 8권

사칙연산의 완성
혼합계산

『생각하는 초등연산』 8권

곱셈 **기초**

1 일차 | **뛰어 세기를 곱셈으로**

2 일차 | **묶어 세기를 곱셈으로**

3 일차 | **곱셈은 '몇 배'**

4 일차 | **'몇의 몇 배'를 곱셈으로**

5 일차 | **여러 개의 곱셈식으로**

6 일차 | **곱셈 연습(1)**

7 일차 | **곱셈 연습(2)**

8 일차 | **길이도 곱셈으로**

9 일차 | **곱셈 연습(3)**

10 일차 | **곱셈 연습(4)**

1 일차 뛰어 세기를 곱셈으로

공부한 날짜 월 일

문제 1 | 다음 □ 안에 알맞은 수를 넣으시오.

보기

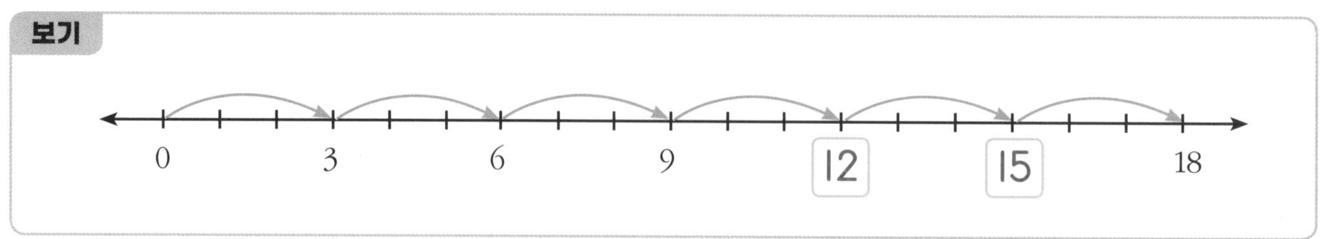

(1)

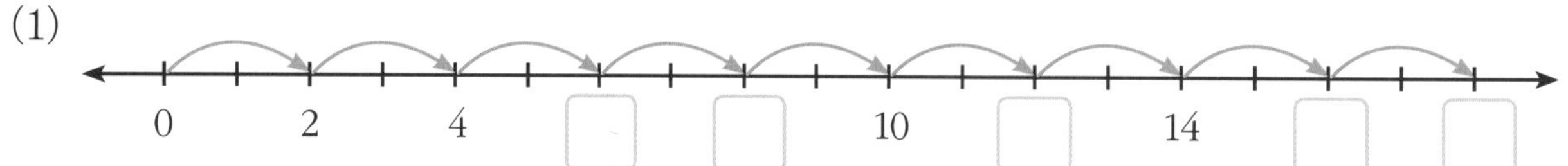

(2)

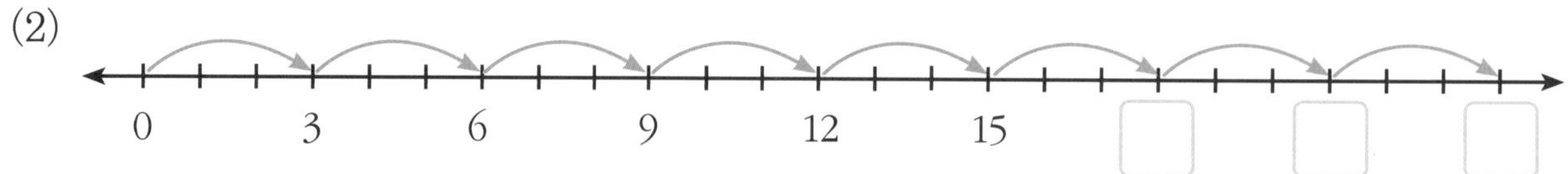

(3)

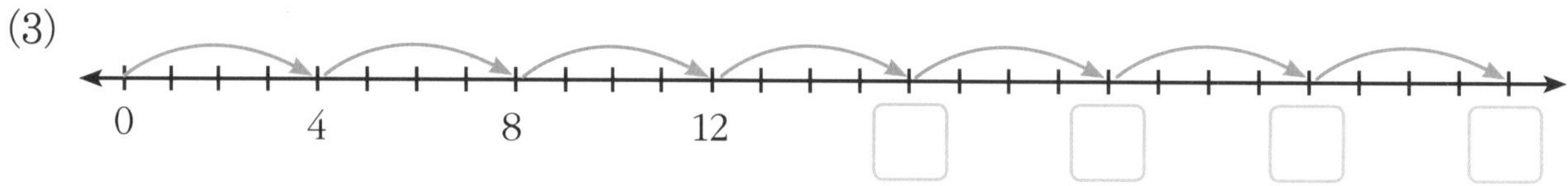

(4)

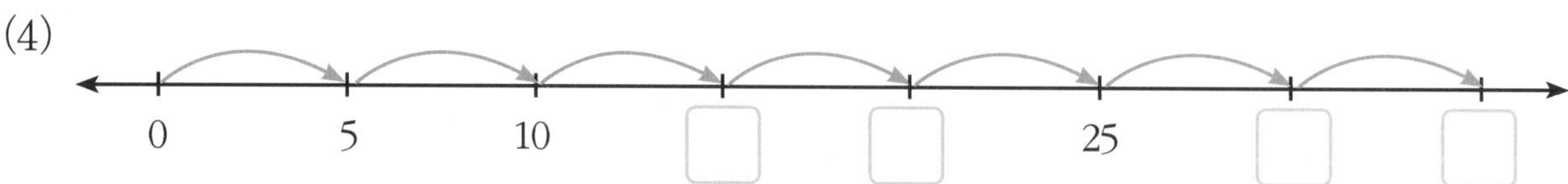

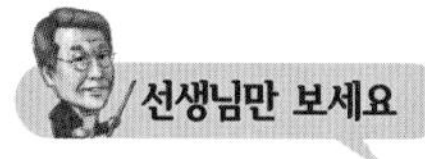

문제 1 수직선 위에서 한 자리 수의 뛰어 세기를 익히며 동수누가에 의한 곱셈 도입을 준비한다.

(5)

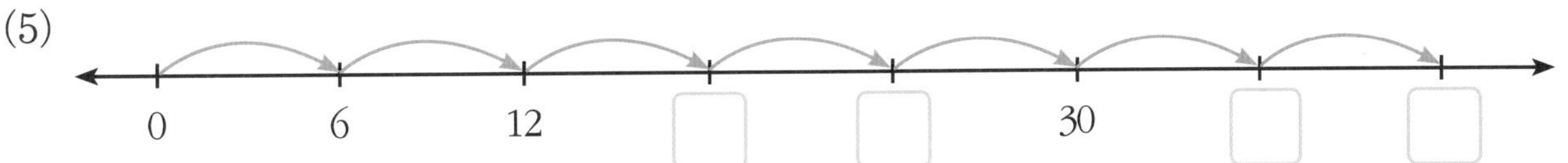

(6)

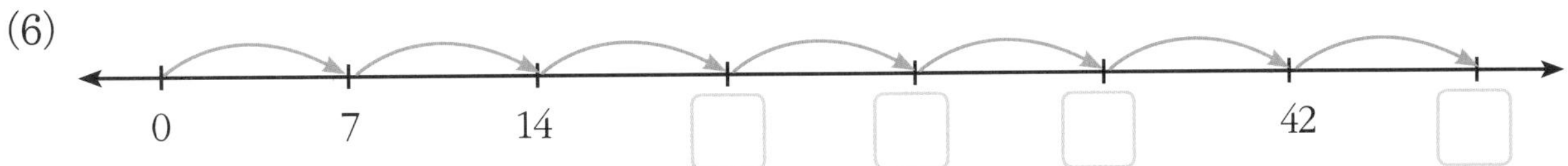

(7)

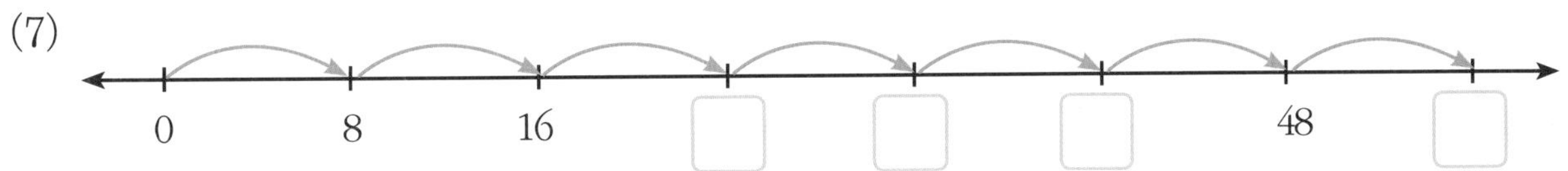

(8)

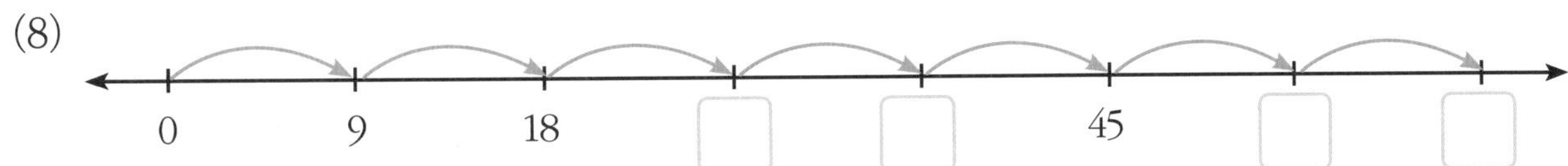

문제 2 | 보기와 같이 □ 안에 알맞은 수를 넣고 식을 쓰시오.

보기

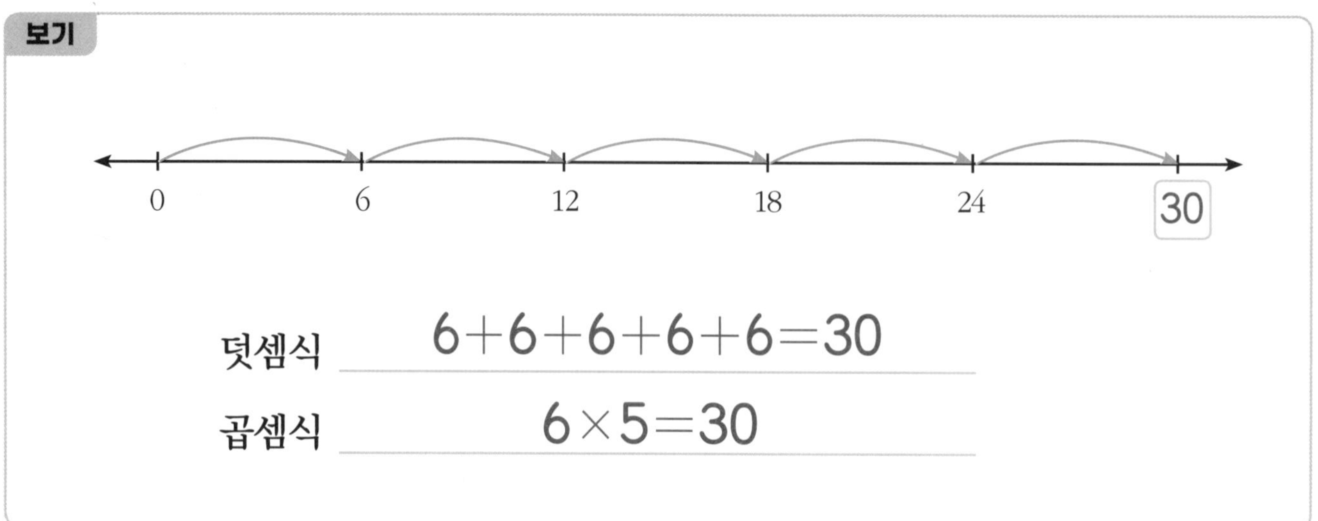

(1)

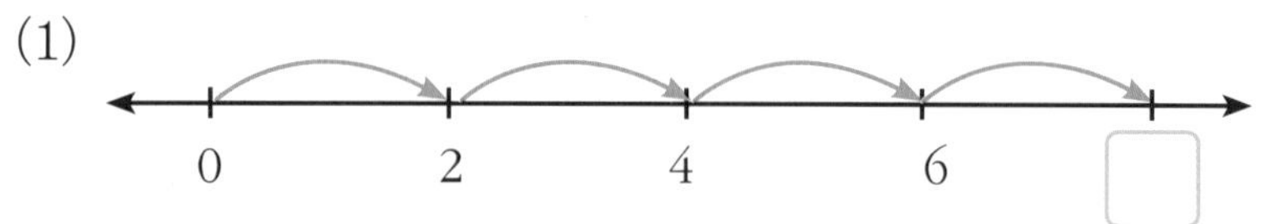

덧셈식 ______

곱셈식 ______

(2)

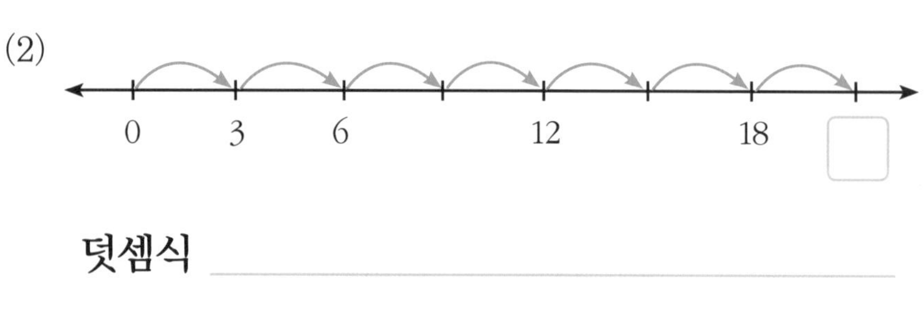

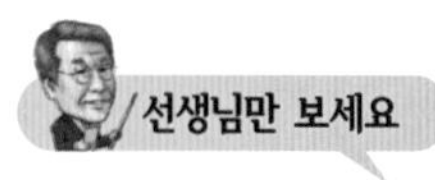

문제 2 수직선 위에 나타난 뛰어 세기를 동수누가의 덧셈식으로 나타내고, 이어서 곱셈 기호를 도입하여 곱셈식으로 나타내는 연습을 한다. 수직선을 다루는 데 어려움을 보이면, 이전 단계의 덧셈과 뺄셈 학습을 권한다. 수직선은 『생각하는 초등연산』에 소개된 가장 중요한 모델 가운데 하나다.

(3)

0 7 21 □

덧셈식 ______________________

곱셈식 ______________________

(4)

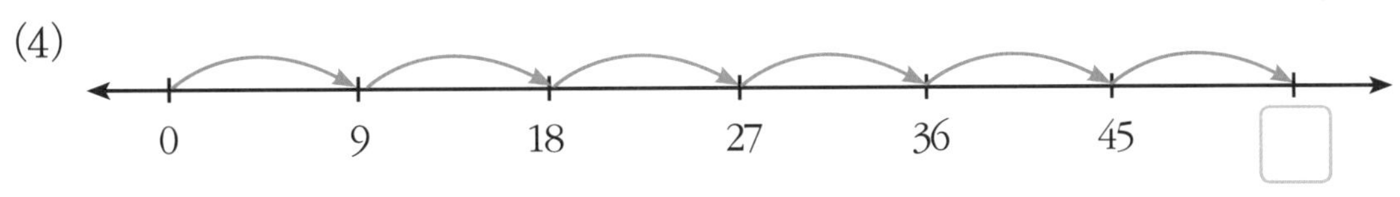

덧셈식 ______________________

곱셈식 ______________________

(5)

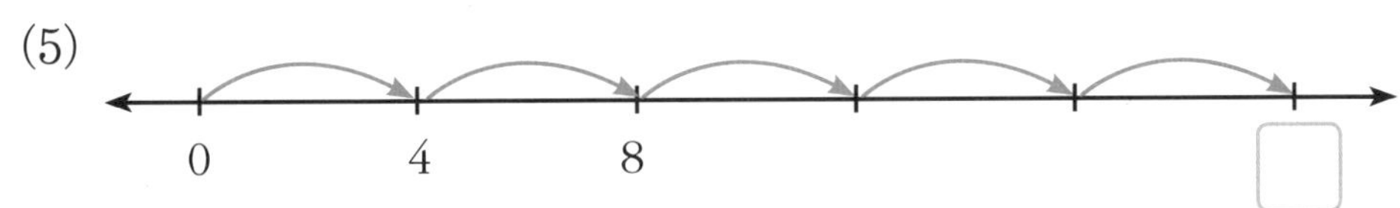

덧셈식 ______________________

곱셈식 ______________________

(6)

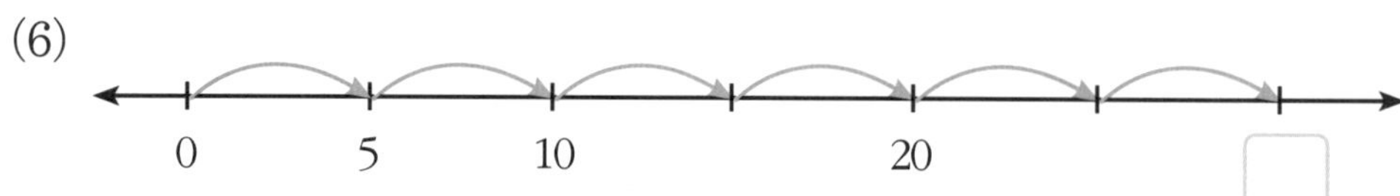

덧셈식 ______________________

곱셈식 ______________________

(7)

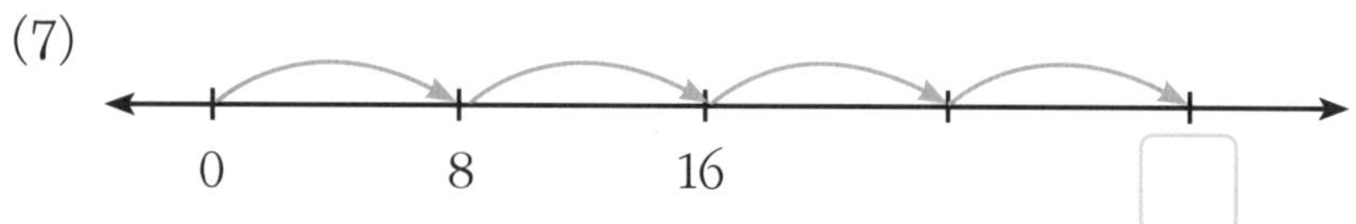

덧셈식 ______________________

곱셈식 ______________________

(8)

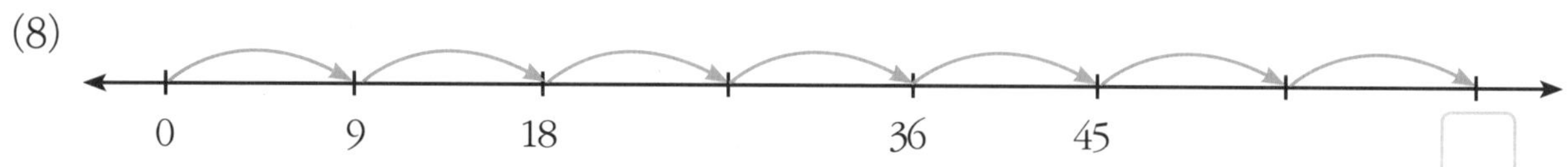

덧셈식 ______________________

곱셈식 ______________________

2일차 묶어 세기를 곱셈으로

✎ 공부한 날짜 월 일

문제 1 | □ 안에 알맞은 수를 넣고 식을 쓰시오.

(1)

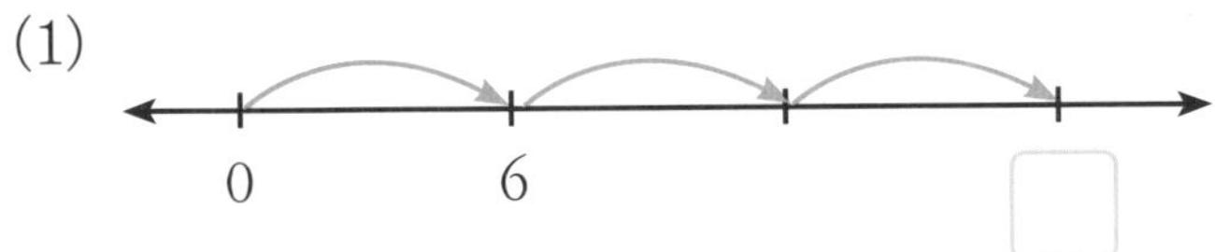

덧셈식 ______________________

곱셈식 ______________________

(2)

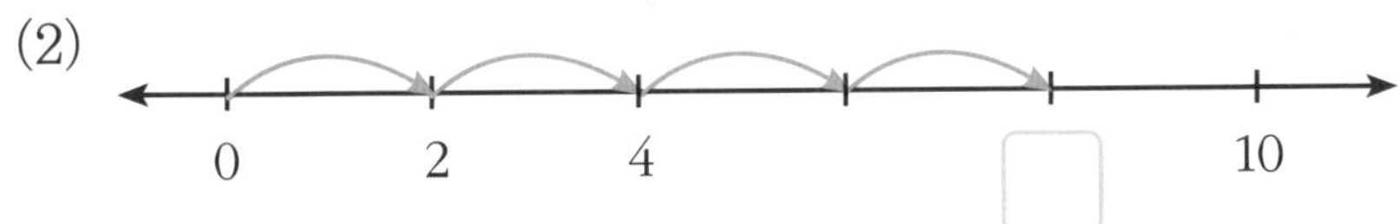

덧셈식 ______________________

곱셈식 ______________________

(3)

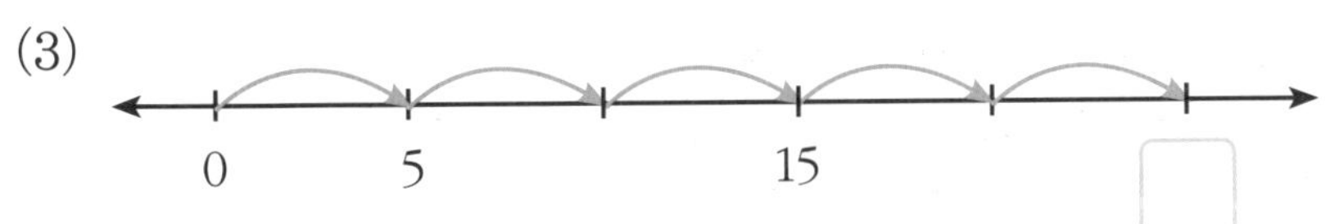

덧셈식 ______________________

곱셈식 ______________________

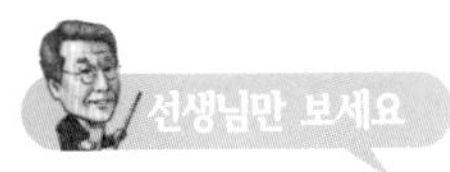

문제 1 수직선 위에서의 뛰어 세기를 덧셈식과 곱셈식으로 나타내는 복습 활동이다.

문제 2 | 보기와 같이 묶고 알맞은 식을 쓰시오.

보기

덧셈식 $6+6+6=18$

곱셈식 $6\times3=18$

(1) 

덧셈식 ____________________

곱셈식 ____________________

(2)  

덧셈식 ____________________

곱셈식 ____________________

문제 2 묶어 세기에 의한 동수누가의 덧셈식과 곱셈식 표현을 연습한다. 묶어 세기의 대상이 일렬로 배열되어 있는 것은, 앞의 수직선 이미지와 사고의 흐름이 유사하기 때문이다.

(3)

덧셈식 ______________________

곱셈식 ______________________

(4)

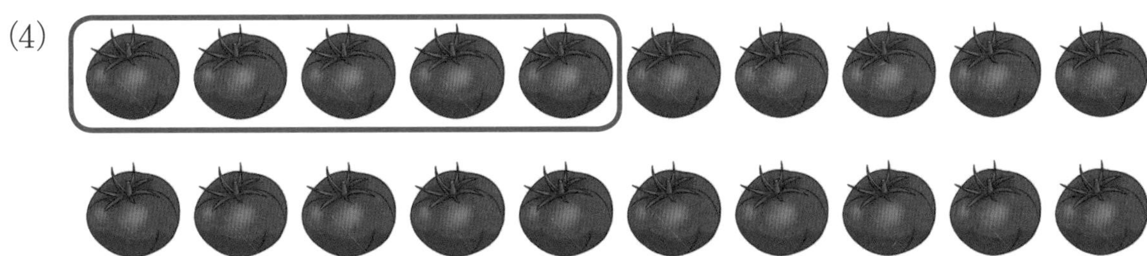

덧셈식 ______________________

곱셈식 ______________________

(5)

덧셈식

곱셈식

(6)

덧셈식

곱셈식

(7)

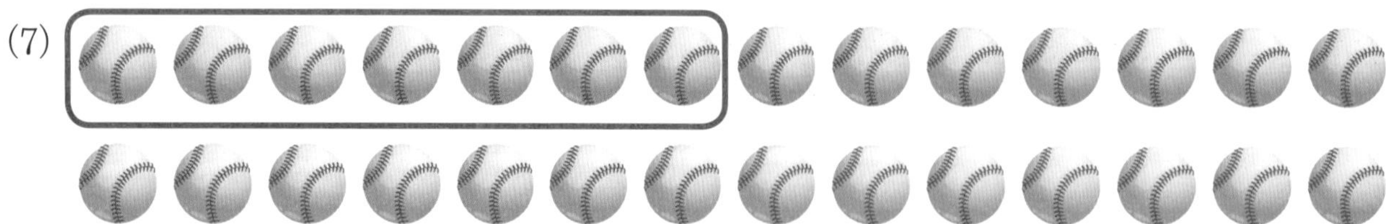

덧셈식

곱셈식

문제 3 | 보기와 같이 묶고 □ 안에 알맞은 수를 넣고 식을 쓰시오.

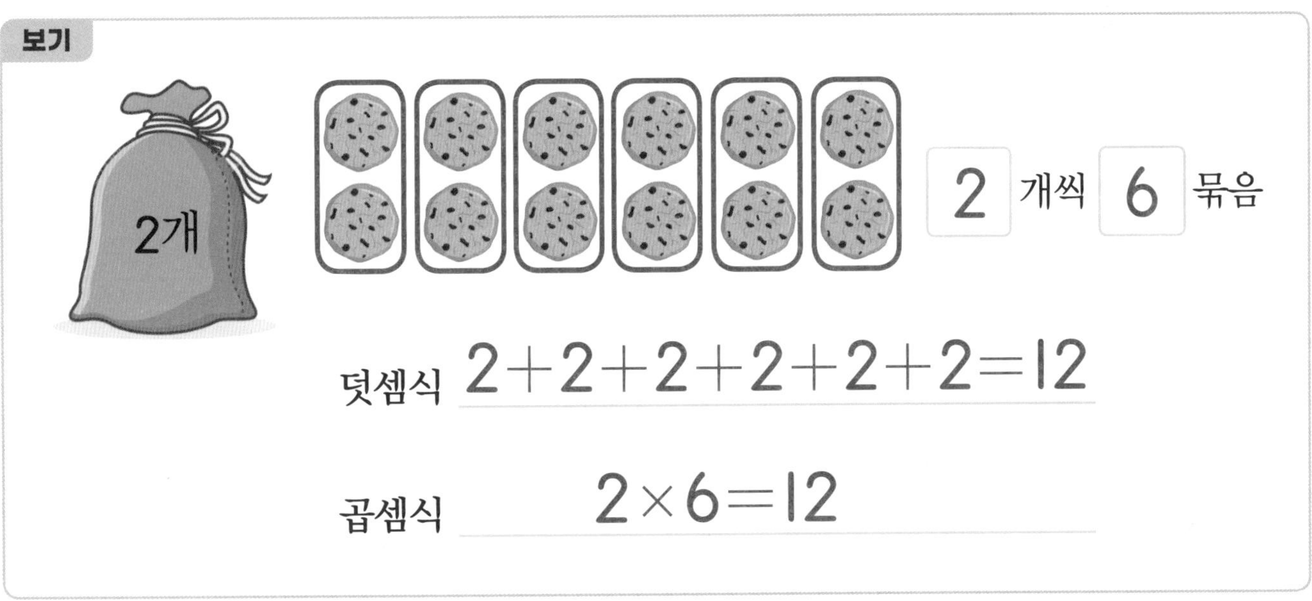

보기
2개
2 개씩 6 묶음
덧셈식 2+2+2+2+2+2=12
곱셈식 2×6=12

(1)

3개

□ 개씩 □ 묶음

덧셈식 ____________________

곱셈식 ____________________

문제 3 일렬로 배열된 앞의 문제와는 달리 직사각형 모양으로 배열되어 있다. 제시된 묶어 세기의 단위가 가로 또는 세로에 놓여 있는 대상의 개수와 같다. 이를 동수누가의 덧셈식과 곱셈식으로 나타내는 활동이다. 이제 곱셈 기호에 어느 정도 익숙해졌다고 볼 수 있다.

(2)

☐ 개씩 ☐ 묶음

덧셈식 ______________________

곱셈식 ______________________

(3)

☐ 개씩 ☐ 묶음

덧셈식 ______________________

곱셈식 ______________________

(4)

덧셈식 ____________________

곱셈식 ____________________

(5)

덧셈식 ____________________

곱셈식 ____________________

(6)

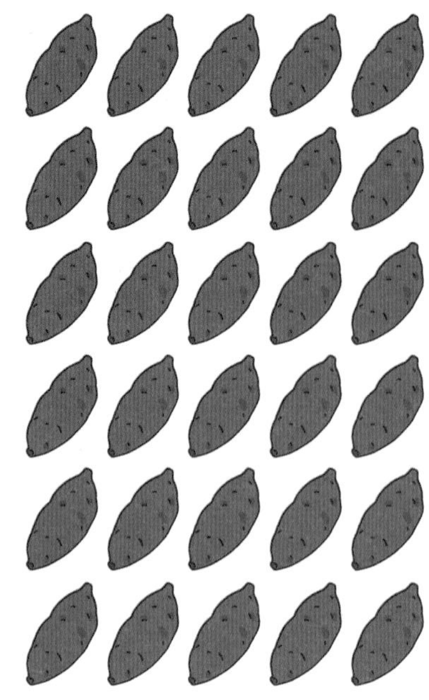

□ 개씩 □ 묶음

덧셈식 ______________________

곱셈식 ______________________

(7)

□ 개씩 □ 묶음

덧셈식 ______________________

곱셈식 ______________________

3일차 곱셈은 '몇 배'

✎ 공부한 날짜 월 일

문제 1 | □ 안에 알맞은 수를 넣고 식을 쓰시오.

(1)

□ 개씩 □ 묶음

덧셈식 ____________________

곱셈식 ____________________

(2)

□ 개씩 □ 묶음

덧셈식 ____________________

곱셈식 ____________________

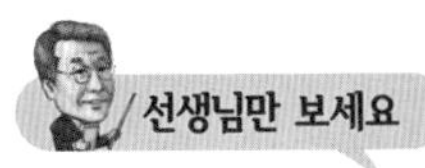

문제 1 직사각형 모양의 배열에서 묶어 세기를 덧셈과 곱셈으로 나타내는 이전 활동의 복습이다.

(3)

개씩 묶음

덧셈식

곱셈식

(4)

개씩 묶음

덧셈식

곱셈식

문제 2 | 보기와 같이 묶고 알맞은 식과 글을 쓰시오.

보기

6×3

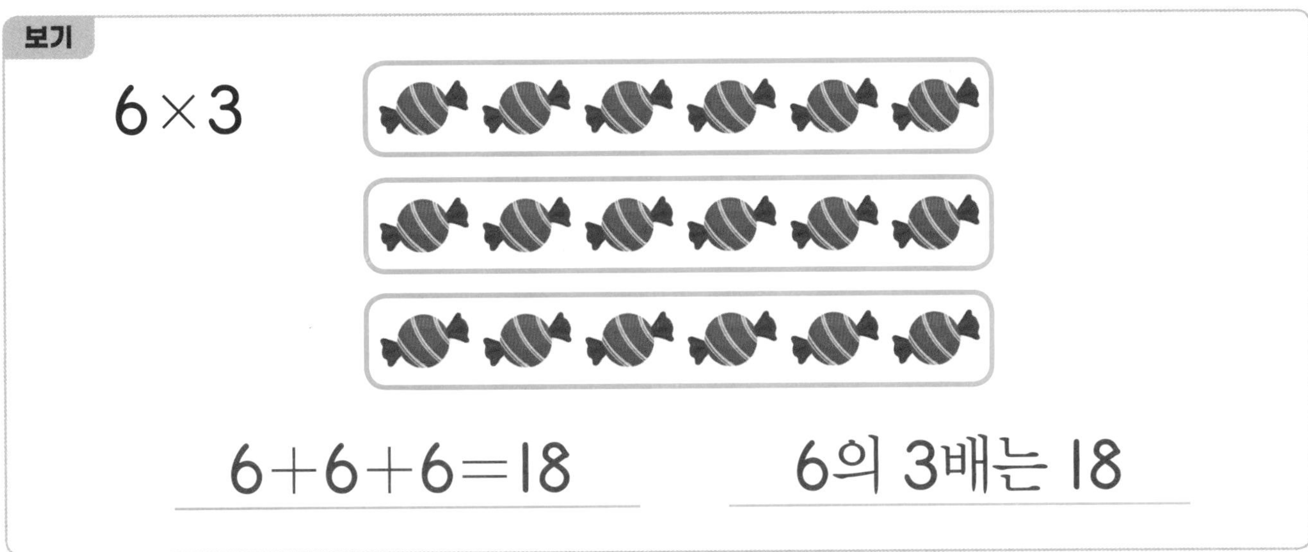

6+6+6=18   6의 3배는 18

(1) 5×3

(2) 7×4

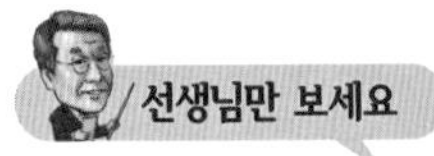

문제 2 이전 활동과는 다르게 곱셈식이 제시되어 있다. 피승수가 묶음의 단위이고 승수는 묶음의 개수라는 것을 파악하여 그림에서 묶음을 표시한 후에 덧셈식으로 나타낸다. 그리고 이를 '몇 의 몇 배는 얼마'와 같은 문장으로 표현하며 '몇 배'라는 표현을 익힌다.

(3) 9×4

(4) 3×9

(5) 8×3

(6) 4×8

(7) 7×5

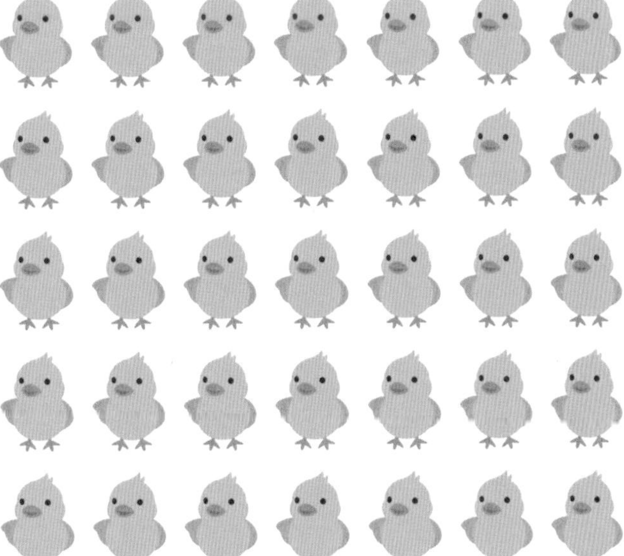

문제 3 | 곱셈식을 수직선에 화살표로 나타내고 □ 안에 알맞은 식과 글을 쓰시오.

보기

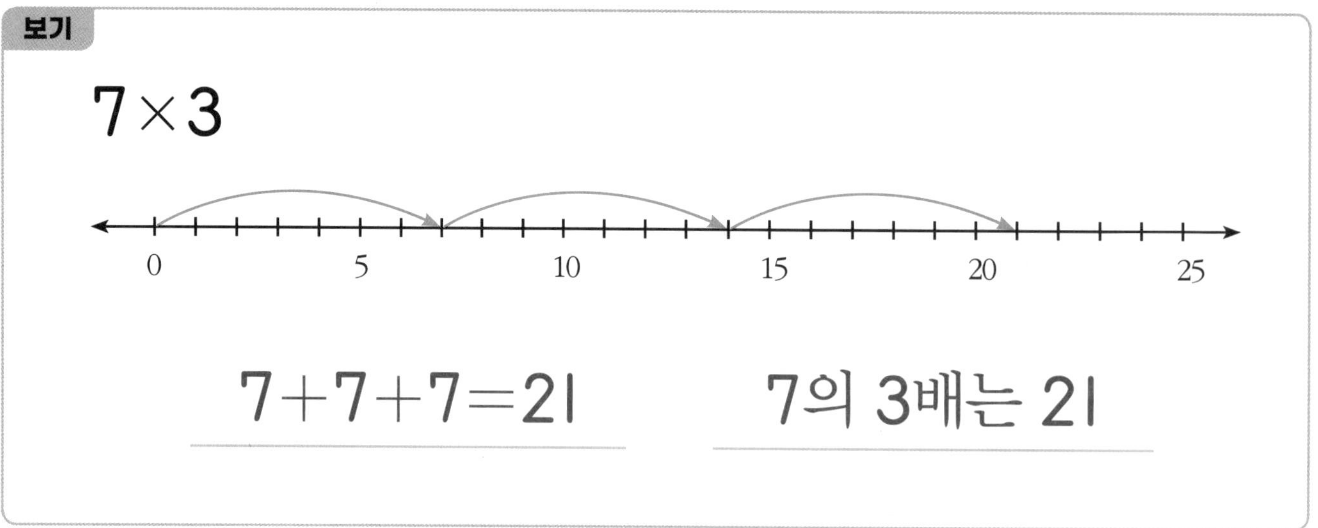

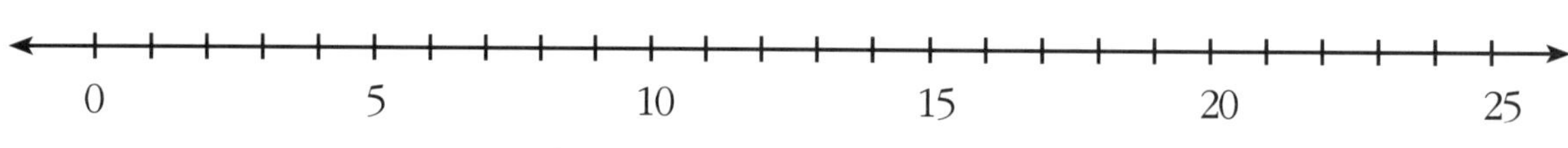

(2) 5×4

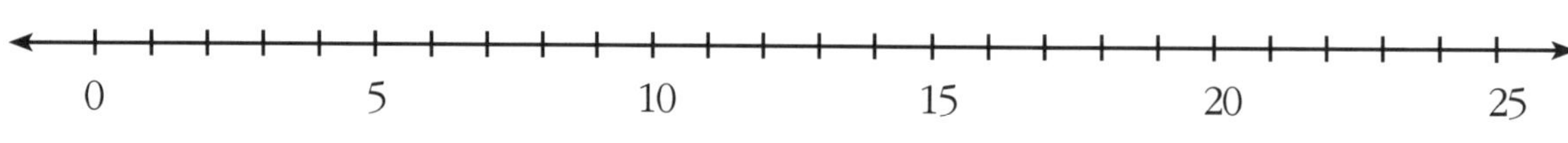

문제 3 주어진 곱셈식을 수직선에서 뛰어 세기의 화살표로 나타낸다. 이때 피승수는 뛰어 세기의 단위이고, 승수는 뛰어 세기의 횟수라는 것을 파악한다. 이를 덧셈식으로 나타내고 '몇배'라는 표현을 문장에서 익힌다.

(3) 3×7

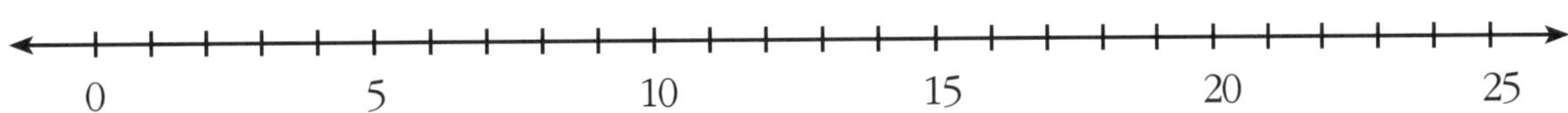

(4) 8×2

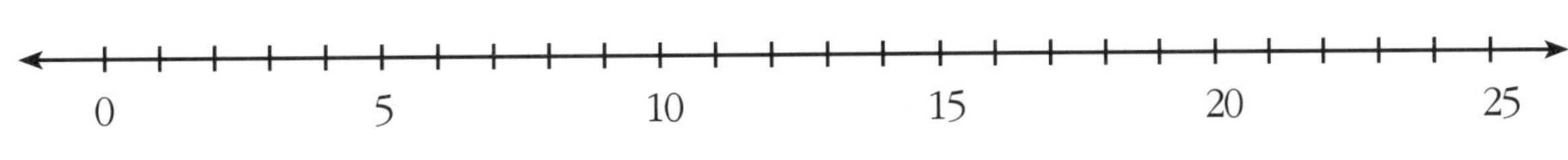

(5) 6×4

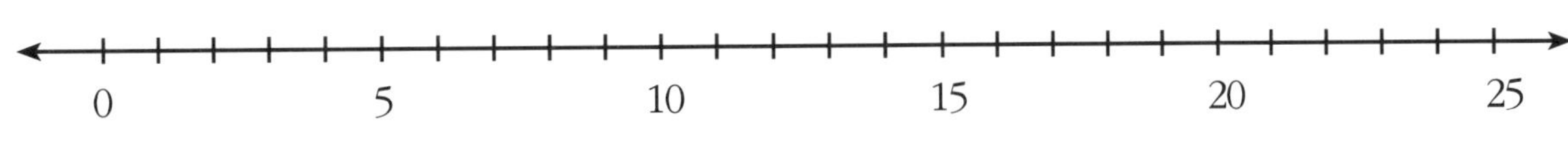

(6) 9×2

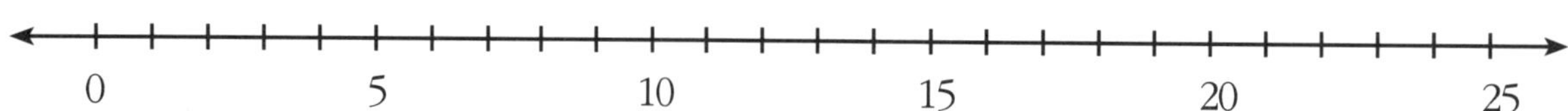

(7) 4×5

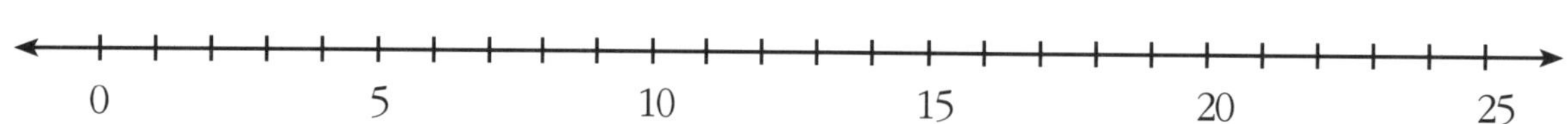

주의 : 곱셈구구의 암기를 강요하지 말라!

『생각하는 초등연산』 4권을 마칠 때까지 절대로 구구단 노래 부르기와 같은 방식으로 곱셈구구 암기를 강요해서는 안 된다. 뛰어 세기와 묶어 세기 활동과 그에 따른 수직선과 직사각형 모델을 제공한 것은 덧셈으로부터 곱셈 기호와 개념을 자연스럽게 형성하기 위한 의도였다.

하지만 곱셈 개념이 형성되기 전에 곱셈구구를 암기하면 아이는 계산기처럼 답만 구하고 의도한 활동에 관심을 두지 않게 된다. 이는 아이를 싸구려 계산기로 만드는 지름길이다. 곱셈구구를 암기할 필요가 없다는 것은 아니다. 기계적으로 암기하지 말하는 것이다. 곱셈 개념이 형성되면 암기는 저절로 이루어진다. 4권을 마치면 이런 놀라운 기적을 확인할 수 있다.

곱셈의 두 얼굴 : 동수누가와 확대(또는 축소)

덧셈과 뺄셈에 여러 의미가 복합적으로 들어 있어, 전혀 다른 상황임에도 같은 기호를 사용한다는 것을 〈덧셈과 뺄셈의 기초〉에서 상세히 설명하였다. 예를 들어 덧셈식 3+2=5가 '더하기'와 '합하기'라는 전혀 다른 상황에, 그리고 뺄셈식 5−2=3가 '덜어내기' 이외에 '제거된 나머지' 또는 '비교하는 두 수량의 차이'를 구하는 등의 여러 상황에 적용될 수 있음을 보았다. 곱셈도 전혀 다른 두 가지 상황에 적용되는데, 다음 예를 살펴보자.

〈예 1〉 강아지 3마리의 다리는 모두 몇 개일까?

〈예 2〉 무게가 4kg인 강아지의 무게가 1년 후 3배 증가했다면 얼마일까?

〈예 1〉의 문제는 전형적인 곱셈 상황으로, 강아지 3마리의 전체 다리 개수를 다음과 같은 덧셈식으로 구할 수 있으며, 이를 곱셈 기호 ×를 사용하여 축약해 다음과 같이 나타낼 수 있다.

$$4+4+4=4\times3=12$$

이렇게 똑같은 수를 거듭하여 더하는 동수누가(同數累加)를 통해 곱셈을 도입한다. 기존에 알고 있던 개수 세기로부터 덧셈을, 그리고 이 덧셈을 곱셈으로 나타내는 일련의 과정을 익히도록 하여 곱셈을 자연스럽게 소개하므로 아이들도 그리 어렵지 않게 곱셈 기호 ×를 받아들이게 된다.

또한 동수누가라는 덧셈식을 곱셈으로 전환함으로써 아이들은 수학의 특징인 단순성과 간결함을 함께 느낄 수 있다. 예를 들어 7을 100번 더하는 덧셈식은 숫자 7을 '+' 부호로 100번 연결해 길게 나타내야 하

지만, 이를 곱셈식으로 7×100과 같이 단순하게 표기할 수 있기 때문이다. 이를 통해 수학 기호의 특징을 함께 느끼게 된다.

그런데 〈예 2〉에 적용되는 곱셈의 의미는 덧셈 상황에서의 동수누가와는 거리가 멀다.

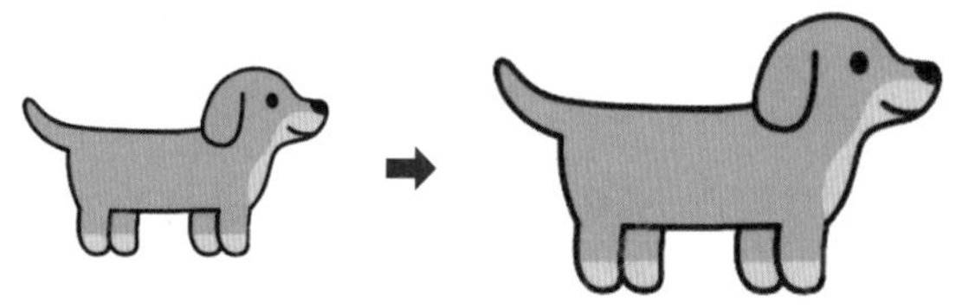

무럭무럭 자라난 강아지의 3년 후 무게 12kg도 앞의 〈예 1〉과 똑같은 곱셈식 4×3=12로 구한다. 하지만 이때의 곱셈 4×3은 동수누가와는 전혀 관련이 없다. 강아지 무게가 1년마다 갑자기 4kg씩 늘어나서 3년 후에 12kg이 되는 것이 아니기 때문이다. 따라서 제시된 '3배'라는 용어와 함께 사용되는 곱셈 기호 ×는 4+4+4와 같은 덧셈과는 전혀 관련이 없는, 확대(또는 반대로 축소)를 뜻한다. 실제로 곱셈이 적용되는 상황은 동수누가보다는 확대 또는 축소의 의미를 갖는 경우가 더 많은데, 그 예를 몇 가지 더 살펴보자.

(1) 현수는 친구들과 고무줄 놀이를 하고 있었다. 12cm인 고무줄을 늘려보았더니 원래 길이의 5배가 되었다. 늘어난 고무줄의 길이는 얼마인가?

(2) 올해 벼 수확량은 25톤이었다. 내년은 올해보다 30% 늘어난 수확량을 목표로 한다. 내년 목표량은 얼마인가?

(3) 2kg이었던 오리의 무게가 50%로 줄어들었다면 얼마인가?

(1)에서 늘어난 고무줄 길이를 구하기 위한 곱셈식 12×5는 동수누가에 의한 덧셈식 12+12+12+12+12가 아님이 분명하다. 12의 5배는 늘어난 길이를 나타내는 곱셈, 즉 확대의 뜻을 갖는다.

(2)에서 늘어난 벼 수확량도 25×1.3 또는 25×$\frac{130}{100}$이라는 곱셈식으로 구한다. 그리고 (3)에서 줄어든 오리 무게도 2×0.5 또는 2×$\frac{1}{2}$이라는 곱셈식으로 구할 수 있다. 이때 곱하였음에도 오리 무게가 줄어들었다는 점에 주목하자. 덧셈에서는 있을 수 없는 현상이므로 동수누가가 아님이 분명하다. 또한 (2)처럼 곱하는 수가 분수이거나 소수인 경우에도 몇 번 더해지는가를 나타내는 동수누가로는 설명할 수 없다는 사실도 확인할 수 있다. 몇 번이라는 횟수는 자연수에만 적용되기 때문이다.

그러므로 곱셈 기호를 처음 도입하는 곱셈의 기초와 한 자리 자연수끼리의 곱셈인 곱셈구구에서 다루는 곱셈은, 같은 수를 거듭 더하는 '동수누가'와 함께 다음 차시에 소개하는 '곱집합의 원소의 개수'라는 뜻을 갖는다. 물론 아이들이 이를 구별할 필요는 없으며 주어진 상황을 곱셈식으로 나타낼 수 있으면 충분하다.

4 일차 '몇의 몇 배'를 곱셈으로

✎ 공부한 날짜 　　월 　　일

문제 1 | 보기와 같이 묶고 알맞은 식과 글을 쓰시오.

보기

3×5

$3+3+3+3+3=15$

3의 5배는 15

(1) 2×7

(2) 9×3

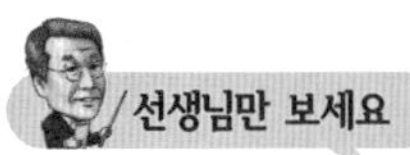

문제 1 주어진 곱셈식에서 피승수를 단위로 묶은 후에 이를 덧셈식으로 나타내고 다시 몇 배라는 용어로 표현하는 이전 활동의 복습이다.

(3) 8 × 5

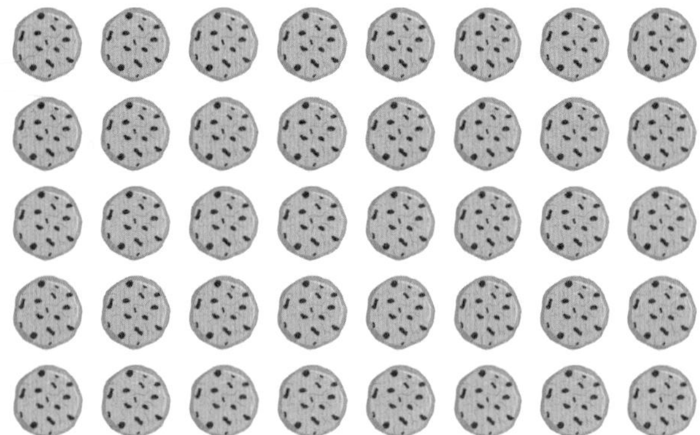

문제 2 | 보기와 같이 묶고 □ 안에 알맞은 수를 넣으시오.

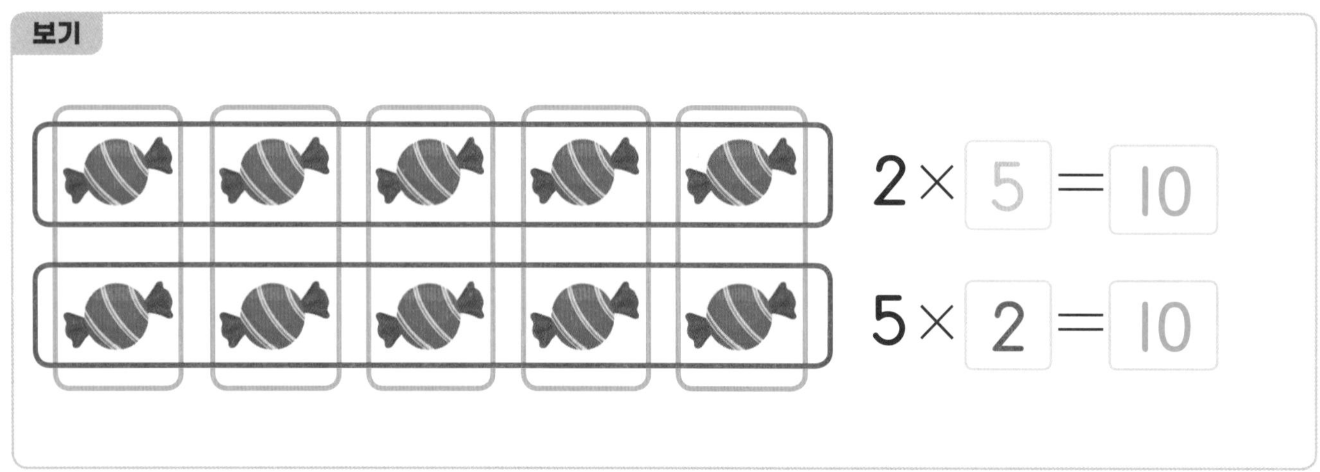

(1)

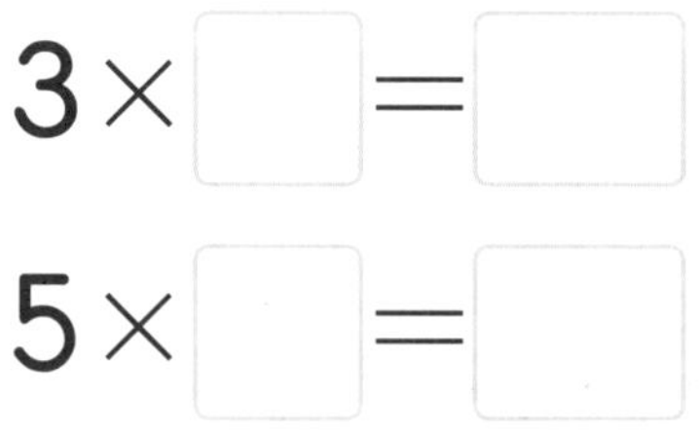

문제 2 제시된 곱셈식에서 피승수가 묶음의 단위라는 것을 파악한 후에 묶음의 개수와 곱셈 값을 구하는 활동이다. 단순 계산이 아니라 곱셈식의 구조를 파악하는 것이 문제의 핵심이다. 이때 제시된 두 개의 곱셈식에 들어 있는 피승수는 각각 직사각형 형태의 배열에서 가로와 세로에 놓여 있는 개수라는 것도 파악하게 된다.

(2)

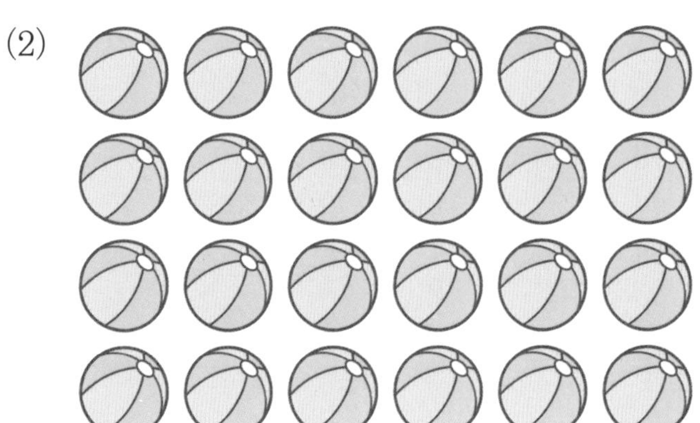

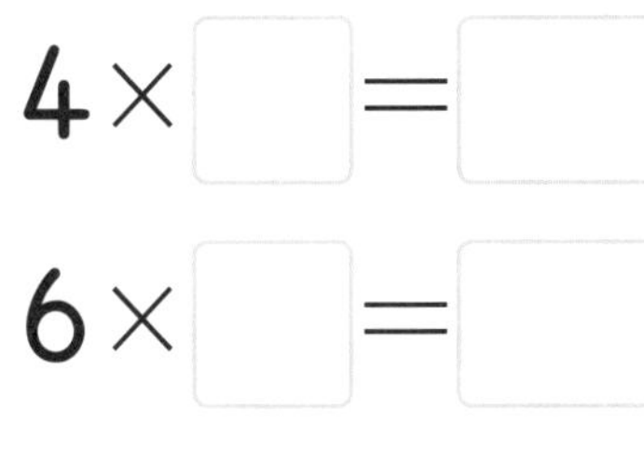

$4 \times \square = \square$

$6 \times \square = \square$

(3)

$5 \times \square = \square$

$6 \times \square = \square$

(4)

$7 \times \square = \square$

$3 \times \square = \square$

(5)

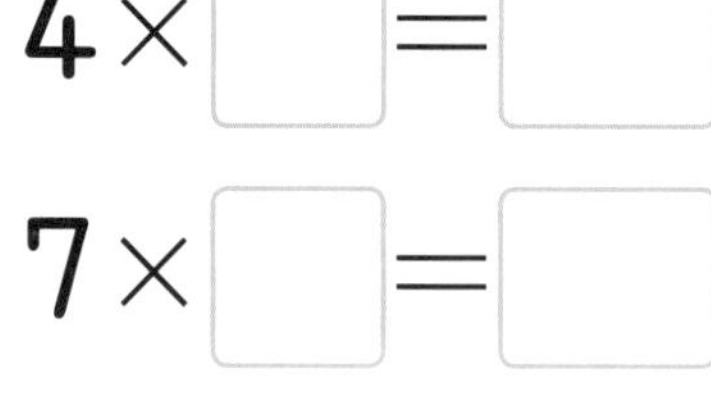

(6)

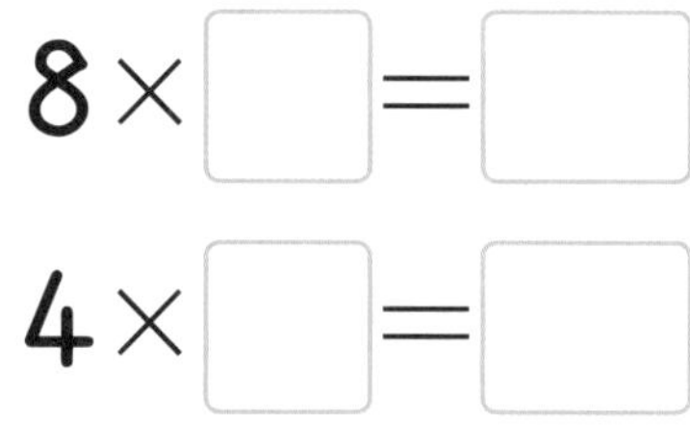

(7)

문제 3 | 보기와 같이 곱셈식을 쓰시오.

보기

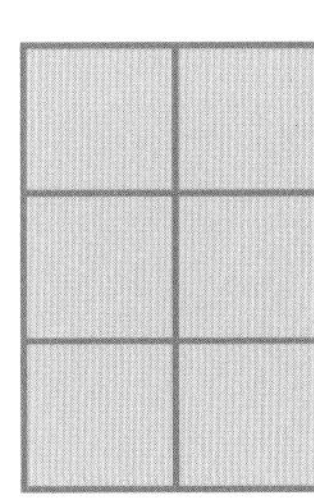

$3\times2=6$

$2\times3=6$

(1)

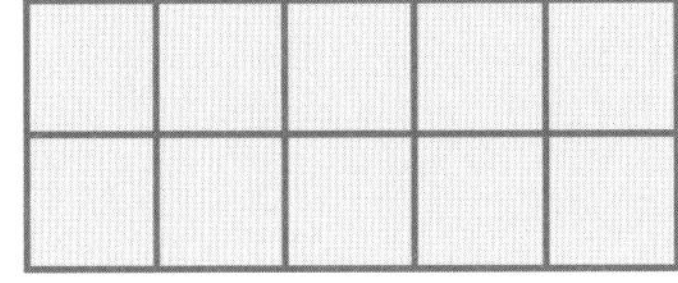

(2)

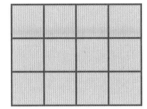

(3)

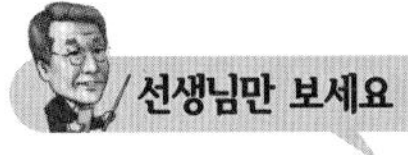

문제 3 직사각형 안에 들어 있는 정사각형 개수를 두 개의 곱셈식으로 나타내며 곱셈의 교환법칙을 이해한다. 물론 이때 아이들에게 교환법칙이라는 용어는 사용하지 않는다. 이제부터는 일일이 묶음 표시를 할 필요가 없다. 가로와 세로에 배열된 사각형의 개수만으로 곱셈을 할 수 있다. 이는 '도형의 넓이 구하기'와 같지만, 여기서 언급하지 않도록 주의해야 한다. '다각형의 넓이 구하기'는 5학년에서 배운다.

(4)

(5)

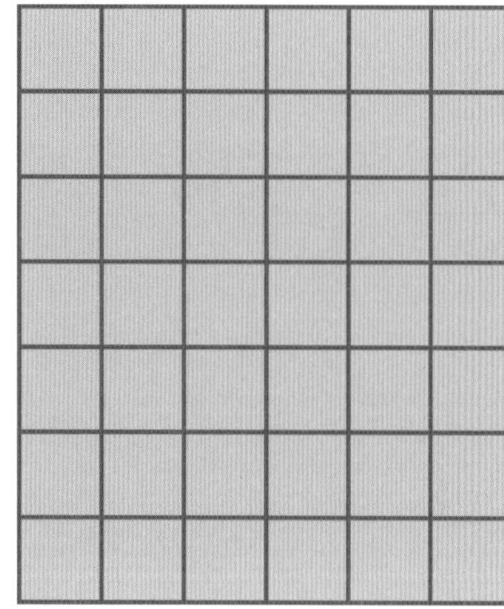

곱셈의 또 다른 얼굴 : 곱집합의 원소 개수

앞에서 살펴본 동수누가나 배수 개념과는 전혀 다른 곱셈의 의미가 있다. 집합론에 근거하여 서로 다른 두 집합의 원소들끼리 짝을 짓는 곱집합의 원소를 찾는 상황에 적용되는 곱셈이다.

예를 들어, 원소의 개수가 각각 2와 3인 두 집합 A와 B의 곱집합인 A×B 원소의 개수를 구할 때, 다음과 같이 곱셈 2×3가 적용된다.

A={티셔츠, 셔츠}
B={반바지, 청바지, 치마}일 때
A×B={(티셔츠, 반바지), (티셔츠, 청바지), (티셔츠, 치마), (셔츠 반바지), (셔츠, 청바지), (셔츠, 치마)}

이렇게 A×B라는 곱집합의 원소들은 집합 A의 원소 하나와 집합 B의 원소 하나씩을 차례로 짝을 지어 만들며, 이때 곱셈에 의해 원소의 개수를 구할 수 있다. 하지만 이 곱셈은 분명히 앞에서 언급한 동수누가나 확대(또는 축소)와는 전혀 다르다.

하지만 곱셈을 처음 배우는 2학년 아이에게 곱집합의 원소 개수를 구하기 위한 곱셈을 도입하는 것은 바람직하지 않다. 1970년대 초등학교 교육과정에서 한때 도입된 적이 있었지만 아이들이 어려움을 겪을 수밖에 없었고, 그 결과 오늘날에는 초등학교 교과서에서 다루지 않는다. 그러나 이를 위한 중간 단계로서 다음과 같은 직사각형 모델을 활용하여 직사각형 안에 들어 있는 정사각형의 개수세기 활동을 제시할 수도 있다.

문제 **그림을 보고 □ 안에 알맞은 수를 써넣으세요.**

(1)

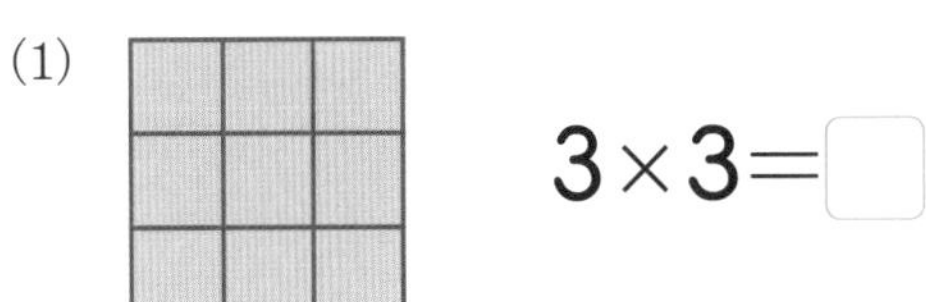

3×3=□

(2)

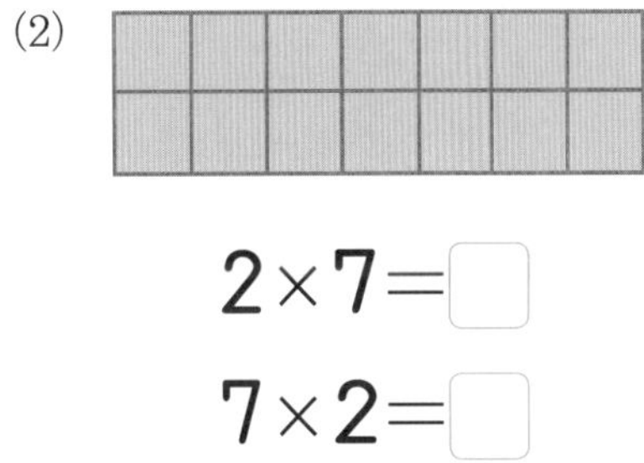

2×7=□

7×2=□

1×1, 1×2, 2×1, 1×3, 3×1, 2×2, … 이렇게 가로와 세로의 한 변 길이를 달리해 짝을 지워, 각각의 사각형 넓이를 구하면 곱집합 원소 개수 구하기와 다를 바 없는데, 아이들은 묶어 세기에 의해 곱셈을 익히는 문제로 활용한다. 곱셈의 교환법칙의 이해를 위해 직사각형만 한 모델이 없다.

5일차 여러 개의 곱셈식으로

공부한 날짜 월 일

문제 1 | 보기와 같이 묶고 □ 안에 알맞은 수를 넣으시오.

보기

$2\times$ 4 $=$ 8

$4\times$ 2 $=$ 8

(1)

$5\times$ □ $=$ □

$3\times$ □ $=$ □

(2)

$4\times$ □ $=$ □

$6\times$ □ $=$ □

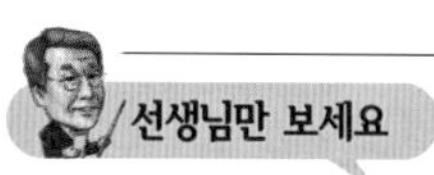

문제 1 앞 차시 두 번째 활동의 복습이다. 제시된 곱셈식에서 피승수가 묶음의 단위라는 것을 파악한 후에 묶음의 개수와 곱셈 값을 구하는 활동이다.

(3)

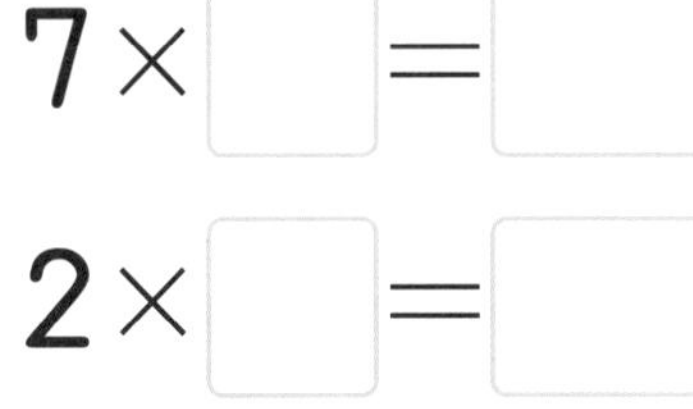

(4)

$8 \times \square = \square$

$3 \times \square = \square$

(5)

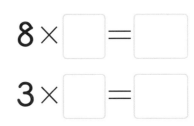

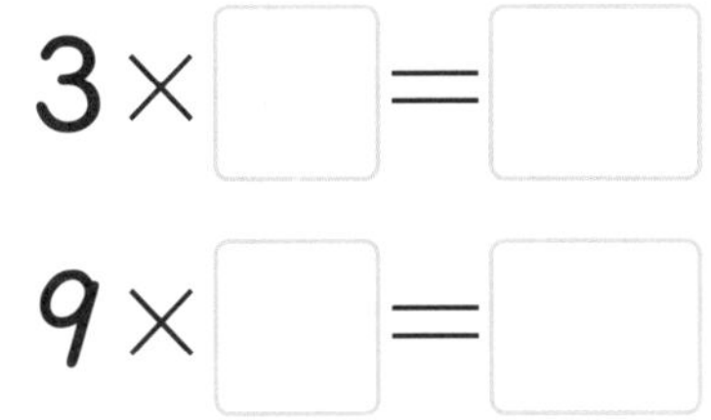

문제 2 | 보기와 같이 곱셈식을 쓰시오.

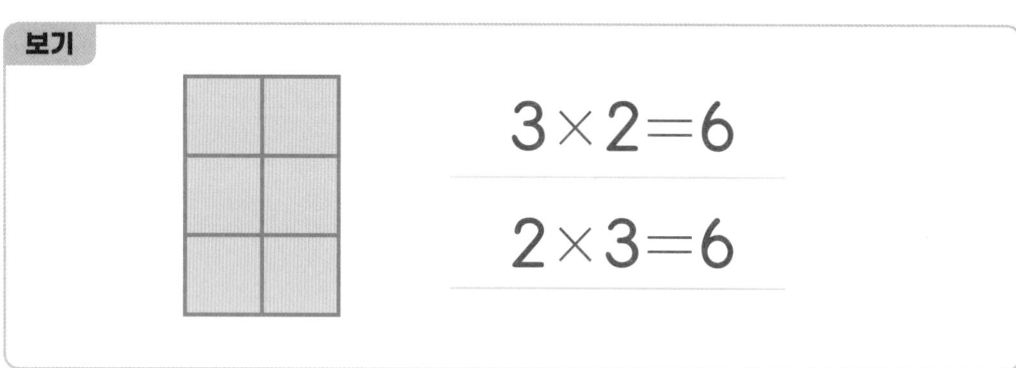

(1)
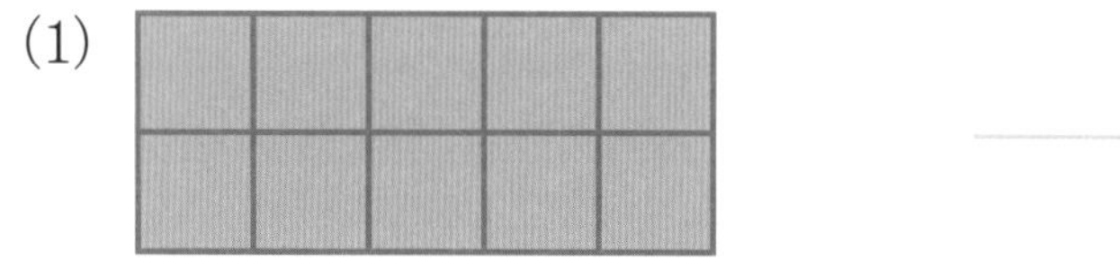

(2)

(3)
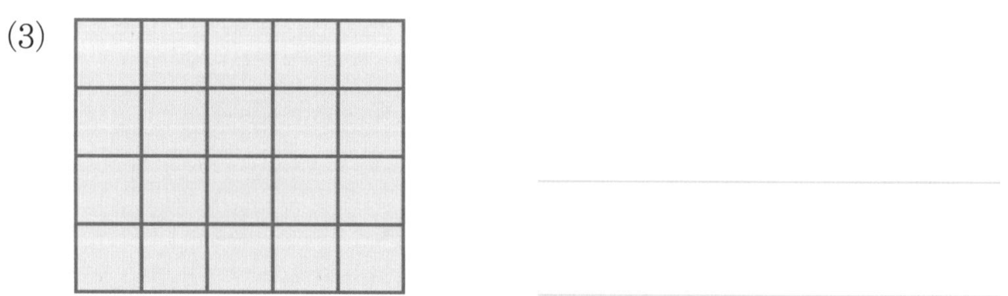

문제 2 직사각형 안에 들어 있는 정사각형 개수를 두 개의 곱셈식으로 나타내며 곱셈의 교환법칙을 이해한다. 물론 이때 아이들에게 교환법칙이라는 용어는 사용하지 않는다. 이제부터는 일일이 묶음 표시를 할 필요가 없다. 가로와 세로에 배열된 사각형의 개수만으로 곱셈을 할 수 있다. 이는 '도형의 넓이 구하기'와 같지만, 이를 언급하지 않도록 주의해야 한다. '다각형의 넓이 구하기'는 5학년에서 배운다.

(4)

(5)

문제 3 | 보기와 같이 묶고 □ 안에 알맞은 수를 넣으시오.

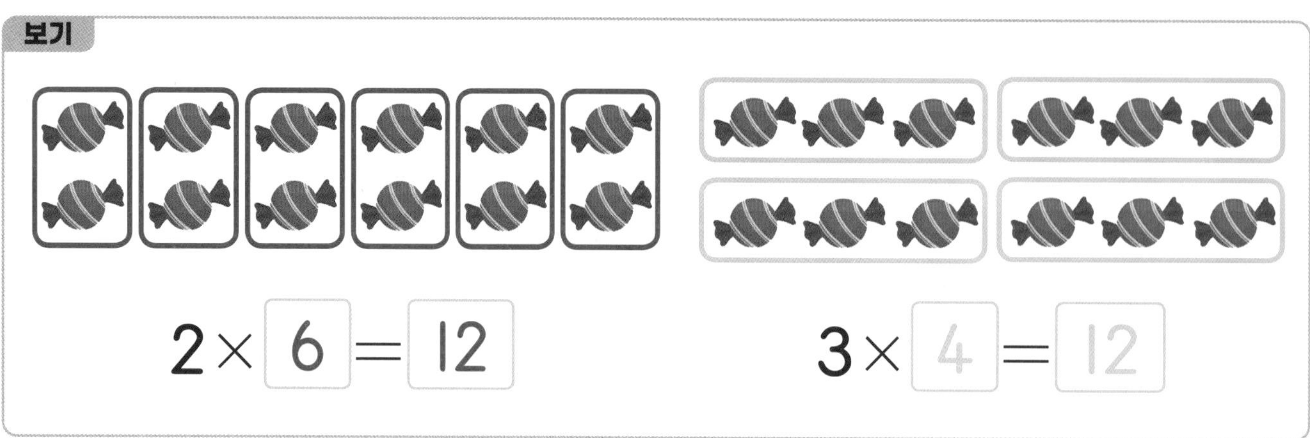

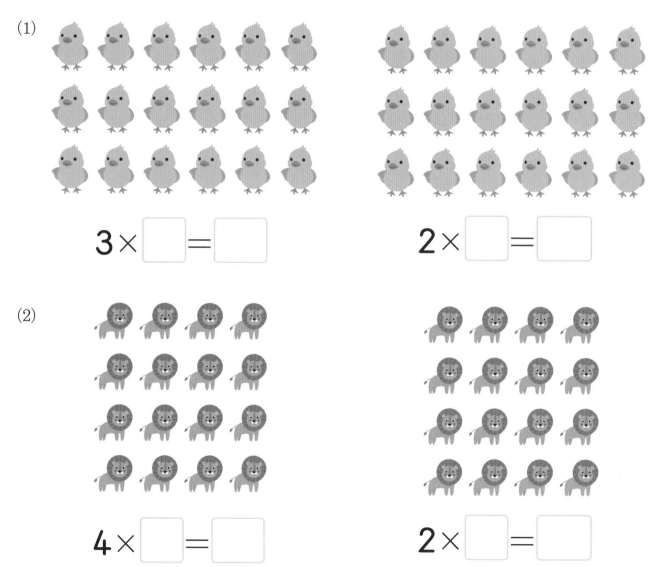

(1)

3× □ = □

2× □ = □

(2)

4× □ = □

2× □ = □

문제 3 그림에서 직접 묶어보기부터 실행하도록 한다. 제시된 곱셈식의 피승수를 묶음의 단위로 파악하여 묶음의 개수를 구하는 문제다. 앞에 제시되었던 유형과 같지만, 묶음의 단위가 조금 복잡하다. 어떻게 묶을 것인가에 대해 숙고하는 것에 초점을 두는 것이 문제의 의도다. 문제를 푼 후에, 같은 개수를 두 개의 곱셈식으로 나타낼 수 있음을 이해하도록 되짚어보기를 권한다. 답이 여럿 나올 수도 있으며, 아이의 수 감각 수준을 파악할 수 있는 문제다.

(3)

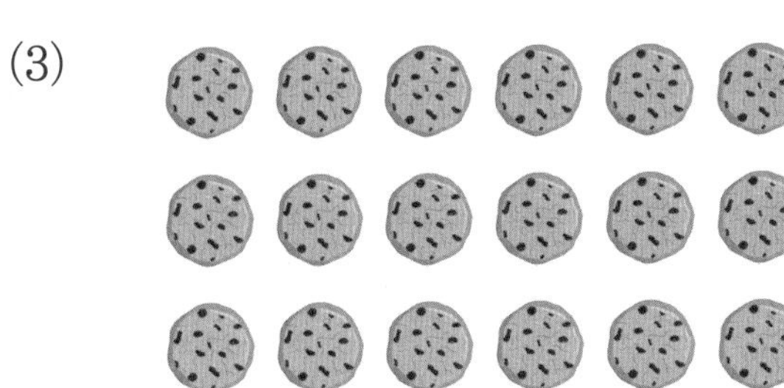

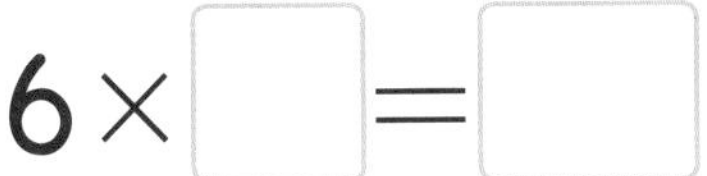

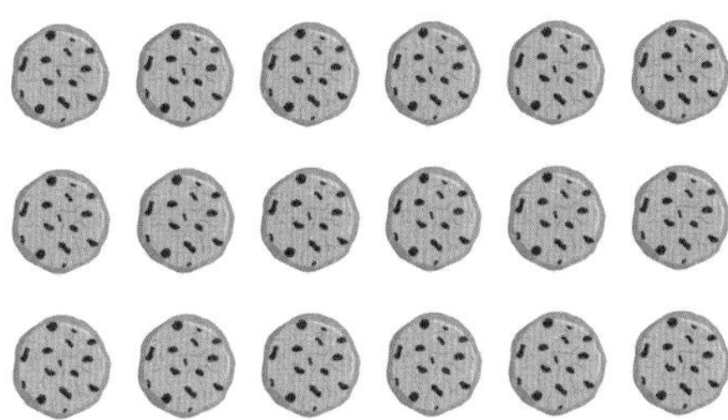

$3 \times \square = \square$

(4)

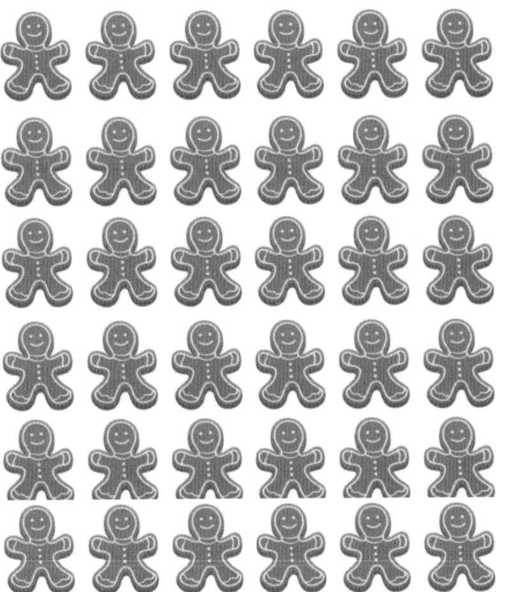

$6 \times \square = \square$

$4 \times \square = \square$

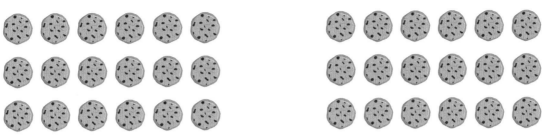

(5)

4 × ☐ = ☐　　　　2 × ☐ = ☐

(6)

8 × ☐ = ☐　　　　4 × ☐ = ☐

6일차 곱셈 연습(1)

공부한 날짜 월 일

문제 1 | 상자 안에 몇 개가 들어 있는지 보기와 같이 식을 쓰고 글로 나타내시오.

보기

덧셈식 $2+2+2=6$

곱셈식 $2\times3=6$

2의 3배는 6

(1)

덧셈식

곱셈식

(2)

덧셈식

곱셈식

문제 1 묶음의 단위가 한 상자 안에 들어 있는 개수임을 삽화에서 확인할 수 있다. 이를 덧셈식과 곱셈식 그리고 '몇 배'라는 문장으로 표현하는 활동이다.

(3)

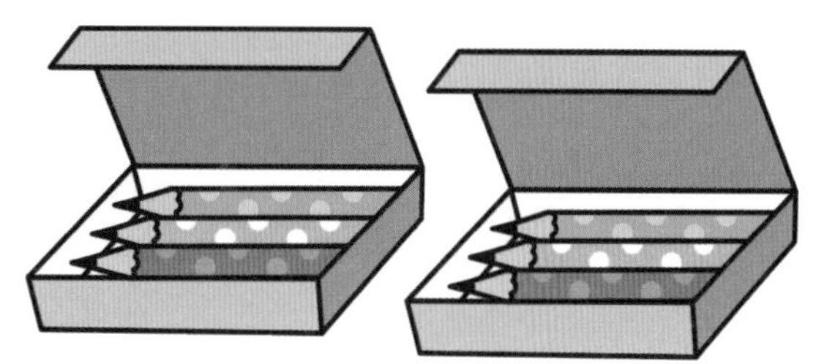

덧셈식

곱셈식

문제 2 | 보기와 같이 나타내시오.

보기

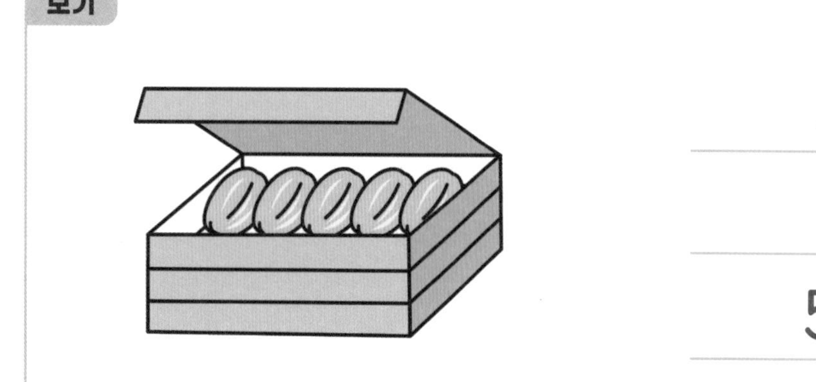

5개씩 3묶음

5×3=15

5의 3배는 15

(1)

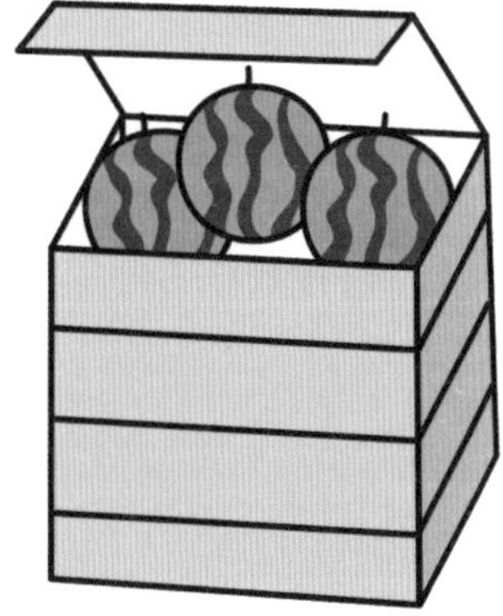

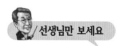

선생님만 보세요

문제 2 앞의 문제와 같지만, 제시된 삽화에서 상자의 뚜껑이 한 개를 제외하고 모두 덮여 있다는 것이 다르다. 묶음 단위보다 묶음 개수(상자 개수)에 초점을 두어 식으로 나타내는 활동이다. 어렵지 않게 답을 구할 수 있으며, 곱셈 기호 쓰기 연습을 위한 문제다.

(2)

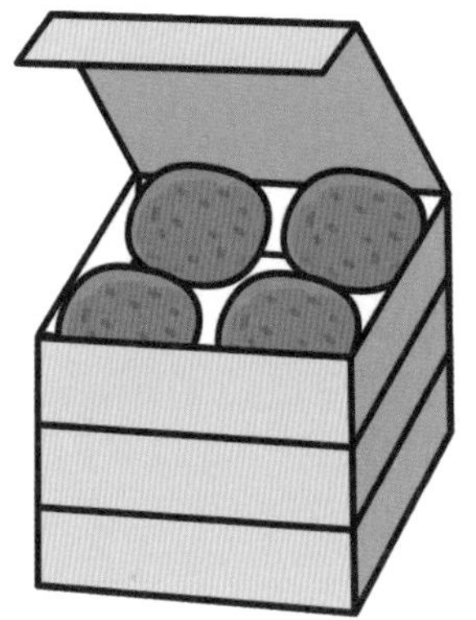

(3)

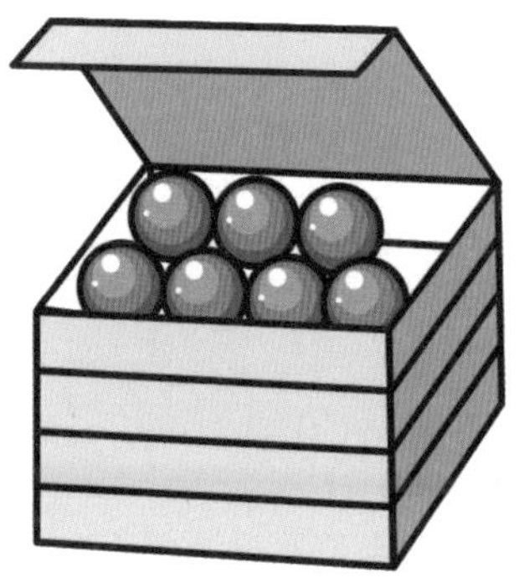

(4)

(5)

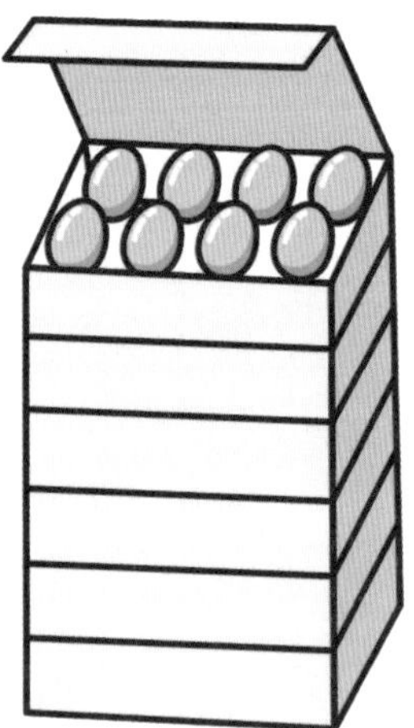

문제 3 | 보기의 그림을 보고 알맞은 식과 글을 나타내시오.

보기

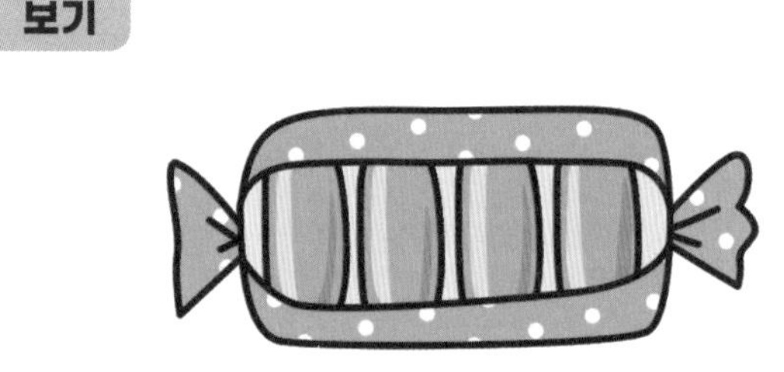

$4 \times 1 = 4$

4의 1배는 4

(1)

문제 3 앞의 상자 대신에 다른 방식의 묶음이 제시되어 있다. 곱셈식과 '몇 배'라는 문장 표현을 연습한다.

(2)

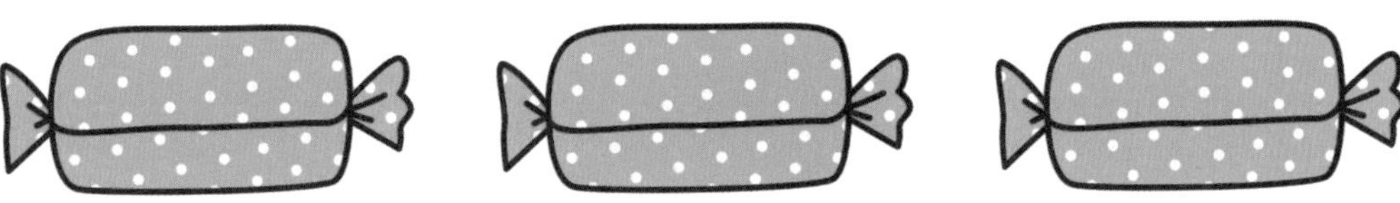

(3)

문제 4 | 보기의 그림을 보고 알맞은 식과 글을 나타내시오.

(1)

(2)

(3)

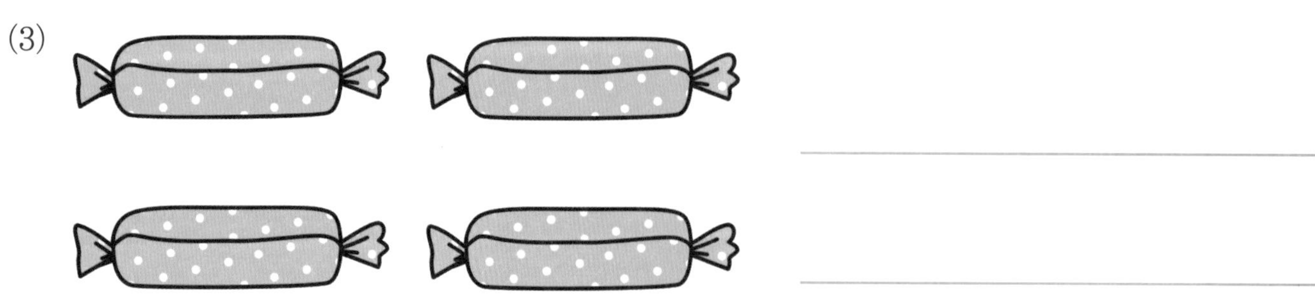

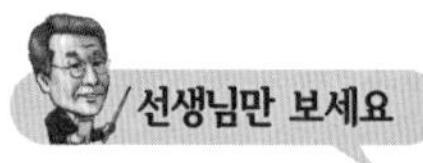

문제 4 앞의 상자 대신에 다른 방식의 묶음이 제시되어 있다. 곱셈식과 '몇 배'라는 문장 표현을 연습한다.

문제 5 | 피자 조각에 똑같이 들어 있는 햄과 버섯 조각의 개수를 각각 구해서 표를 완성하시오.

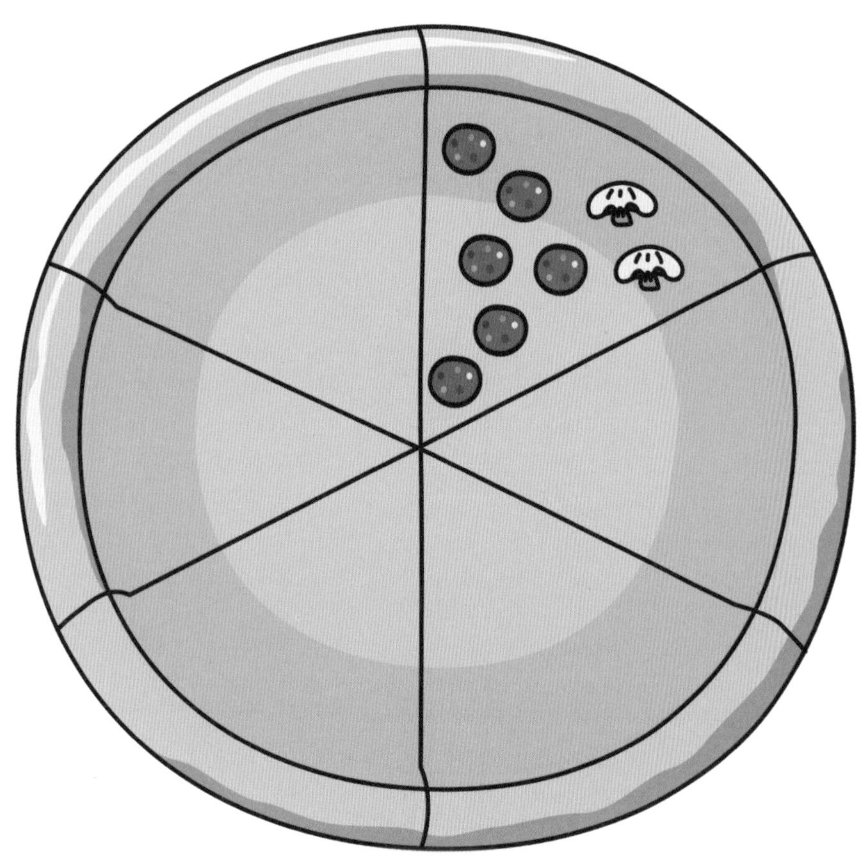

	1조각	2조각	3조각	4조각	5조각	6조각
(버섯)	2	4				
(햄)	6	12				

문제 5 곱셈 문제이지만 곱셈식 표현보다는 값을 구하는 것에 초점을 두었다. 표의 빈칸을 채우는 활동은 이후에 곱셈구구 학습을 위한 일종의 선행학습과도 같다.

문제 6 | 피자 조각에 똑같이 들어 있는 토마토와 파인애플 조각의 개수를 각각 구해서 표를 완성하시오.

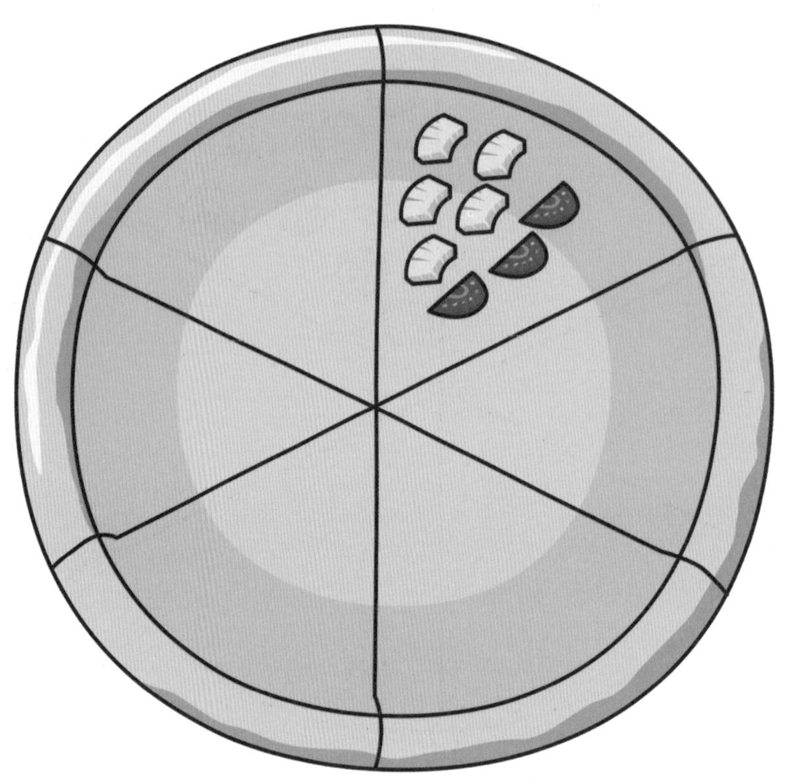

	1조각	2조각	3조각	4조각	5조각	6조각
토마토	3	6				
파인애플	5	10				

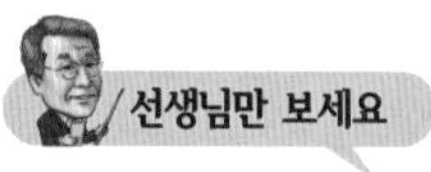

문제 6 곱셈 문제이지만 곱셈식 표현보다는 값을 구하는 것에 초점을 두었다. 표의 빈칸을 채우는 활동은 이후에 곱셈구구 학습을 위한 일종의 선행학습과도 같다.

곱셈 개념과 기호(×) 도입에서 주안점

동수누가라는 덧셈으로부터 곱셈이 도입되므로 덧셈에서 곱셈으로의 개념 전환이 어떻게 이루어지는지 살펴볼 필요가 있다. 덧셈과 뺄셈이 그러했듯이 2학년 과정에서의 곱셈 개념 형성도 개수 세기를 토대로 이루어지는데, 다음에서 그 예를 확인할 수 있다.

① 사과는 모두 몇 개입니까?

② 사과는 모두 몇 개입니까?

$$5+5+5=15 \Rightarrow 5\times3=15$$

문제 ①은 각각 사과 5개씩 들어 있는 3개의 상자 내부를 훤히 볼 수 있도록 뚜껑이 열린 삽화가 제시되어 있다. 삽화를 보며 5를 차례로 더하는 동수누가(同數累加)에 의해 15개의 개수를 구하고 이를 곱셈 5×3=15로 나타내어 곱셈 기호 '×'를 익히도록 한다.

한편, 문제 ②는 상자 하나에 사과 5개가 들어 있는 것을 확인할 수 있지만, 나머지 2개 상자는 닫혀 있다. 이 경우에도 앞의 문제 ①과 같이 덧셈 5+5+5=15라는 동수누가를 적용하니 앞의 ①과 별반 다르지 않은 것처럼 보일 수 있다.

똑같이 동수누가의 곱셈을 도입하는데, ①과 ②를 서로 다른 삽화로 제시한 이유는 무엇일까? 이유는 주목하는 대상이 바뀌는, 다시 말하면 시각의 전환을 요구하기 때문이다. 전체 개수를 파악하기 위해 처음에는 낱개의 사과에 주목하다가 이후에는 상자 개수라는 단위 묶음으로 전환하는 것을 말한다. 묶음의 단위에 주목할 수 있으면, 그때부터 곱셈 개념은 자연스럽게 '몇 배인가?'라는 배 개념의 형성으로 이어진다. 즉, 서로 다른 두 개의 삽화를 제시한 의도는 덧셈에서 곱셈으로의 개념 전환에서 직관적으로 곱셈 개념을 파악할 수 있도록 한 것이다.

1학년 덧셈과 뺄셈에서 아이들 학습을 위해 제시하는 삽화의 의미가 얼마나 중요한가를 언급한 바 있다. 숫자만 빼곡하게 들어 있는 학습지를 저학년 아이들에게 제공하는 것은 아이들의 학습발달 단계를 무시하거나 또는 무지하기 때문에 나타나는 현상이다. 이는 2학년 아이들에게도 그대로 적용된다. 위의 삽화뿐만 아니라 받아올림과 받아내림을 위해 제시한 수직선과 동전 모델 모두가 2학년 아이들의 개념 형성에 큰 역할을 담당한다.

7 일차 곱셈 연습(2)

공부한 날짜 월 일

문제 1 | 피자 조각에 똑같이 들어 있는 버섯과 토마토 조각의 개수를 각각 구해서 표를 완성하시오.

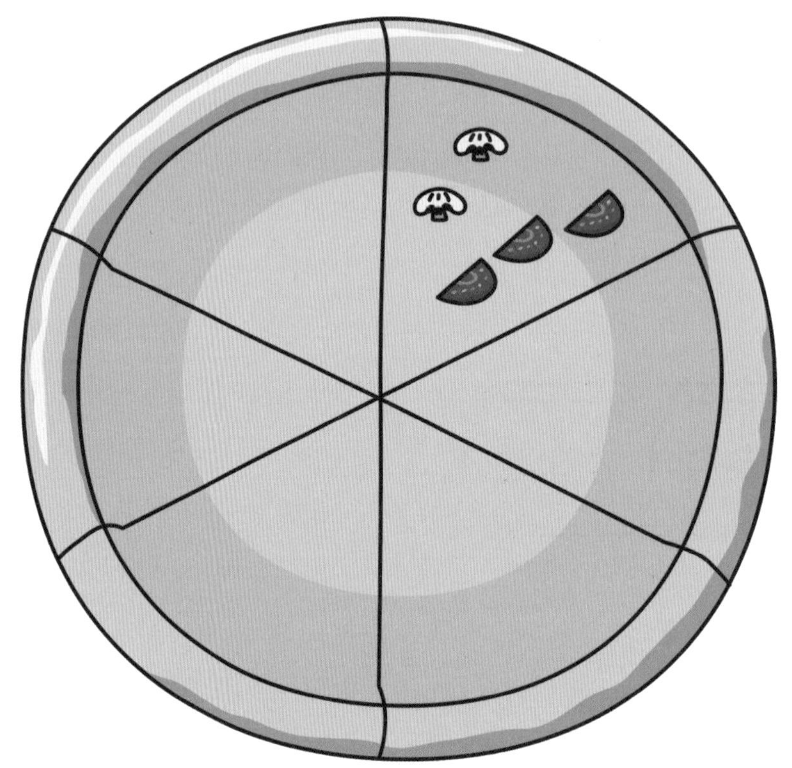

	1조각	2조각	3조각	4조각	5조각	6조각
버섯	2	4				
토마토	3	6				

문제 1 앞 차시의 복습이다. 같은 수를 거듭 더하는 동수누가에 의해 표의 빈칸을 채우며 곱셈구구 학습을 대비한다.

문제 2 | 보기와 같이 □ 안에 알맞은 수를 넣으시오.

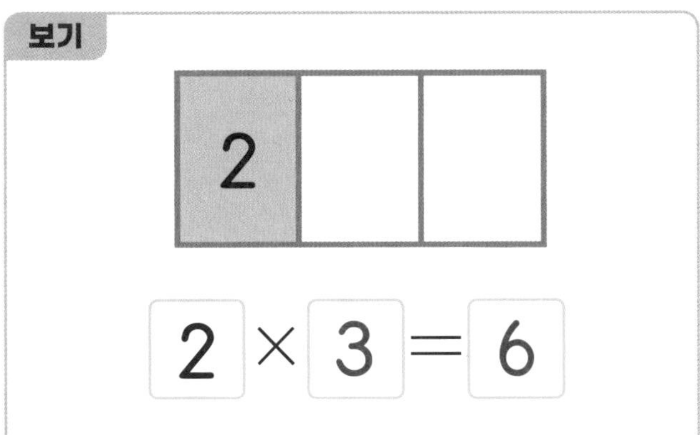

(1)

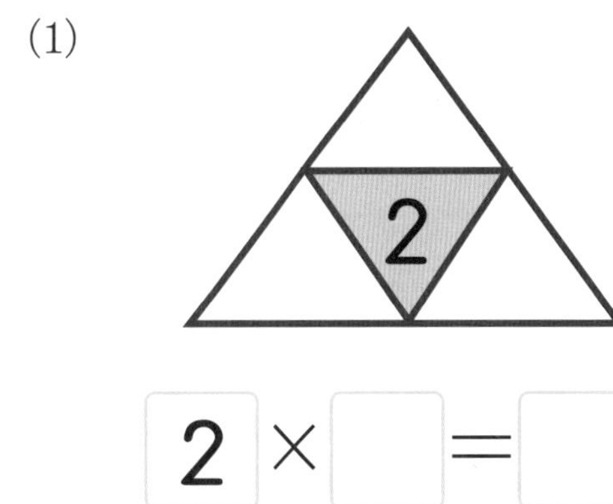

(2)

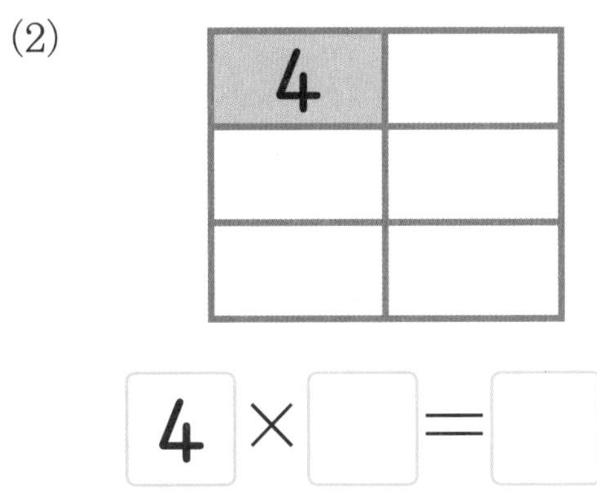

(3)

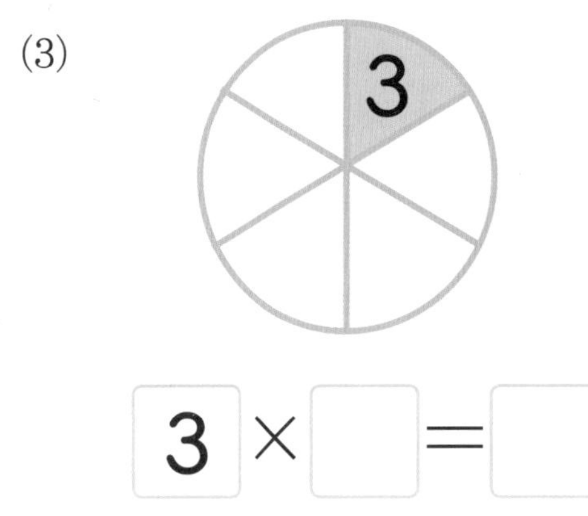

(4)

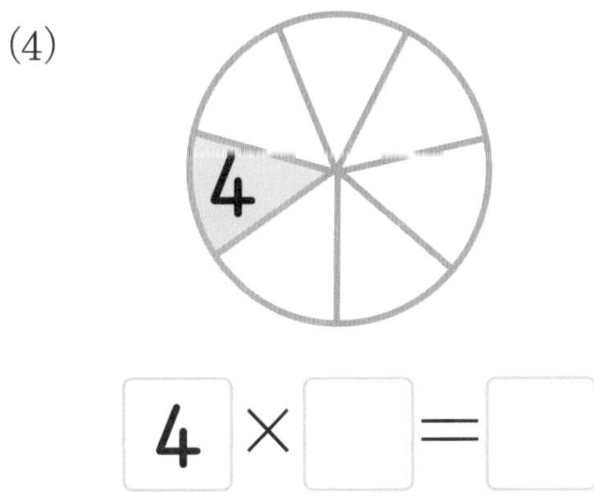

(5)

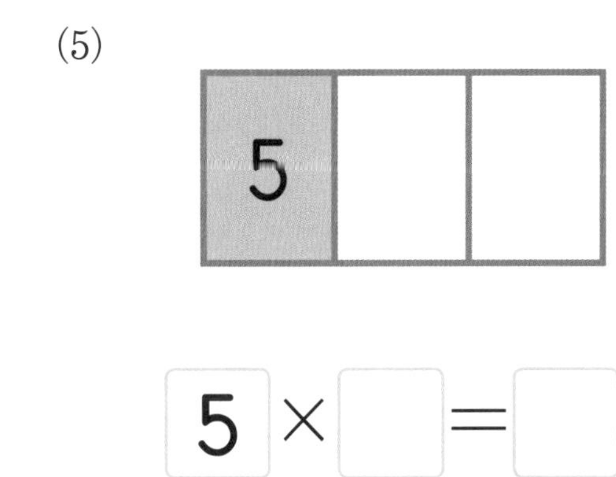

문제 2 앞의 문제와 같은 응용문제이지만 곱셈식으로 나타내고 동수누가에 의해 답을 구한다.

(6)

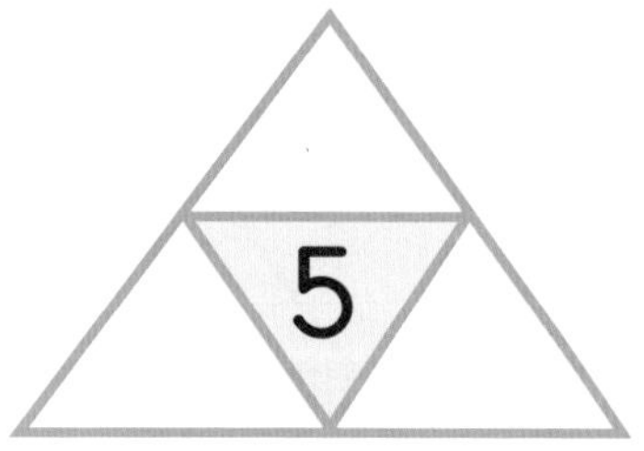

5 × ☐ = ☐

(7)

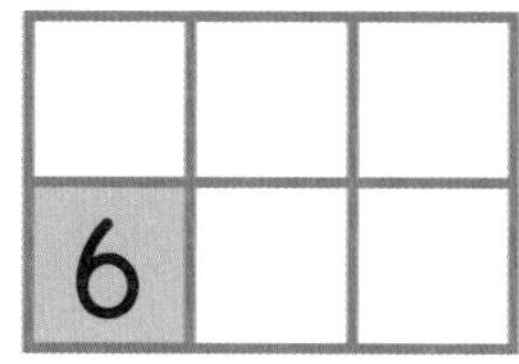

6 × ☐ = ☐

(8)

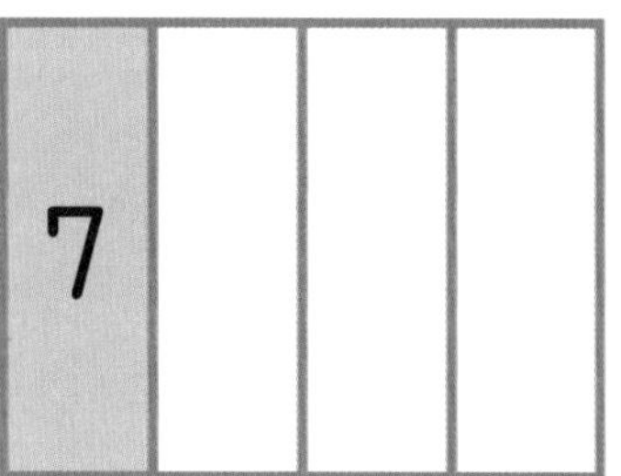

7 × ☐ = ☐

(9)

7 × ☐ = ☐

(10)

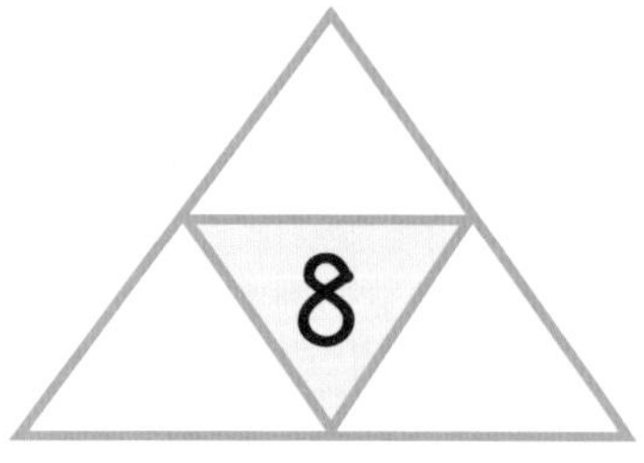

8 × ☐ = ☐

(11)

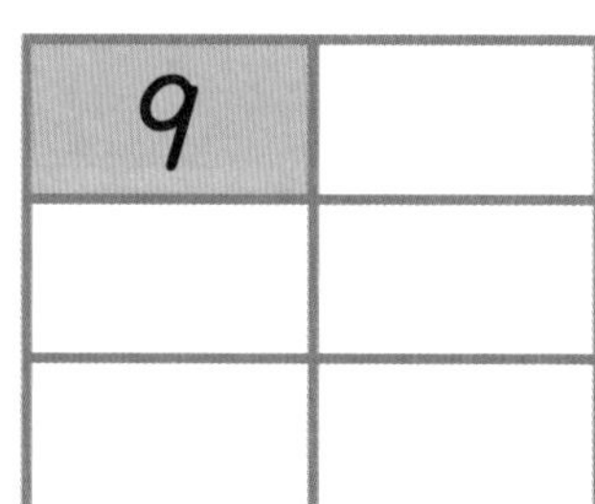

9 × ☐ = ☐

문제 3 | 보기와 같이 곱셈식으로 나타내시오.

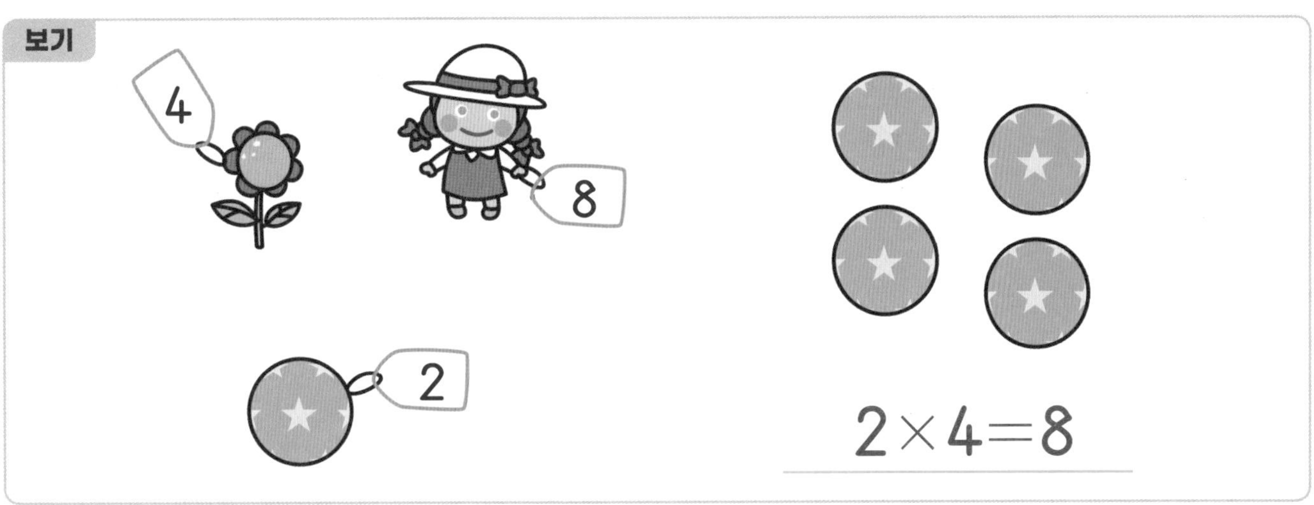

(1)

(2)

(3)

(4)

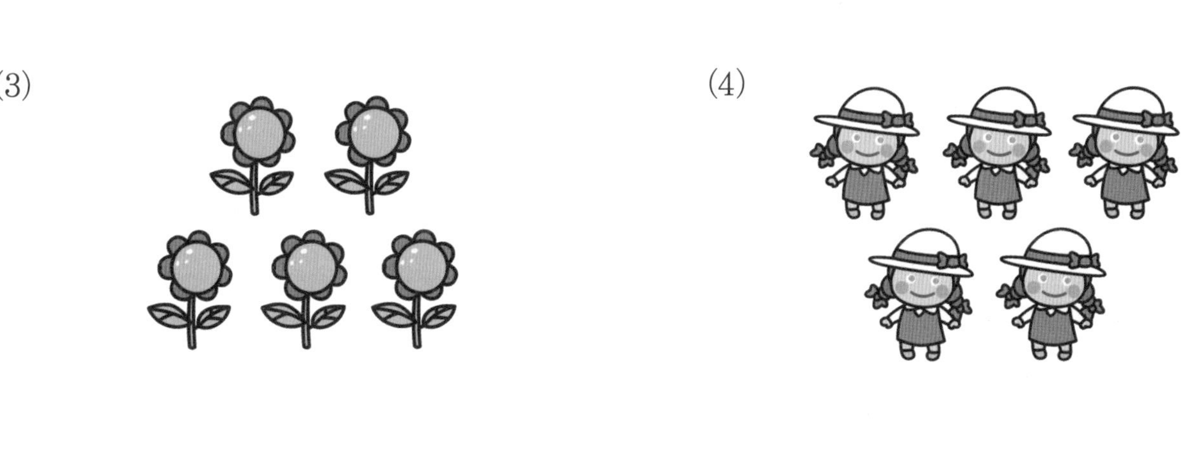

문제 3 주어진 가격표가 피승수, 그리고 개수가 승수인 곱셈식으로 나타내어 동수누가에 의해 값을 구하는 곱셈 응용문제다. 이때 앞에서 구한 값을 이용하는지 관찰한다. 만일 이를 행할 수 있다면 동수누가를 완벽하게 이해하고 있다는 증거다.

(5)

(6)

(7)

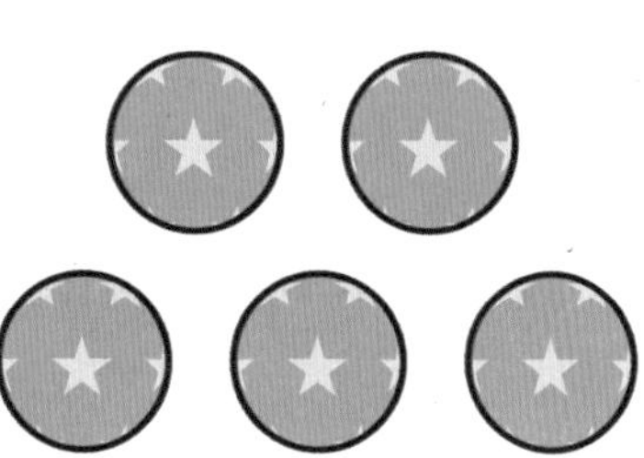

(8)

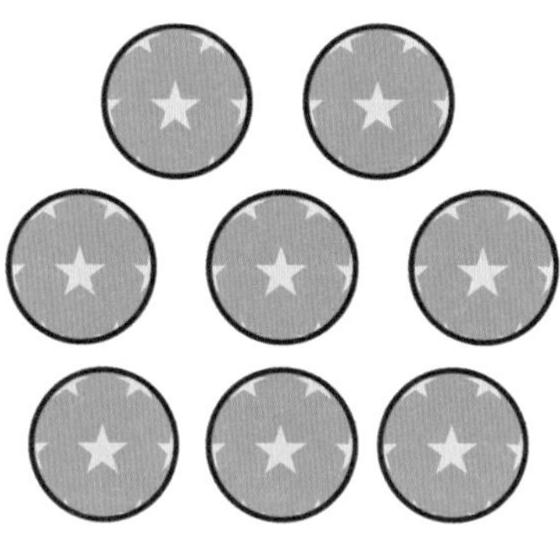

(9)

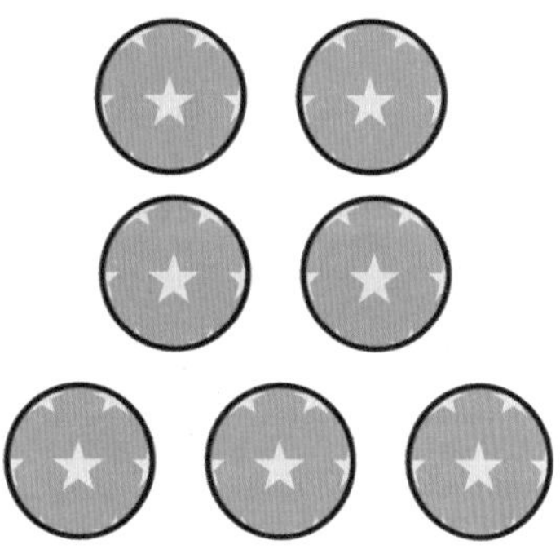

길이도 곱셈으로

공부한 날짜 월 일

문제 1 | □ 안에 알맞은 수를 쓰시오.

(1)

2 × □ = □

(2)

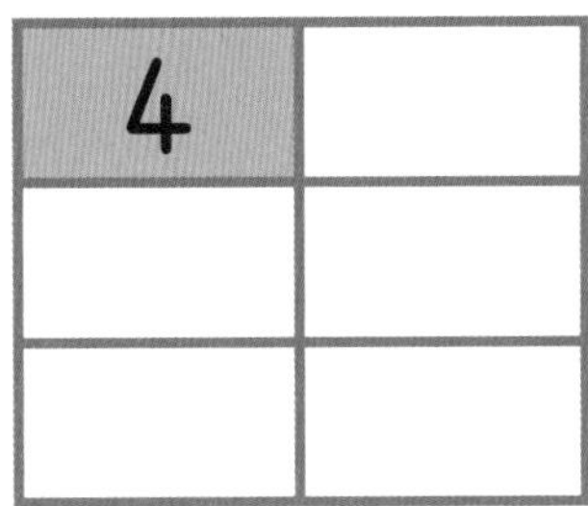

4 × □ = □

(3)

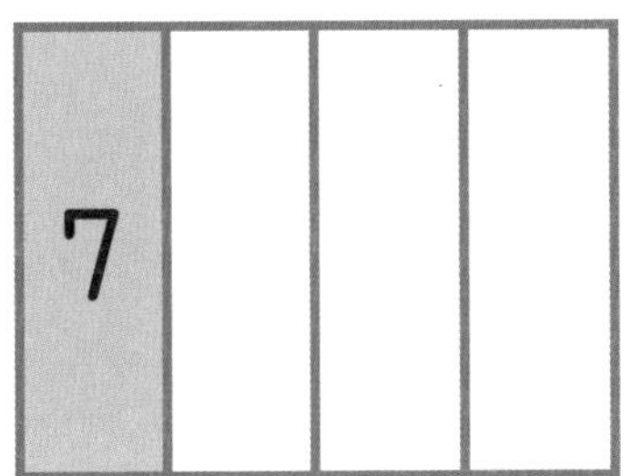

7 × □ = □

(4)

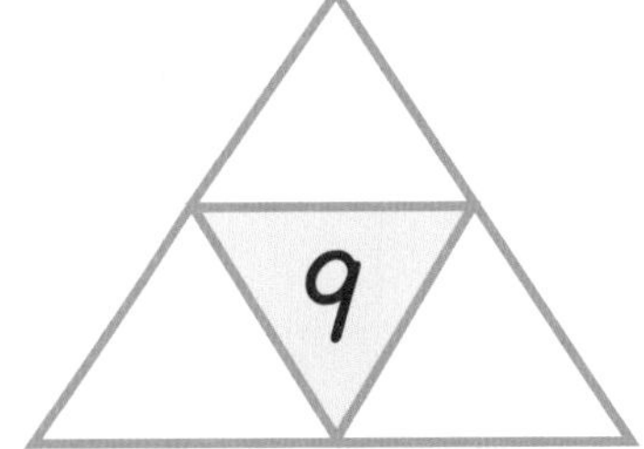

9 × □ = □

문제 1 동수누가에 의해 곱셈식의 답을 구하는 앞 차시 활동의 복습 문제다.

문제 2 | 클립의 길이를 참고하여 보기와 같이 각 물건의 길이를 구하시오.

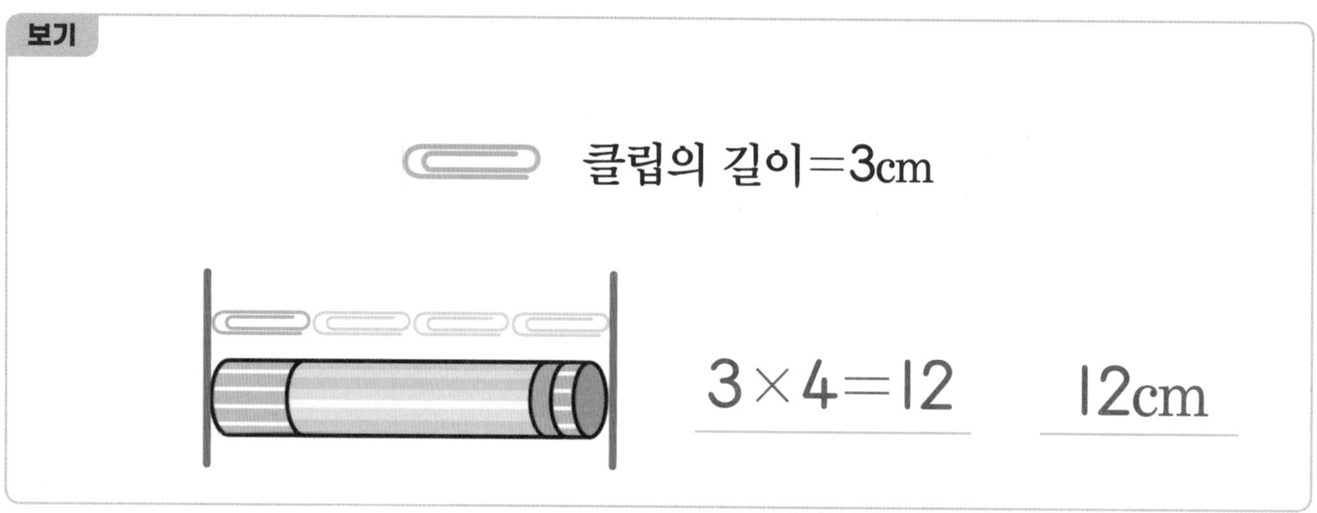

(1)

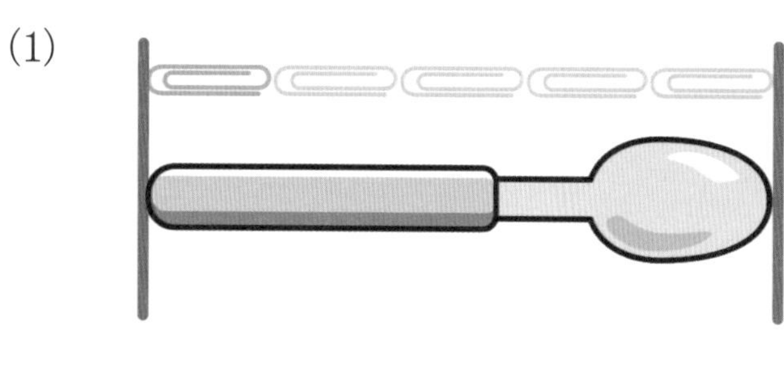

(2)

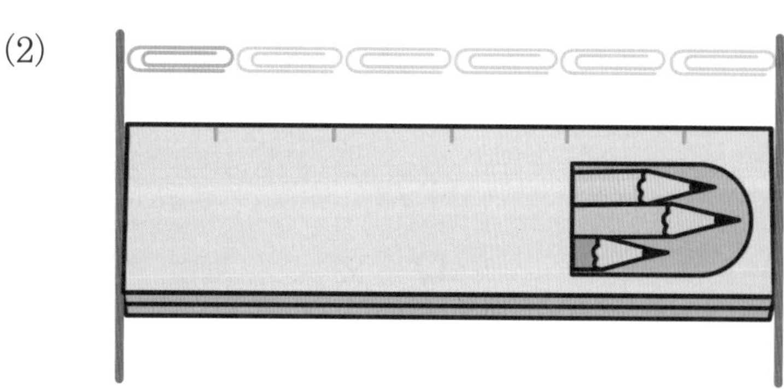

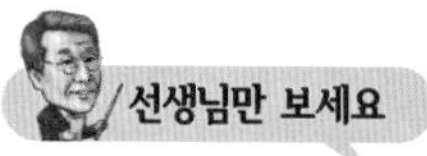

문제 2 길이의 측정을 곱셈으로 나타내는 곱셈의 응용문제다. 측정의 단위가 클립 한 개의 길이라는 사실에 먼저 주목해야 한다. 그리고 이 길이를 곱셈식의 피승수로 하고 클립의 개수를 승수로 하는 곱셈식 표현이 핵심이다.

(3)

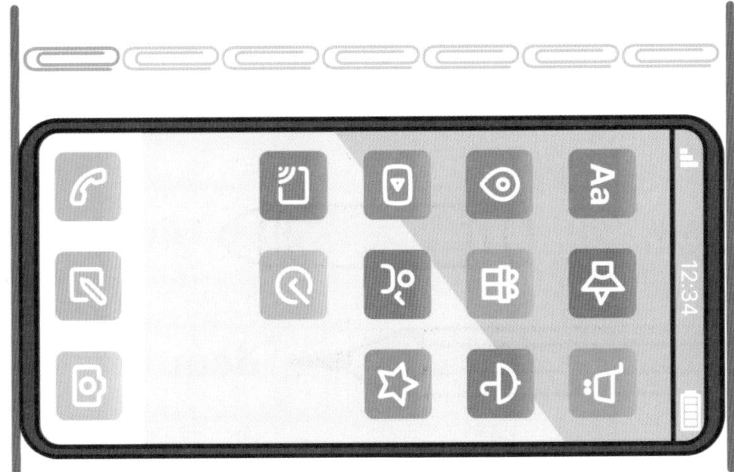

(4)

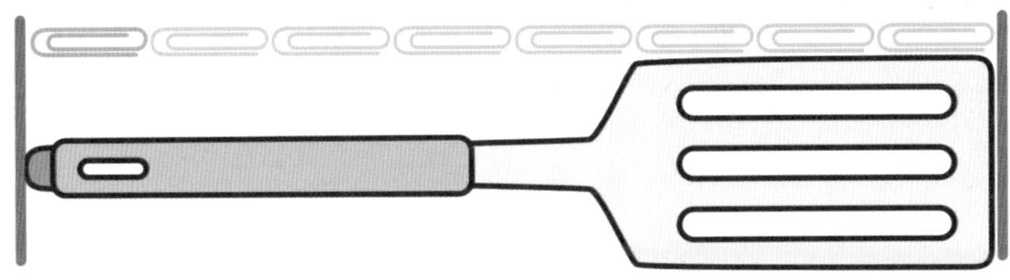

(5)

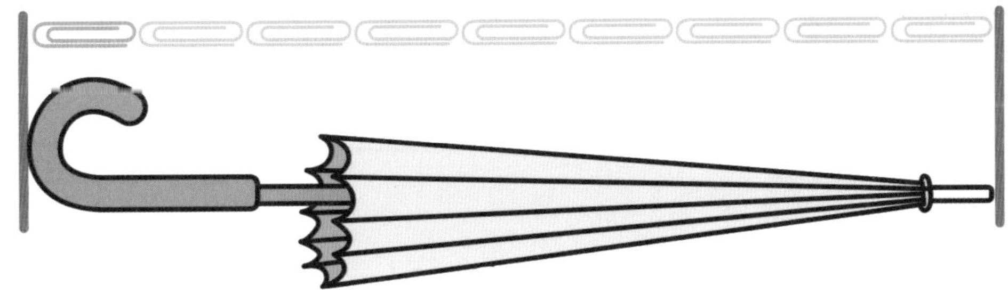

문제 3 | 물건의 길이를 구하시오.

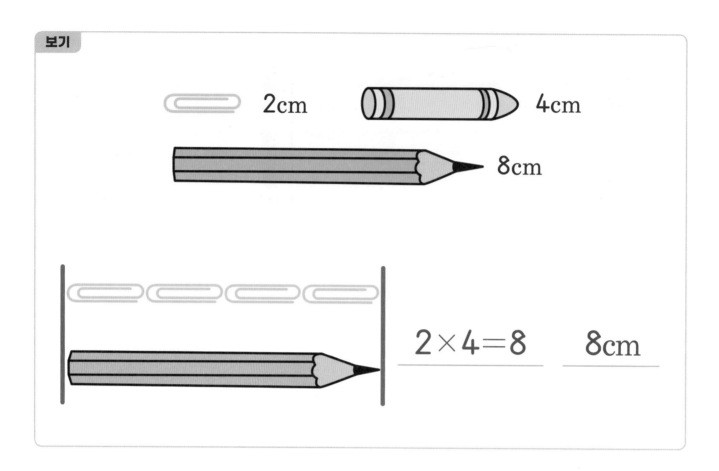

보기

2cm 4cm

8cm

$2 \times 4 = 8$ 8cm

(1)

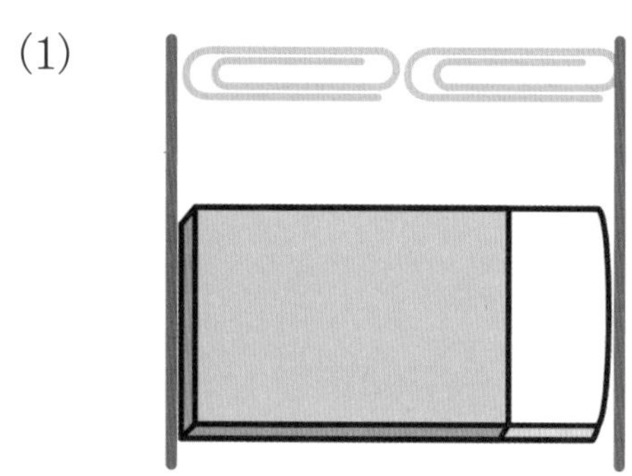

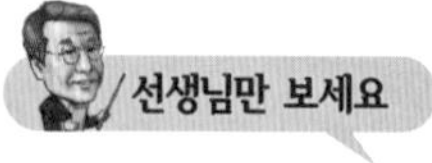

문제 3 길이의 측정을 곱셈으로 나타내는 곱셈 응용문제의 연속이다. 측정 단위가 세 개로 늘어났기 때문에 각각을 피승수로 하는 곱셈식 표현이 핵심이다.

(2)

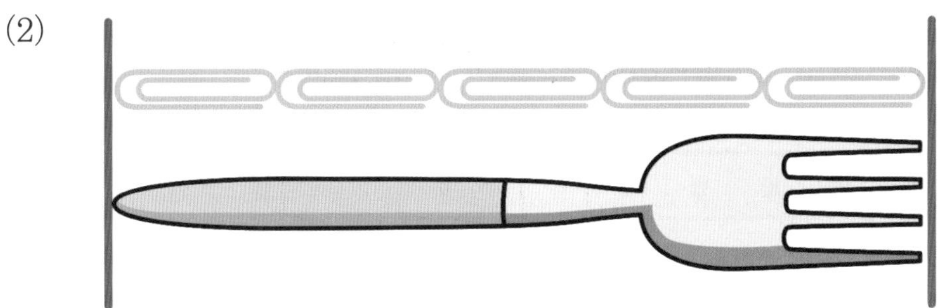

(3)

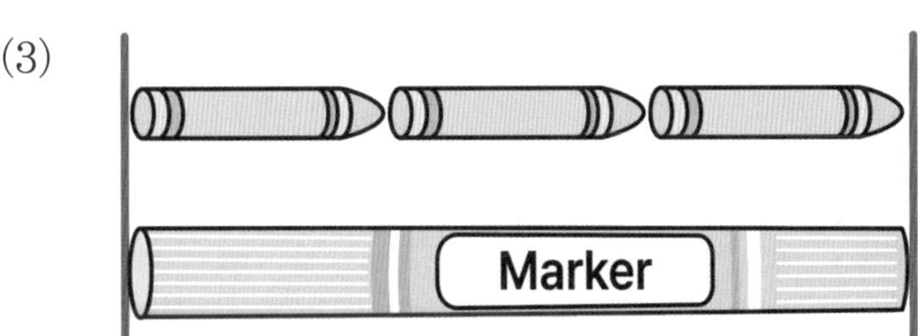

(4)

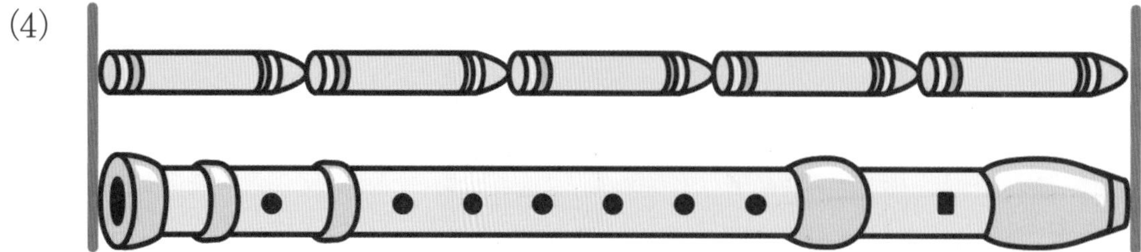

(5)

(6)

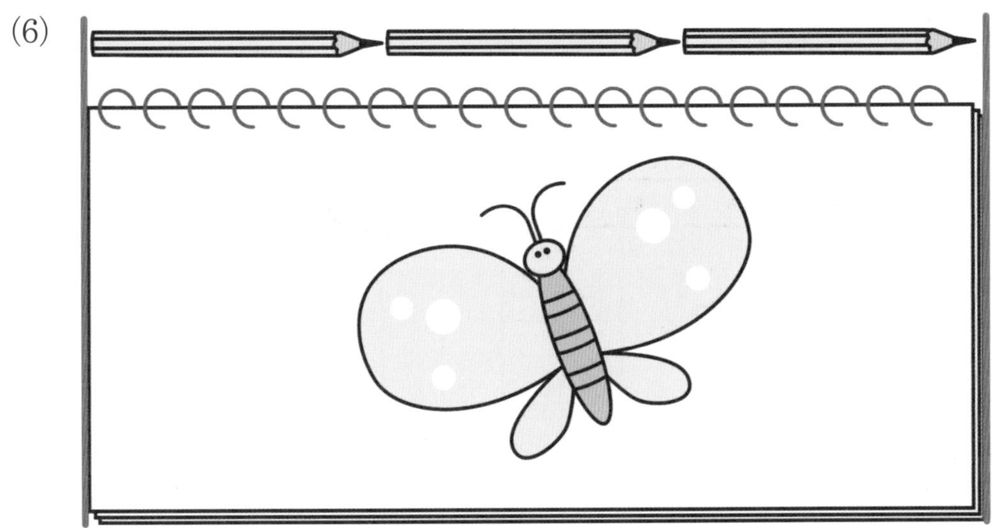

(7)

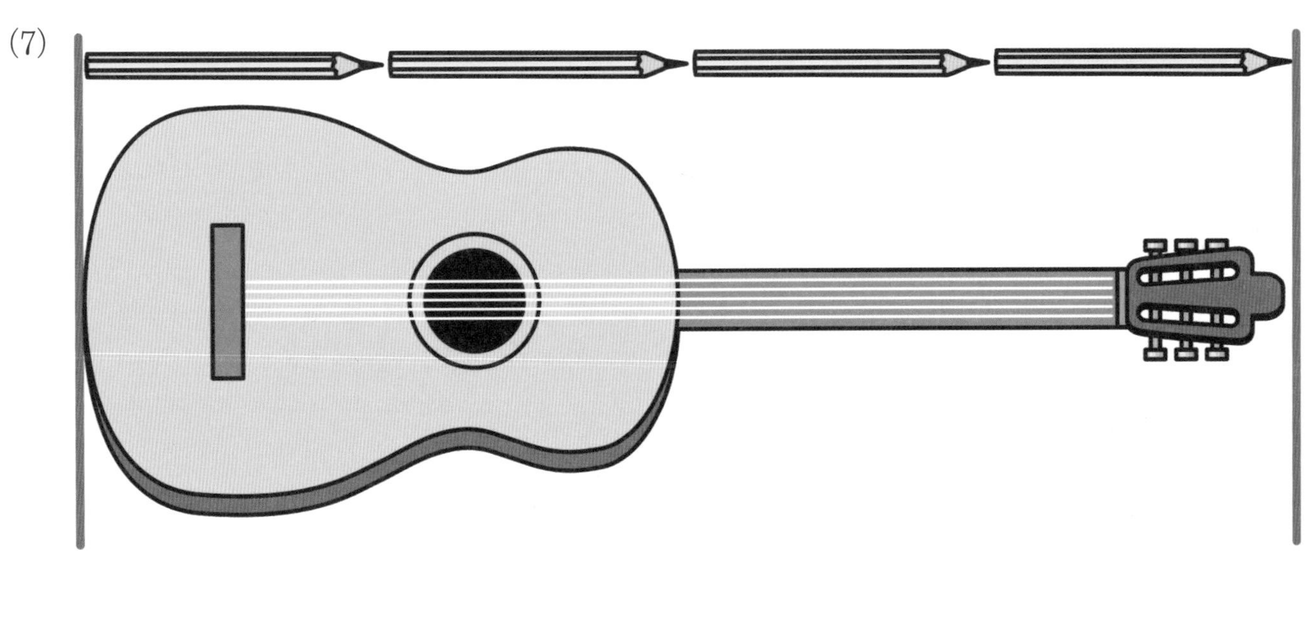

문제 4 | 그림을 보고 □ 안에 수를 넣으시오.

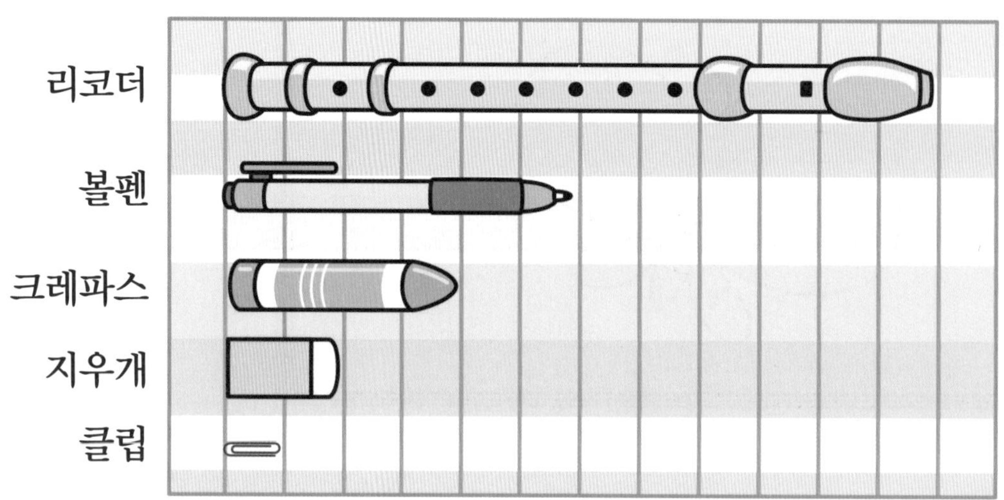

(1) 지우개 길이는 클립 길이의 □ 배

(2) 볼펜 길이는 지우개 길이의 □ 배

(3) 크레파스 길이는 지우개 길이의 □ 배

(4) 리코더 길이는 크레파스 길이의 □ 배

(5) 리코더의 길이는 볼펜 길이의 □ 배

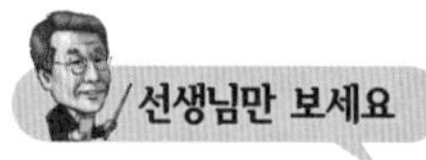

문제 4 길이의 측정을 곱셈으로 나타내는 곱셈 응용문제의 완결판이다. 한 개의 길이, 즉 측정의 단위가 곱셈식의 피승수가 된다는 것에 주목해야 하는데, 예를 들어 (1)의 지우개 길이를 구할 때 클립 길이의 몇 배인지를 구하기 위해 먼저 클립 길이가 피승수이어야 한다는 점을 파악해야만 한다. 단위가 각각 다르므로 곱셈식 표현에 주의해야 한다.

이산량과 연속량

앞에서 곱셈의 뜻을 언급하며 동수누가 이외에 확대(또는 축소)의 의미에 대하여 설명하였다. 2학년에서는 동수누가만 다루며 개수를 헤아릴 수 있는 이산량을 대상으로 곱셈 개념을 도입하였다. 그러나 이 차시에서 다루는 길이는 이산량이 아닌 연속량이며, 이후에 지도에 사용되는 축적과 같이 확대(또는 축소) 상황으로 전개하기 위한 하나의 복선과도 같은 것이다. 이산량에서는 개수 세기를 할 수 있지만 연속량에서 그 개수 세기가 불가능하다. 물론 지금 단계에서 아이들에게 이 차이를 구별하도록 지도하라는 것은 아니다. 단지 다음에 제시된 상황에서 '몇 배'라는 용어에 익숙해지는 것으로 충분하다.

크레파스의 길이는 4cm입니다. 연필의 길이는 크레파스 길이의 [3] 배입니다.

[4] cm의 [3] 배는 $4 \times 3 = 12$

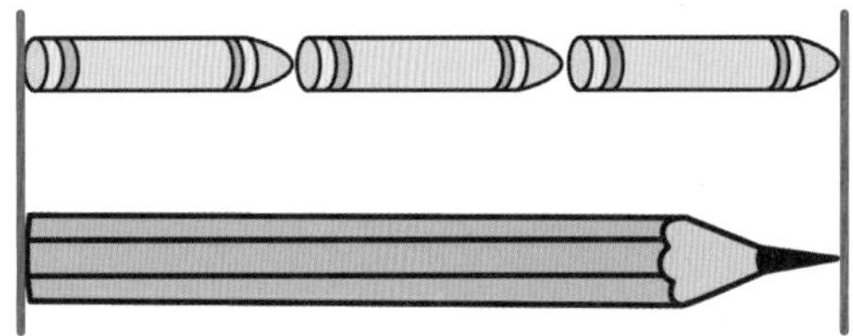

연필의 길이는 [12] cm입니다.

9 일차 곱셈 연습(3)

공부한 날짜　　월　　일

문제 1 | □ 안에 알맞은 수를 넣으시오.

(1)

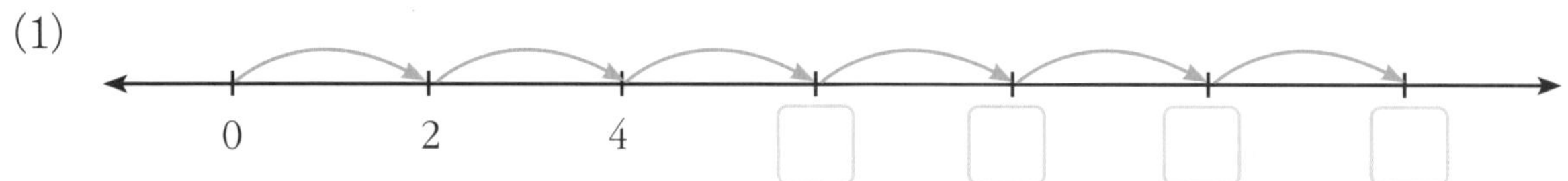

(2)

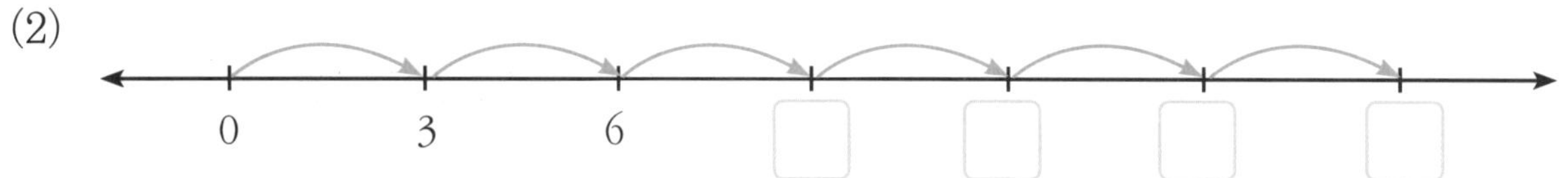

(3)

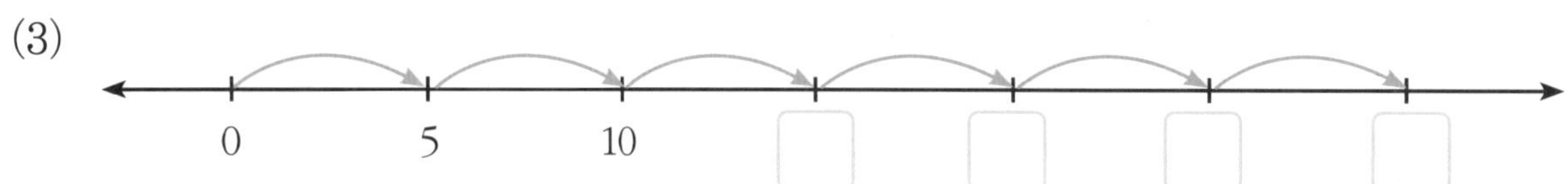

(4)

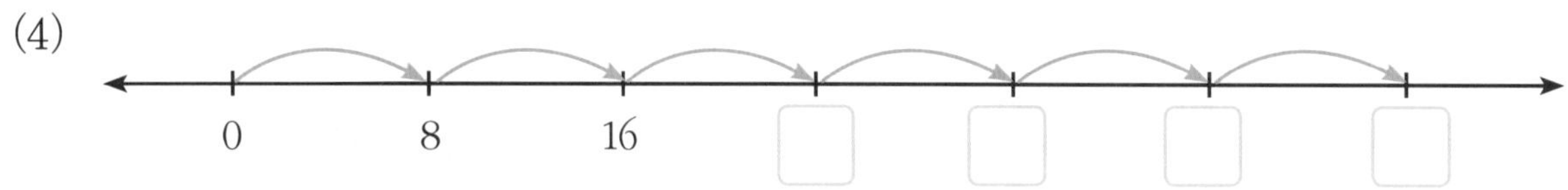

(5)

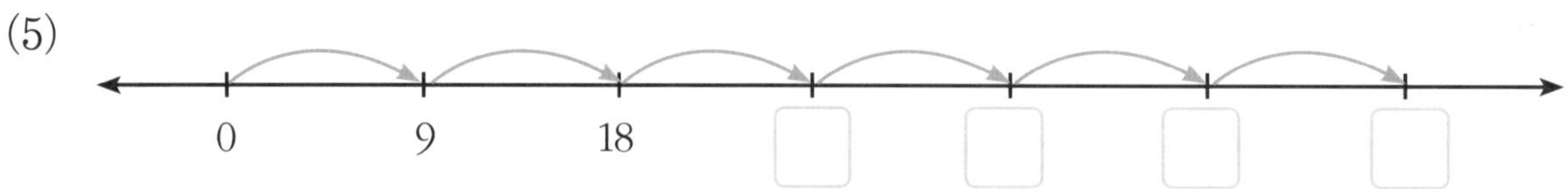

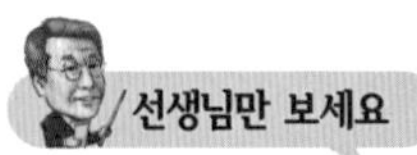

문제 1 곱셈을 도입할 때 활용한 수직선에서 뛰어 세기의 복습이다.

문제 2 | 보기와 같이 □ 안에 알맞은 수를 넣으시오.

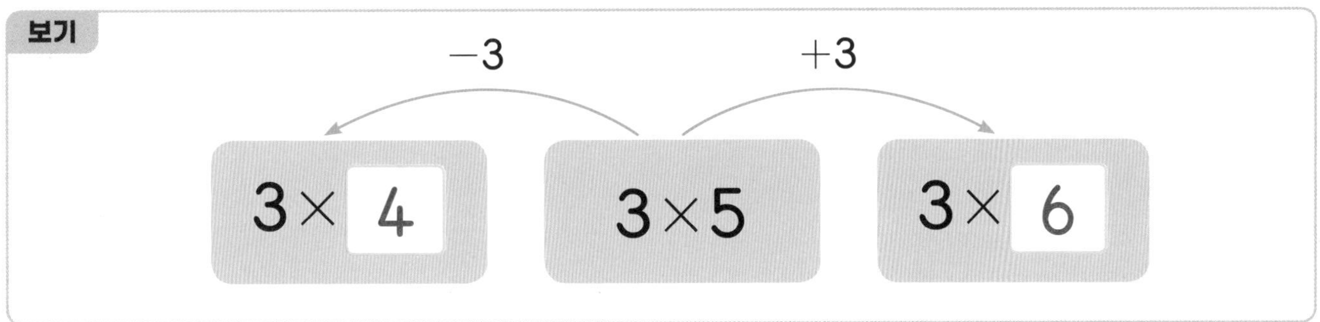

(1)

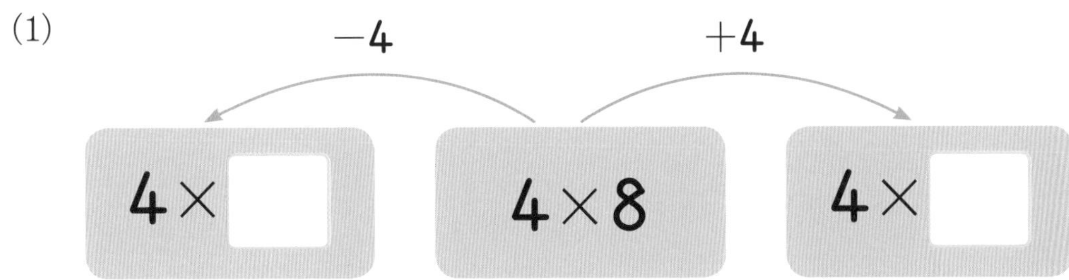

(2)

(3)

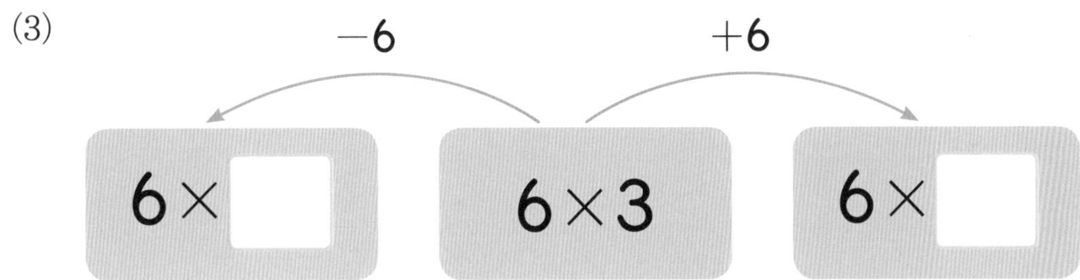

문제 2 주어진 곱셈식에서 곱하는 수(승수)의 의미를 확인하는 문제다. 승수가 하나 줄거나 늘어날 때 피승수만큼 곱셈 값에 변화를 가져온다는 것을 파악한다. 처음 접하는 새로운 유형의 문제이므로 어려워할 수 있다. 보기를 함께 풀이할 것을 권장한다.

(4)

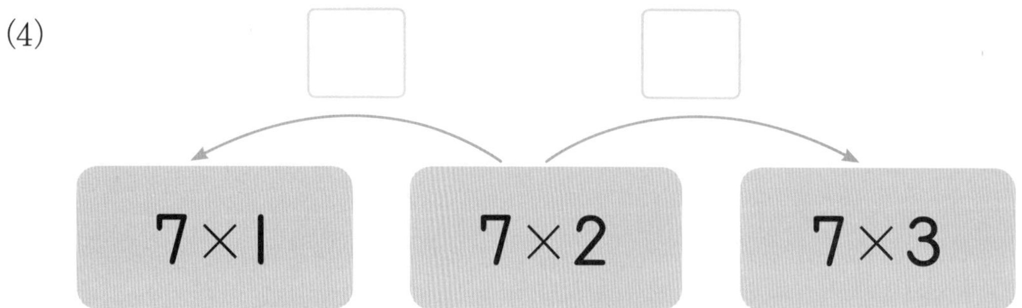

(5)

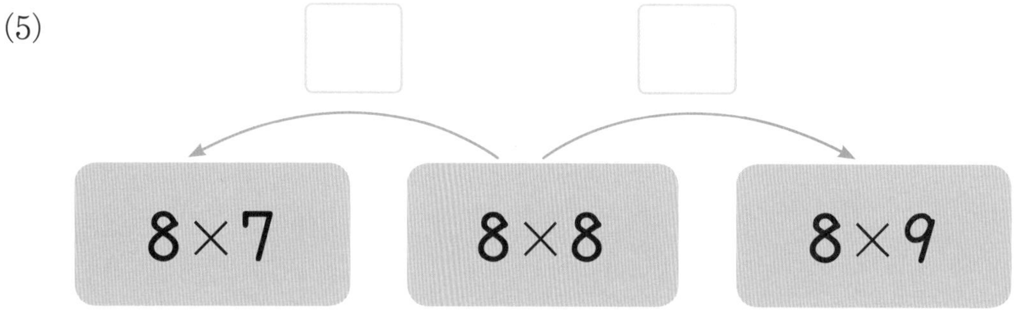

문제 3 | □ 안에 알맞은 수를 넣으시오.

(1) 2×5+2는 2의 □ 배입니다.

(2) 6×7+6은 6의 □ 배입니다.

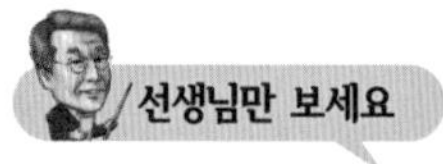

문제 3 앞의 문제와 같이 주어진 곱셈식에서 곱하는 수(승수)의 의미를 확인하는 문제다. 어려워하면 곱셈식 값을 구해 어떤 변화가 나타나는지 패턴을 찾도록 도와주는 것이 바람직하다. 곱셈식의 구조를 파악하는 것이 문제의 의도다. 곱셈식에서 곱하는 수, 즉 승수의 의미를 파악하는 것에 중점을 두었다. 곱셈의 답만 구하는 것이 곱셈 학습의 전부가 아니라는 사실을 여기서도 확인하게 된다.

(3) $3\times6-3$은 3의 □ 배입니다.

(4) $5\times9-5$는 5의 □ 배입니다.

(5) 4×3은 $4\times$ □ 보다 4 큽니다.

(6) 8×7은 $8\times$ □ 보다 8 큽니다.

(7) 7×3은 7×4보다 □ 작습니다.

(8) 9×5는 9×6보다 □ 작습니다.

문제 4 | 보기와 같이 곱셈식으로 나타내시오.

보기

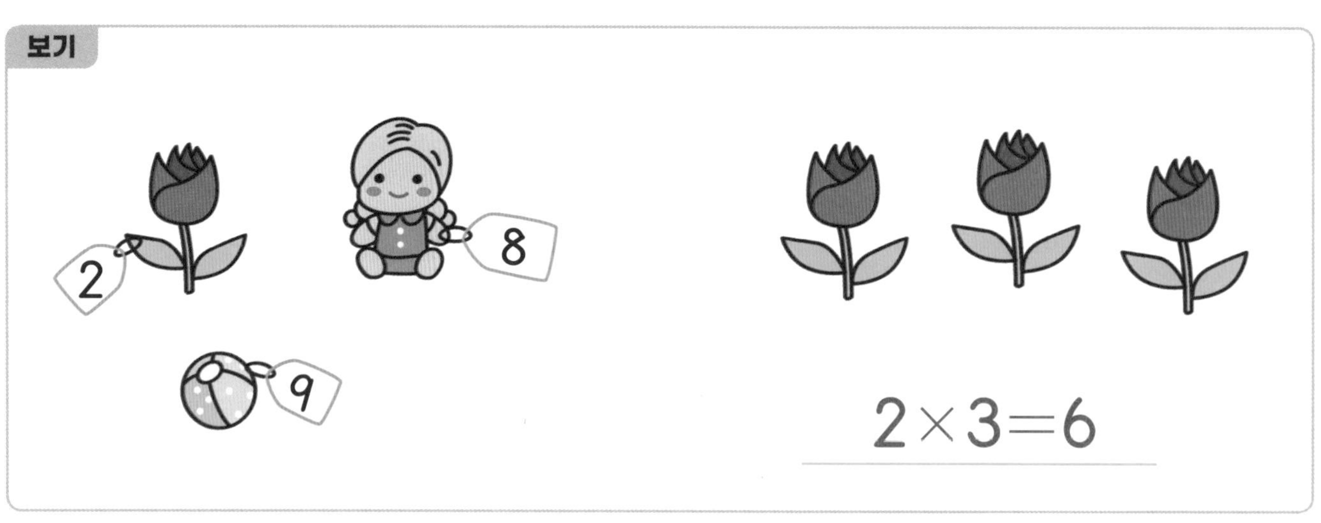

(1) (2)

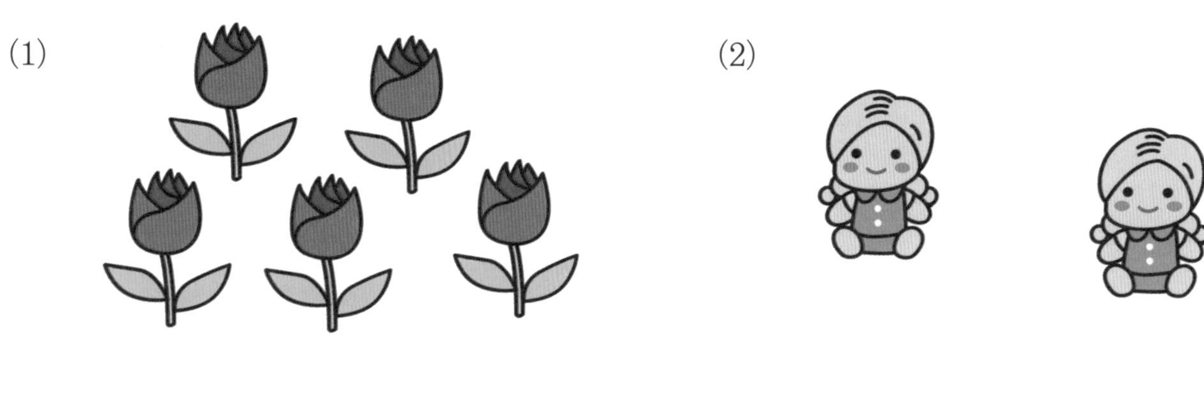

(3) (4)

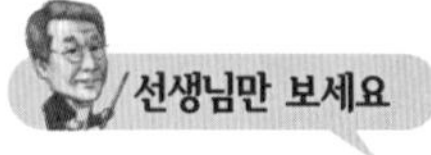

문제 4 앞 차시 곱셈 응용문제의 복습이다. 보기 그림의 표에 붙어 있는. 숫자가 피승수이고 개수가 승수인 곱셈식으로 나타내고 숫자가 피승수라는 것만 파악하여 개수를 곱하는 곱셈식으로 나타내고 동수누가에 의해 답을 얻는다.

(5) (6)

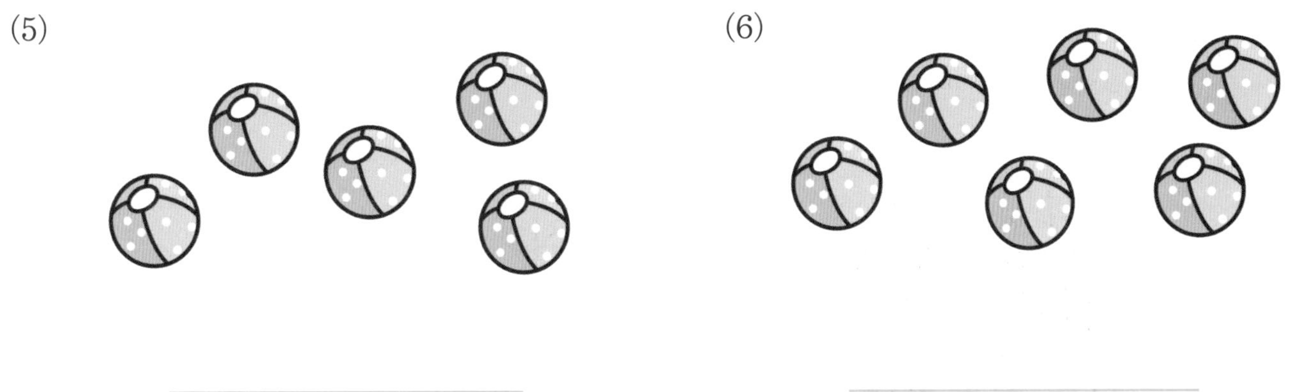

문제 5 | 문제를 읽고 식과 답을 쓰시오.

(1) 6명씩 앉을 수 있는 긴 의자가 있습니다. 의자 2개에는 모두 몇 명이 앉을 수 있을까요?

식: ____________

답: ________ 명

(2) 수아는 아침마다 달걀을 2개씩 먹습니다. 7일 동안 먹은 달걀은 모두 몇 개일까요?

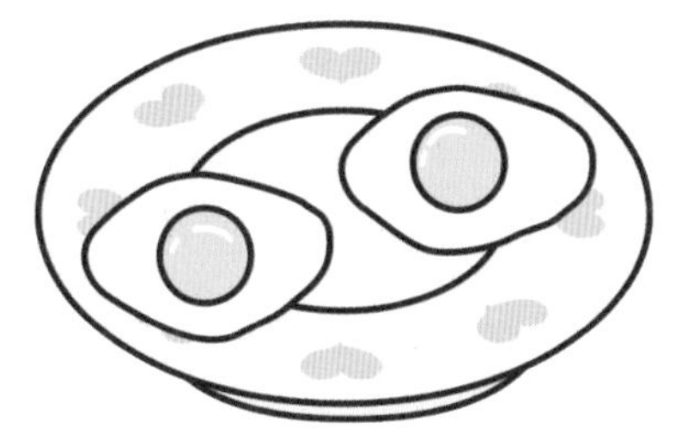

식: ____________

답: ________ 개

문제 5 곱셈 응용문제 풀이의 연습이다. 제시된 문제의 삽화를 보며 문장을 읽은 후에 피승수와 승수가 무엇인지를 파악하는 것이 문제의 핵심이다.

(3) 경수는 딱지를 7장 가지고 있고, 민주는 경수의 4배만큼 가지고 있습니다. 민주가 가지고 있는 딱지는 모두 몇 장입니까?

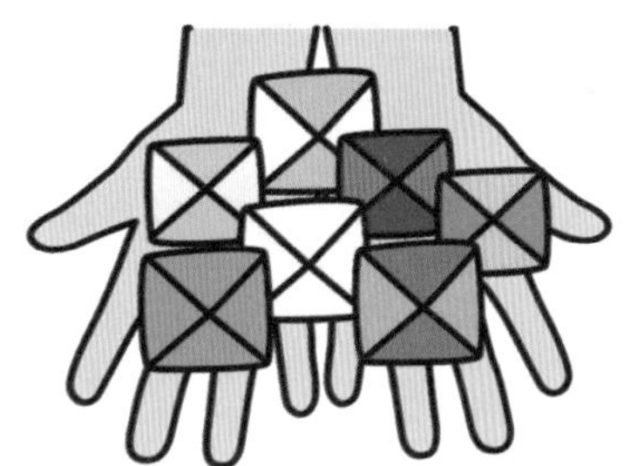

식: ____________

답: ________ 장

(4) 한 모둠에 3명씩 있고, 모두 네 모둠이 있습니다. 학생은 모두 몇 명일까요?

식: ____________

답: ________ 명

(5) 지연이의 나이는 9살이고 할머니의 연세는 지혁이의 나이의 8배입니다. 할머니는 몇 세일까요?

식: ____________

답: ________ 세

10일차 곱셈 연습(4) 뛰어 세기를 곱셈으로

공부한 날짜 월 일

문제 1 | 보기와 같이 곱셈식으로 나타내시오.

(1)

(2)

(3)

(4)

문제 1 앞 차시 곱셈 응용문제의 복습이다. 보기 그림의 표에 붙어 있는, 숫자가 피승수이고 개수가 승수인 곱셈식으로 나타내고 동수누가에 의해 답을 얻는다.

(5)

(6)

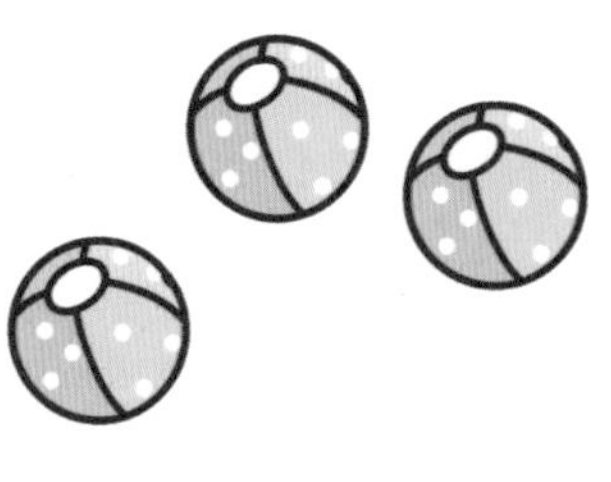

(7)

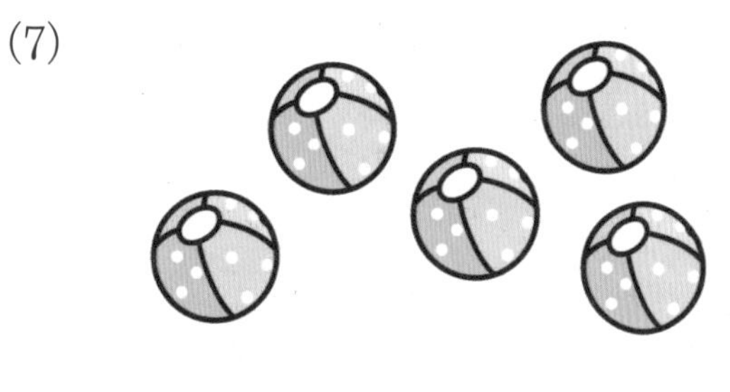

(8)

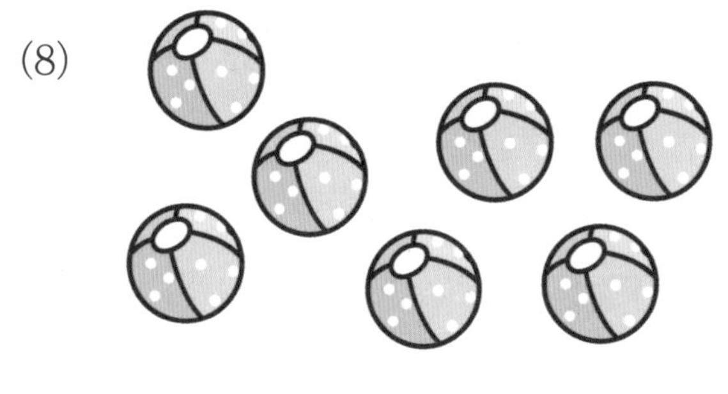

문제 2 | 보기와 같이 서로 다른 여러 개의 곱셈식으로 나타내시오.

보기

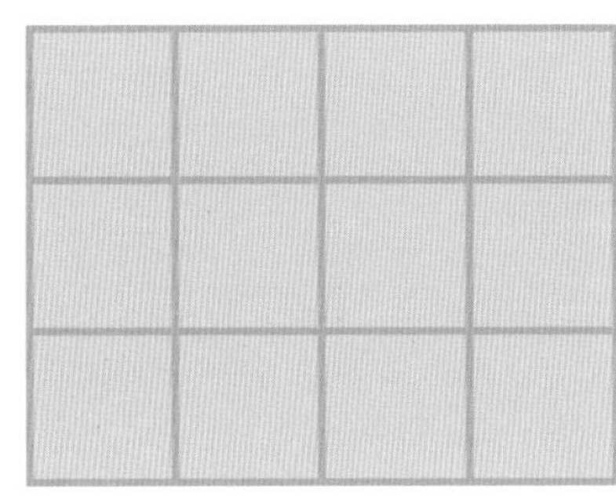

3×4=12　　2×6=12

4×3=12　　6×2=12

(1)

4×4=16

(2)

문제 2 직사각형 내부에 들어있는 정사각형 개수 구하기를 여러 곱셈식으로 나타내는 문제다. 어떻게 묶을 것인가에 대한 전략이 요구된다. 사실상 약수 구하기와 다르지 않다. 그러나 지금 단계에서 약수 개념을 도입할 수는 없고, 해서도 안 된다. 2개, 3개씩 작은 개수부터 차례로 묶어보는 시행착오를 통해 문제를 해결하도록 안내하는 것이 바람직하다.

(3)

(4)

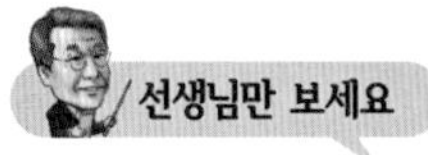

문제 2 보기에서 6개씩 묶는 것을 발견하기는 쉽지 않은데. 이것도 시행착오의 경험을 요구하는 문제다. 곱셈식 모두를 찾는 것은 쉽지 않다. 어려우면 다음 문제로 넘어가고 곱셈을 마친 후에 다시 해결할 것을 권한다. 곱셈구구 암기가 전부가 아님을 보여주는 가장 어려운 문제다.

(5)

문제 3 | 보기와 같이 □ 안에 알맞은 수를 넣으시오.

보기

−3 +3

$3\times$ 9	3×10	$3\times$ 11

(1)

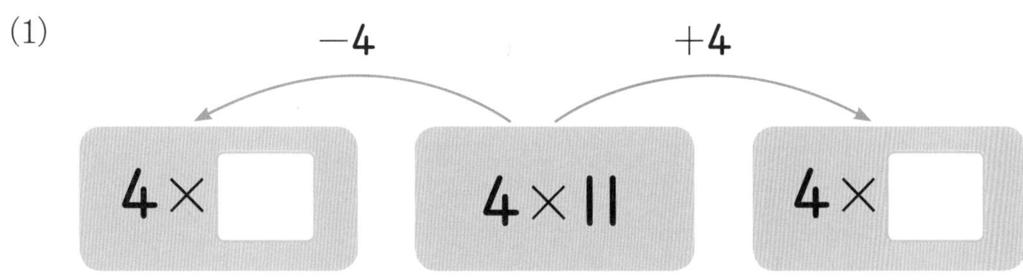

문제 3 앞 차시에 제시되었던 주어진 곱셈식에서 피승수와 승수의 의미를 확인하는 문제다 승수가 하나 줄거나 늘어날 때 피승수만큼 곱셈 값에 변화를 가져온다는 것을 파악해야 한다. 곱셈식의 구조를 파악하는 것이 문제의 의도다.

(2)

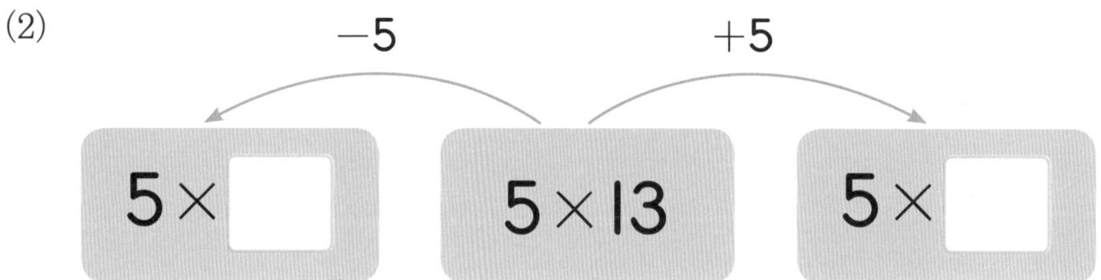

(3)

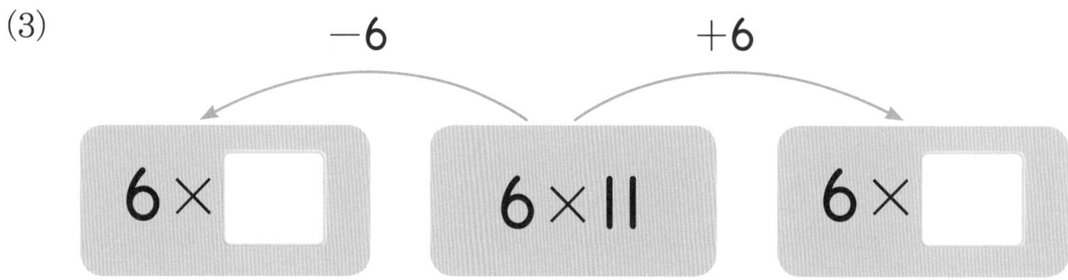

(4)

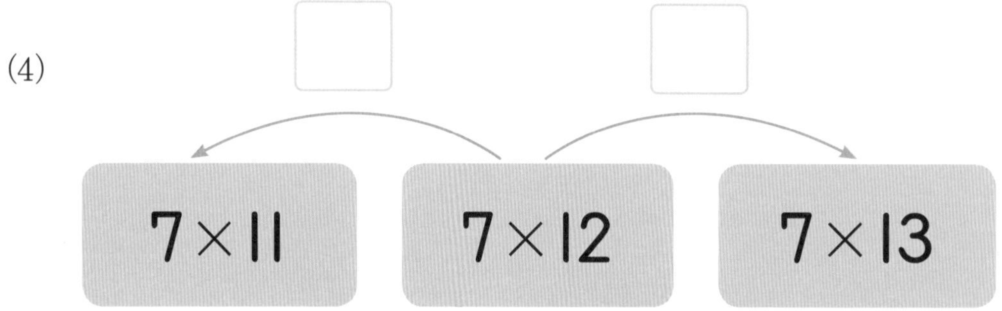

(5)

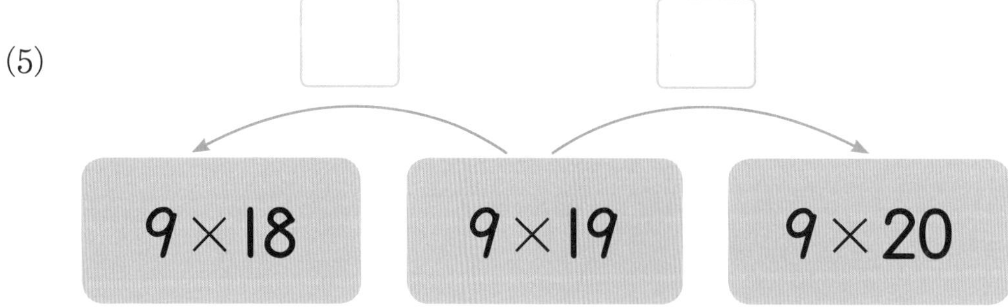

문제 4 | □ 안에 알맞은 수를 넣으시오.

(1) $2\times8+2$는 2의 □ 배입니다.

(2) $5\times9+5$는 5의 □ 배입니다.

(3) $4\times7-4$는 4의 □ 배입니다.

(4) $9\times4-9$는 9의 □ 배입니다.

(5) 3×5는 $3\times$ □ 보다 3 큽니다.

(6) 6×9는 $6\times$ □ 보다 6 큽니다.

(7) 5×7은 5×9보다 □ 작습니다.

(8) 7×5는 7×7보다 □ 작습니다.

(9) 8×2는 8×4보다 □ 작습니다.

(10) 9×7은 9×8보다 □ 작습니다.

문제 4 주어진 곱셈식에서 곱하는 수(승수)의 의미를 확인하는 문제의 복습이다. 곱셈식의 구조를 파악하는 것이 문제의 의도다.

곱셈 도입과 지도의 주의점

곱셈 도입의 시기는 받아올림과 받아내림이 있는 두 자리 수 덧셈과 뺄셈에 대한 알고리즘(표준 절차)을 익힌 후이다. 현행 교육과정에 따르면, 덧셈과 뺄셈 능력이 완벽히 형성되었다고 할 수 있는 2학년 1학기 마지막 단원에서 곱셈의 뜻과 기호 ×가 도입된다. 그리고 이어서 2학기에 곱셈구구를 익히는 순서로 되어 있다.

그런데 이와 같은 교육과정의 구성은 2학년 곱셈 지도에서 곱셈구구 암기가 가장 중요하다는 오해를 낳기도 한다. 사실 곱셈구구의 암기는 곱셈을 빠르게 수행할 수 있는 일종의 계산기를 머릿속에 장착시키는 것과 같다. 이러한 기능의 습득은 개념이 충분히 형성된 뒤에 이루어져야 하는 게 올바른 순서다. 기능부터 습득하면 생각하는 노력을 기울이지 않기 때문에 또 다른 개념의 형성에 차질을 빚을 위험이 있다.

다시 한 번 강조하지만 곱셈구구의 암기가 곱셈학습의 전부가 아니다. 피승수와 승수의 의미를 파악하는 것도 곱셈 학습의 주요한 요소다. 곱셈 학습이 곧 곱셈구구의 암기라고만 인식하면, 확대 또는 축소의 의미를 이해하거나 이후에 분수 곱셈의 학습에서 어려움을 겪을 수도 있다.

예를 들어, $10\times\frac{2}{5}=4$와 같은 분수 곱셈의 결과를 보고 값이 10에서 4로 줄어드는 현상에 대하여 당황스러운 반응을 보일 수 있다. 곱셈구구만 익혀 곱셈을 동수누가라는 덧셈으로만 인식했기 때문이다. 그러므로 곱셈구구의 암기는 곱셈의 의미를 충분히 깨닫고 나서 이루어져야 하며, 이를 위해서는 맹목적인 암기를 강요하기 이전에 곱셈 기호를 자유롭게 구사할 수 있도록 충분한 연습을 할 수 있는 기회를 제공해야 한다.

2 곱셈 구구

1 일차 | **2의 배수(1)**
2 일차 | **2의 배수(2)**
3 일차 | **4의 배수(1)**
4 일차 | **4의 배수(2)**
5 일차 | **5의 배수(1)**
6 일차 | **5의 배수(2)**
7 일차 | **3의 배수(1)**
8 일차 | **3의 배수(2)**
9 일차 | **6의 배수(1)**
10 일차 | **6의 배수(2)**
11 일차 | **9의 배수(1)**
12 일차 | **9의 배수(2)**
13 일차 | **7의 배수(1)**
14 일차 | **7의 배수(2)**
15 일차 | **8의 배수(1)**
16 일차 | **8의 배수(2)**
17 일차 | **1의 배수와 0의 배수**
18 일차 | **곱셈구구 연습(1)**
19 일차 | **곱셈구구 연습(2)**

1 일차 2의 배수(1)

공부한 날짜 월 일

문제 1 | 보기와 같이 주사위 눈의 개수를 덧셈식과 곱셈식으로 구하시오.

보기

 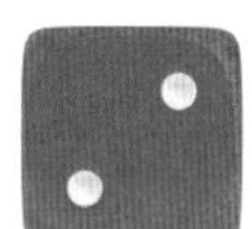 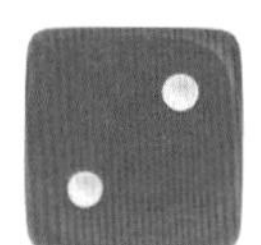

덧셈식 $2+2+2=6$

곱셈식 $2\times3=6$

(1)  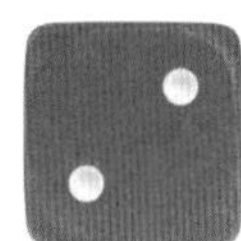 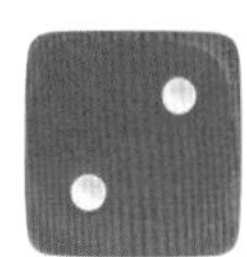 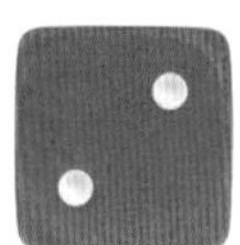

덧셈식 ______

곱셈식 ______

(2) 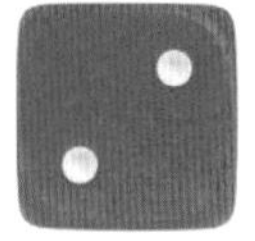 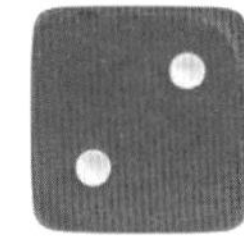 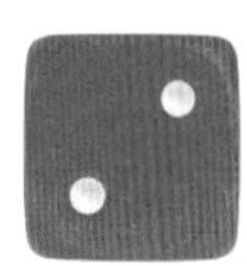 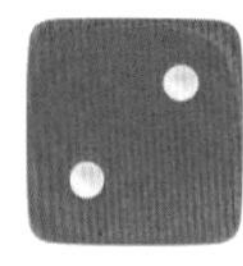 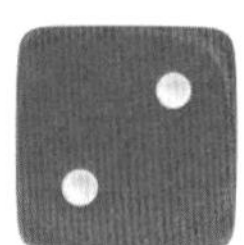

덧셈식 ______

곱셈식 ______

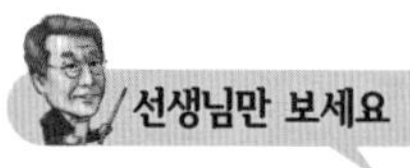

문제 1 동수누가에 의해 2의 배수를 덧셈식과 곱셈식으로 나타낸다. 이전에 배운 곱셈의 뜻을 확인하며, 2의 배수를 알아본다.

(3)

덧셈식 ______________________

곱셈식 ______________________

(4)

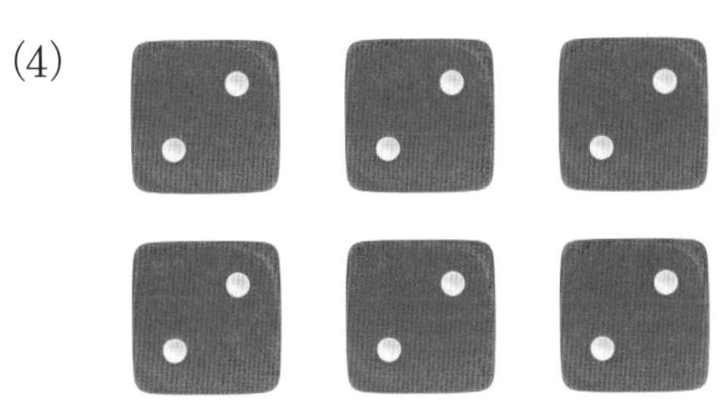

덧셈식 ______________________

곱셈식 ______________________

(5)

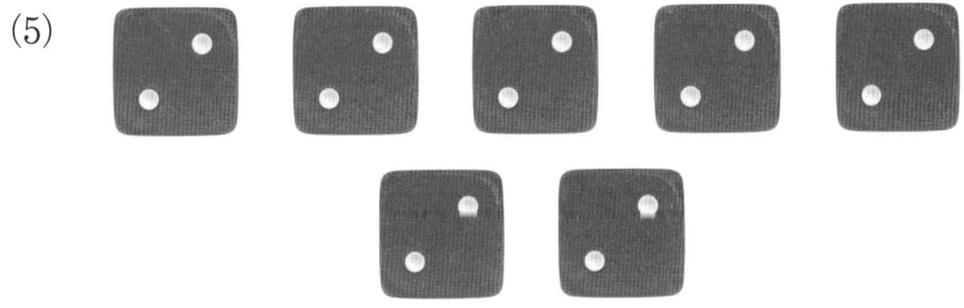

덧셈식 ______________________

곱셈식 ______________________

문제 2 | 빈칸에 들어갈 알맞은 식과 수를 넣으시오.

닭	다리 개수(곱셈식)	다리 개수
1마리	$2 \times 1 = 2$	2개
2마리		개
8마리		개
4마리		개
5마리		개
3마리		개
7마리		개
6마리		개
9마리		개
10마리		개

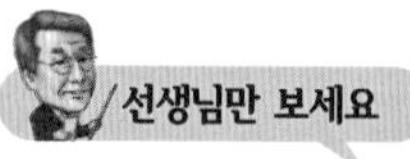

문제 2 닭의 다리가 2개라는 사실을 이용하여 2의 배수를 곱셈식으로 나타내어 10배까지 차례로 구한다. 기계적인 덧셈을 하지 않도록 일부 순서를 변경하였다.

문제 3 곱셈 도입에서 제시했던 수직선 위에서의 뛰어 세기를 2의 배수 구하기에 활용한다. 2의 배수를 구하는 곱셈식과 그 결과를 빈칸에 채우며 다시 한 번 연습한다.

문제 3 | □ 안에 들어갈 알맞은 수와 곱셈식을 넣으시오.

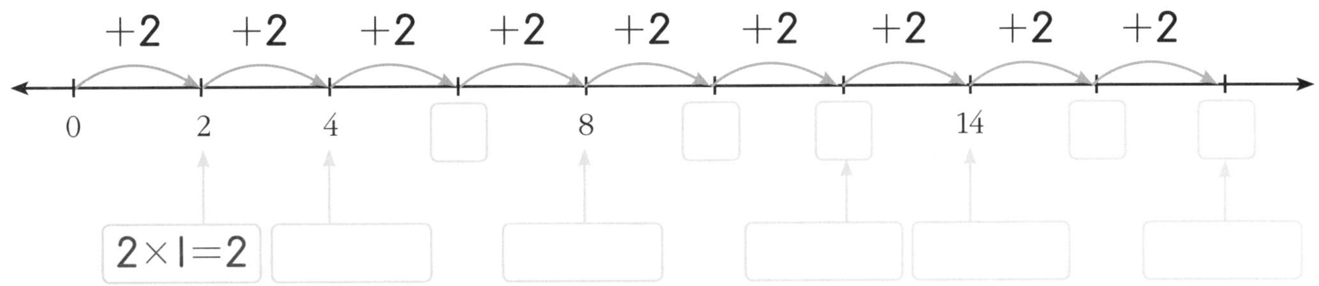

문제 4 | 2의 배수에 ○표를 하고, □ 안에 알맞은 수를 넣으시오.

1	(2)	3	(4)	5	6	7	8	9	10
11	12	13	14	15	16	17	18	19	…

$2\times1=$ 2 $\quad 2\times2=$ □ $\quad 2\times3=$ □

$2\times4=$ □ $\quad 2\times5=$ □ $\quad 2\times6=$ □

$2\times7=$ □ $\quad 2\times8=$ □ $\quad 2\times9=$ □

문제 4 수 배열표에서 2의 배수를 구하고 아래 제시된 곱셈식의 답을 구하며 2의 배수를 익힌다. 정답을 모두 구한 후에 수 배열표에서 2의 배수, 즉 짝수가 배열되는 기하학적 패턴에 주목할 것을 권한다. 마지막 칸을 채우지 않더라도 2곱하기 10은 20이라는 것을 충분히 예상할 수 있다.

문제 5 | 다음 빈칸에 알맞은 수를 넣으시오.

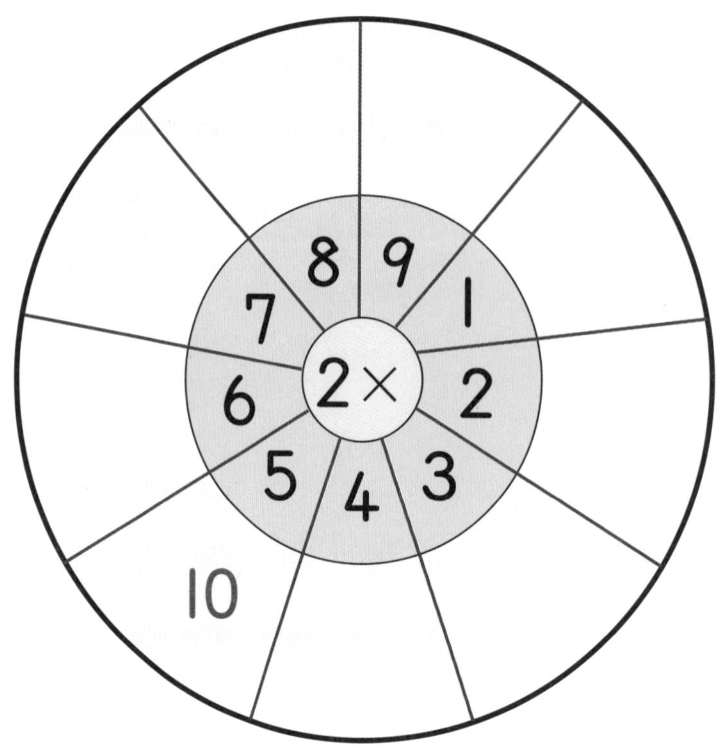

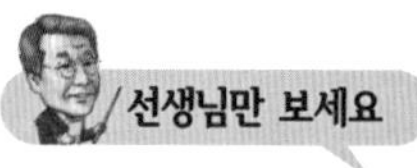

문제 5 원판에 나열된 2의 배수를 모두 구하며 이번 차시를 마무리한다. 2의 배수에 대한 연습이 충분할 수도 있지만, 다음 차시에서 한 번 더 연습한다. 다음 차시는 단순한 반복이 아니라 2의 배수에 대한 패턴과 구조를 탐색하는 내용으로 이어진다.

2 일차 2의 배수(2)

공부한 날짜 월 일

문제 1 | □ 안에 알맞은 수를 넣으시오.

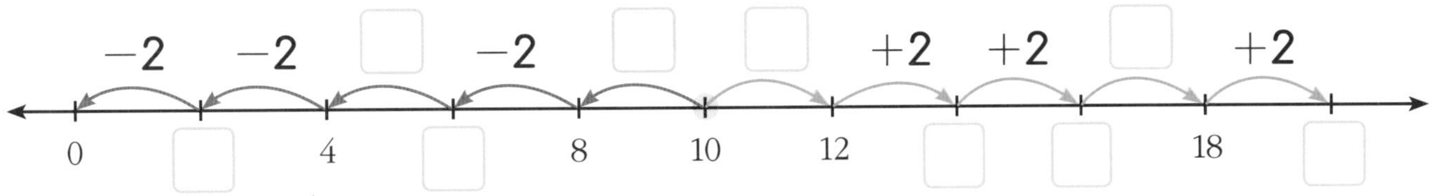

문제 2 | 2배수 곱셈의 규칙입니다. □ 안에 알맞은 수를 넣으시오.

(1)

$2 \times 1 =$ □

↑

$2 \times 2 =$ □

↑

$2 \times 3 =$ □

↑

$2 \times 4 =$ □

↑

$2 \times 5 = 10$

(2)

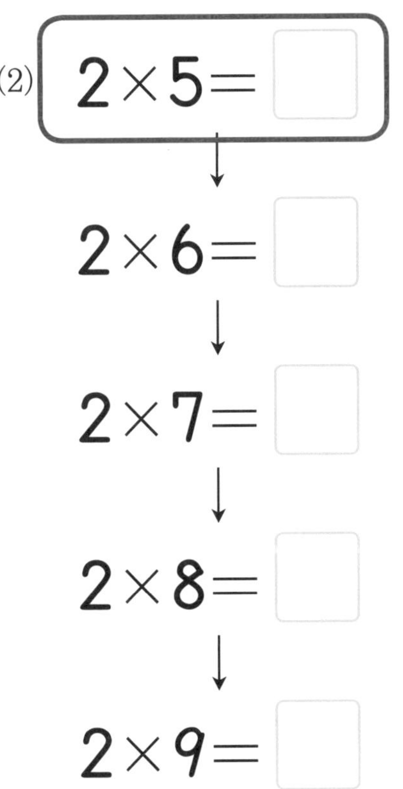

문제 1 앞 차시에 제시되었던 수직선 위에서 뛰어 세기에 의한 2의 배수 구하기와 같은 유형이다. 10에서 출발한 의도는, 왼쪽으로 이동하면 2씩 감소하고 오른쪽으로 이동하면 2씩 증가한다는 것을 파악하기 위한 것이다.

문제 2 문제 1의 수직선에서 실행한 2의 배수에 대한 패턴을 곱셈식에서 확인하는 문제다. 문제의 의도는 곱하는 수가 하나씩 감소하거나 증가할 때 각각 2씩 감소하거나 증가한다는 사실을 파악하는 것이다.

문제 3 | 다음 곱셈구구표의 빈칸에 2의 배수를 넣으시오.

	1	2	3	4	5	6	7	8	9
1		2							
2	2								
3									
4									
5									
6									
7									
8									
9									

선생님만 보세요

문제 3 곱셈구구표의 빈칸을 채우며 2의 배수를 익힌다.

문제 4 | □ 안에 알맞은 수를 넣으시오.

$2\times\square=10$ $2\times\square=14$ $2\times\square=6$

$2\times9=\square$ $2\times8=\square$ $2\times\square=4$

$2\times1=\square$ $2\times\square=8$ $2\times\square=12$

문제 5 | 빈칸에 알맞은 수를 넣으시오.

×	2
1	2
2	
3	
4	
5	
6	
7	
8	
9	

(1) $2\times8+2$는 2의 □ 배입니다.

(2) $2\times3+2$는 2의 □ 배입니다.

(3) $2\times7-2$는 2의 □ 배입니다.

(4) $2\times6-2$는 2의 □ 배입니다.

(5) 2×5는 $2\times$□ 보다 2 큽니다.

선생님만 보세요

문제 4 곱셈구구표에서 익혔던 2의 배수를 곱셈식으로 나타낸다. 기계적으로 곱셈 결과만 구하는 것이 아니라 곱하는 수가 무엇인지 찾는 문제도 있다.

(6) 2×9는 $2\times$ ☐ 보다 2 큽니다.

(7) 2×1은 2×2보다 ☐ 작습니다.

(8) 2×2는 2×4보다 ☐ 작습니다.

(9) 2×8은 2×6보다 ☐ 큽니다.

(10) 2×6은 2×9보다 ☐ 작습니다.

선생님만 보세요

문제 5 2의 배수를 마무리하는 문제다. 왼쪽 표에 제시된 2의 배수를 구하고 나서 이를 문장으로 확인한다. 마지막 세 문제는 곱하는 수의 차이가 1이 아니라는 사실에 주의해야 한다. 즉, 기계적인 암기가 아니라 2의 배수에 대한 패턴의 발견에 초점을 두라는 것이다. 이 문제까지 마무리하면 2의 배수를 충분히 연습했다고 할 수 있다.

곱셈구구, 어떻게 지도해야 하나?

곱셈구구는 한 자리 수끼리의 곱셈 결과에 대한 목록을 말한다. 곱셈구구의 암기는 일종의 계산기를 머릿속에 장착하는 것과 다르지 않다. 곱셈구구를 외우면 곱셈의 답을 구하기 위해 구구표를 참고할 필요가 없어 신속하고 간편하게 계산할 수 있다. 그래서 2학년에서 곱셈구구의 암기를 대단히 중요하게 여긴다. 하지만 『생각하는 연산』에서는 곱셈구구 암기를 초등학교 2학년 연산의 최종 학습 목표로 설정하는 것에 대해 수학에 대한 무지에서 비롯된 착각이라는 점을 강조하고자 한다.

그렇다고 암기를 반대하는 것은 아니다. 다만 곱셈구구 암기는 목표가 아니라 학습 결과일 뿐이다. 즉, 곱셈에 대한 다양한 학습을 통해 부수적으로 이루어지는 학습의 부산물이라는 것이다. 오히려 곱셈구구의 학습 과정에서 자연수의 특징을 발견할 수 있는 절호의 기회로 활용할 수 있다.

『생각하는 초등연산』의 문제 가운데 하나를 예로 들어보자. 오른쪽 문제는 곱셈구구표를 무작정 채우는 문제가 아니다. 12와 16이 각각 어떤 두 수의 곱인가를 판단하는 문제다. 이는 하나의 자연수가 두 수의 곱으로 이루어진다는, 4학년에서 배우는 약수 개념을 직관적으로 이해하는 기회를 준다. 즉, 곱셈구구 학습의 핵심은 단순한 계산이 아닌 수의 구조를

문제 **곱셈구구표에 12와 16을 넣으시오.**

	1	2	3	4	5	6	7	8	9
1									
2						12		16	
3				12					
4			12	16					
5									
6		12							
7									
8		16							
9									

파악하면서 수 감각의 향상을 도모하는 기회다.

그런데 곱셈구구의 암기만 강요하면 이런 수학적 사고의 기회를 앗아갈 뿐만 아니라 수학에 대한 잘못된 인식을 심어주며, 지루한 반복 연습에 의해 지적 호기심을 키우기는커녕 오히려 수학을 혐오하게 될 수도 있다.

여기에 수록된 20차시의 곱셈구구 활동은 게임을 하듯이 흥미진진한 활동을 통해 수학적 사고를 촉진시키며, 그 결과로서 저절로 곱셈구구를 습득할 수 있도록 구성했다. 다시 강조하지만, 곱셈구구 암기는 강요에 의해서가 아니라 저절로 이루어지게 하는 것이 진정한 수학학습이라는 사실을 잊지 말아야 한다.

4의 배수(1)

공부한 날짜 월 일

문제 1 | 다음 곱셈구구표의 흰색 빈칸을 채우시오.

	1	2	3	4	5	6	7	8	9
1		2							
2	2								
3									
4									
5									
6									
7									
8									
9									

선생님만 보세요

문제 1 곱셈구구표의 빈칸을 채우며 앞 차시에 익혔던 2의 배수 구하기를 복습한다.

문제 2 | 보기와 같이 주사위 눈의 개수를 덧셈식과 곱셈식으로 구하시오.

보기

덧셈식 $4+4+4=12$

곱셈식 $4\times3=12$

(1)  

덧셈식 ______________

곱셈식 ______________

(2)   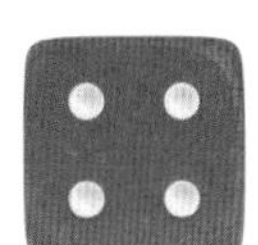 

덧셈식 ______________

곱셈식 ______________

문제 2 동수누가에 의해 4의 배수를 덧셈식과 곱셈식으로 나타낸다. 이전에 배운 곱셈의 뜻을 확인하며, 4의 배수를 알아본다.

(3)

덧셈식

곱셈식

(4)

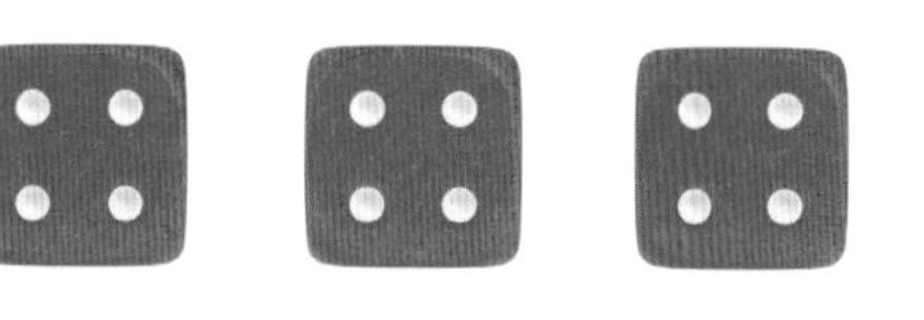

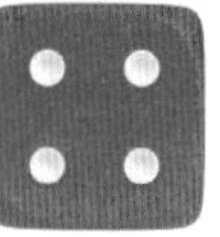

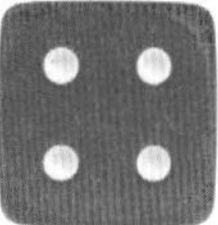

덧셈식

곱셈식

(5)

덧셈식

곱셈식

문제 3 | 빈칸에 들어갈 알맞은 식과 수를 넣으시오.

코끼리	다리 개수(곱셈식)	다리 개수
1마리	4×1=4	4개
2마리		개
6마리		개
4마리		개
5마리		개
8마리		개
7마리		개
3마리		개
9마리		개
10마리		개

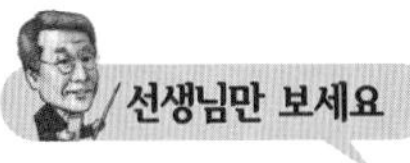

문제 3 코끼리 다리가 4개라는 사실을 이용하여 4의 배수를 곱셈식으로 나타내어 10배까지 구한다. 기계적인 덧셈을 하지 않도록 일부 순서를 변경하였다.

문제 4 | □ 안에 알맞은 수와 곱셈식을 넣으시오.

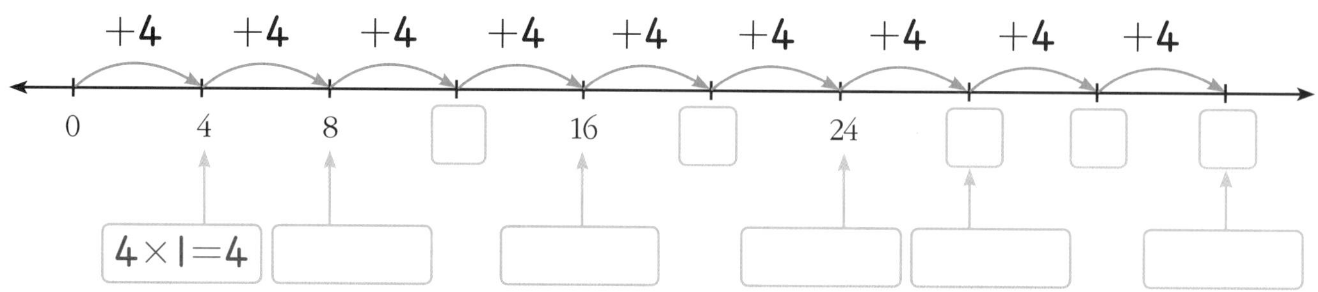

문제 5 | 4의 배수에 ○표를 하고, □ 안에 알맞은 수를 넣으시오.

1	2	3	(4)	5	6	7	(8)	9	10
11	12	13	14	15	16	17	18	19	20
21	22	23	24	25	26	27	28	29	30
31	32	33	34	35	36	37	38	39	…

$4\times1=$ 4　　$4\times2=$ □　　$4\times3=$ □

$4\times4=$ □　　$4\times5=$ □　　$4\times6=$ □

$4\times7=$ □　　$4\times8=$ □　　$4\times9=$ □

문제 4 곱셈 도입에서 제시했던 수직선 위에서의 뛰어 세기를 4의 배수 구하기에 활용한다. 4의 배수를 구하는 곱셈식에 답을 채우며 4의 배수를 다시 연습한다.

문제 5 수 배열표와 곱셈식에서 답을 구하며 4의 배수를 익힌다. 마지막 칸을 채우지 않더라도 4×10은 40이라는 것을 충분히 예상할 수 있다. 정답을 모두 구한 후, 수 배열표에서 4의 배수가 배열되는 기하학적 패턴에 주목해보자.

문제 6 | 다음 빈칸에 알맞은 수를 넣으시오.

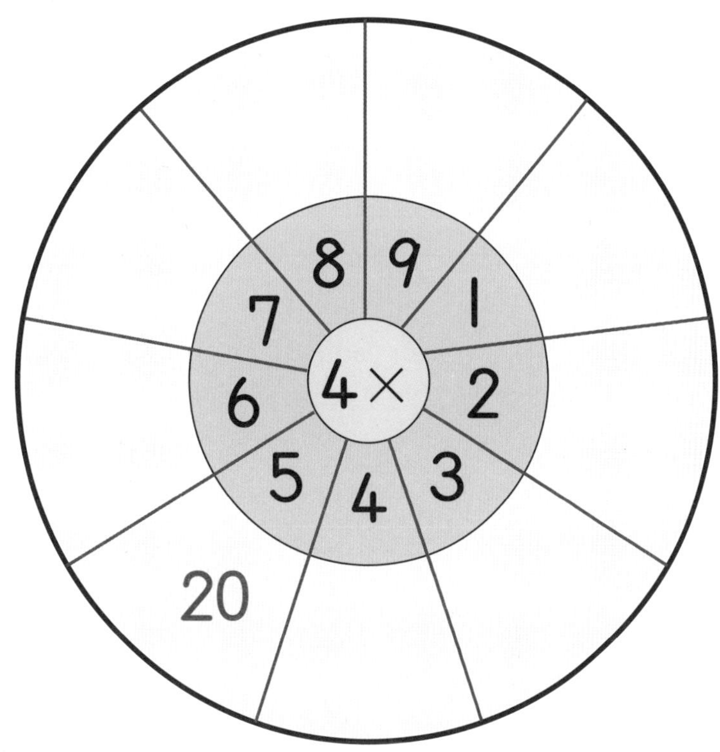

문제 6 원판에 나열된 4의 배수를 모두 구하며 이번 차시를 마무리한다. 4의 배수에 대한 연습이 충분할 수도 있지만, 다음 차시에서 한 번 더 연습한다. 다음 차시는 단순한 반복이 아니라 4의 배수에 대한 패턴과 구조를 탐색하는 내용으로 이어진다.

4 일차 4의 배수(2)

공부한 날짜 월 일

문제 1 | □ 안에 알맞은 수를 넣으시오.

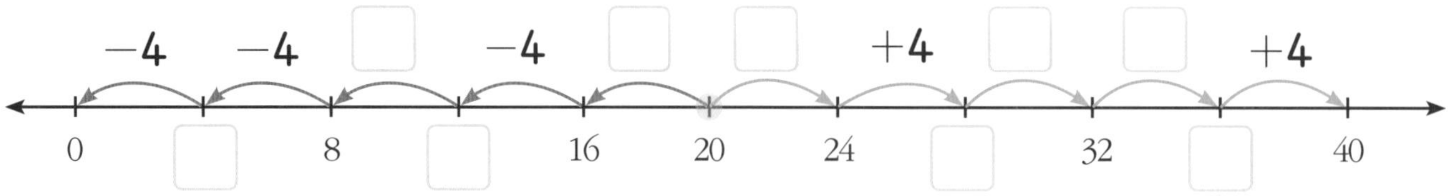

문제 2 | 곱셈의 앞과 뒤의 곱셈식을 쓰는 규칙입니다. □ 안에 알맞은 수를 넣으시오.

(1)

$4\times1=\square$

↑

$4\times2=\square$

↑

$4\times3=\square$

↑

$4\times4=\square$

↑

$4\times5=20$

(2)

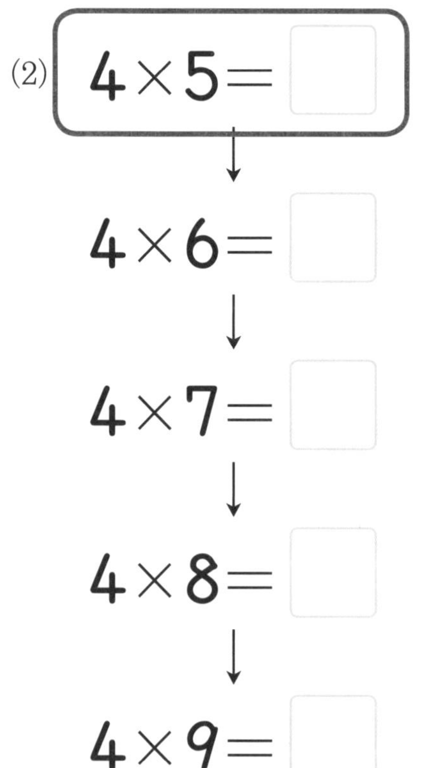

문제 1 앞 차시에 제시되었던 수직선 위에서 뛰어 세기에 의한 4의 배수 구하기와 같은 유형이다. 20에서 출발한 의도는, 왼쪽으로 이동하면 4씩 감소하고 오른쪽으로 이동하면 4씩 증가한다는 것을 파악하기 위한 것이다.

문제 2 문제1의 수직선에서 실행한 4의 배수에 대한 패턴을 곱셈식에서 확인하는 문제다. 문제의 의도는 곱하는 수가 하나씩 감소하거나 증가할 때 각각 4씩 감소하거나 증가한다는 사실을 파악하는 것이다.

문제 3 | 곱셈구구표에 2의 배수와 4의 배수를 넣으시오.

×	1	2	3	4	5	6	7	8	9
1		2							
2	2	4	6		10		14		18
3		6							
4									
5		10							
6									
7		14							
8									
9		18							

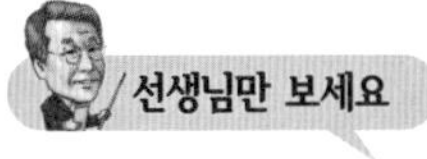

문제 3 곱셈구구표의 빈칸을 채우며 4의 배수를 익힌다.

문제 4 곱셈구구표에서 익혔던 4의 배수를 곱셈식으로 나타낸다. 기계적으로 곱셈 결과만 구하는 것이 아니라 곱하는 수가 무엇인지 찾는 문제도 들어 있다.

문제 4 | ☐ 안에 알맞은 수를 넣으시오.

$4\times\square=4$　　$4\times\square=8$　　$4\times3=\square$

$4\times4=\square$　　$4\times\square=20$　　$4\times\square=24$

$4\times\square=28$　　$4\times\square=32$　　$4\times9=\square$

문제 5 | 빈칸에 알맞은 수를 넣으시오.

×	4
1	4
2	
3	
4	
5	
6	
7	
8	
9	

(1) $4\times1+4$는 4의 ☐ 배입니다.

(2) $4\times3+4$는 4의 ☐ 배입니다.

(3) $4\times3-4$는 4의 ☐ 배입니다.

(4) $4\times8-4$는 4의 ☐ 배입니다.

(5) 4×5는 $4\times$ ☐ 보다 4 큽니다.

문제 5 4의 배수를 마무리하는 문제다. 왼쪽 표에 제시된 4의 배수를 구하고 나서 이를 문장으로 확인한다. 마지막 세 문제는 곱하는 수의 차이가 1이 아니라는 사실에 주의해야 한다. 즉, 기계적인 암기가 아니라 4의 배수에 대한 패턴의 발견에 초점을 두라는 것이다. 이 문제까지 마무리하면 4의 배수를 충분히 연습했다고 할 수 있다.

(6) 4×7은 4×☐ 보다 4 큽니다.

(7) 4×4는 4×5보다 ☐ 작습니다.

(8) 4×7은 4×9보다 ☐ 작습니다.

(9) 4×8은 4×6보다 ☐ 큽니다.

(10) 4×5는 4×8보다 ☐ 작습니다.

문제 6 | 곱한 결과가 같은 식끼리 묶으시오.

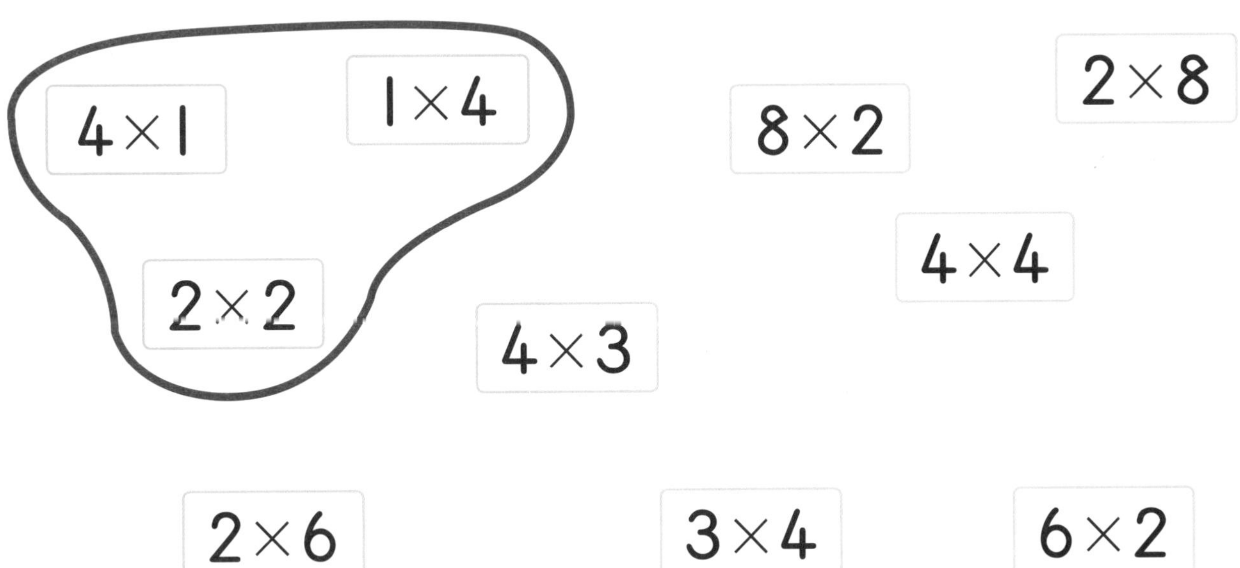

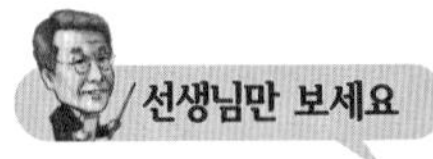

문제 6 새로운 형식의 문제다. 2의 배수와 4의 배수를 익힌 후에 어떤 곱셈이 같은 결과를 얻을까를 구하는 문제다. 곱셈의 교환법칙까지도 직관적으로 이해할 수 있기를 바란다. 물론 교환법칙이라는 용어는 도입하지 않는다는 점에 주의한다.

5 일차 5의 배수(1)

✎ 공부한 날짜 월 일

문제 1 | 다음 곱셈구구표의 빈칸을 채우시오.

×	1	2	3	4	5	6	7	8	9
1		2							
2	2		6			12		16	
3		6							
4									
5									
6		12							
7									
8		16							
9									

선생님만 보세요

문제 1 곱셈구구표의 빈칸을 채우며 앞 차시에 익혔던 2의 배수와 4의 배수 구하기를 복습한다.

문제 2 | 빈칸에 들어갈 알맞은 식과 수를 넣으시오.

손	손가락 개수(곱셈식)	손가락 개수
1개	5×1=5	5개
2개		개
7개		개
4개		개
5개		개
6개		개
8개		개
3개		개
9개		개
10개		개

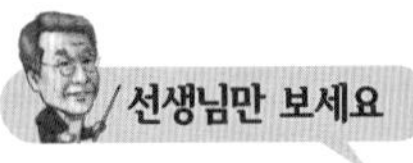

문제 2 손가락 개수가 5개라는 사실을 이용하여 5의 배수를 곱셈식으로 나타내어 10배까지 구한다. 기계적인 덧셈을 하지 않도록 일부 순서를 변경하였다.

문제 3 | □ 안에 들어갈 알맞은 수와 곱셈식을 넣으시오.

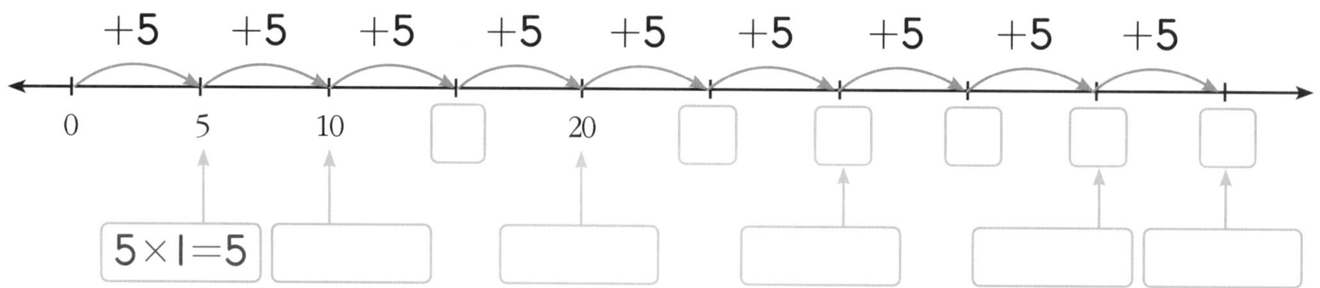

문제 4 | 5의 배수에 ○표를 하고, □ 안에 알맞은 수를 넣으시오.

1	2	3	4	5	6	7	8	9	10
11	12	13	14	15	16	17	18	19	20
21	22	23	24	25	26	27	28	29	30
31	32	33	34	35	36	37	38	39	40
41	42	43	44	45	46	47	48	49	…

$5\times1=$ 5　　$5\times2=$ □　　$5\times3=$ □

$5\times4=$ □　　$5\times5=$ □　　$5\times6=$ □

$5\times7=$ □　　$5\times8=$ □　　$5\times9=$ □

문제 3 곱셈 도입에서 제시했던 수직선 위에서의 뛰어 세기를 5의 배수 구하기에 활용한다. 5의 배수를 구하는 곱셈식에 답을 채우며 5의 배수를 다시 연습한다.

문제 4 수 배열표와 곱셈식에서 답을 구하며 5의 배수를 익힌다. 마지막 칸을 채우지 않더라도 5×10은 50이라는 것을 충분히 예상할 수 있다. 정답을 모두 구한 후, 수 배열표에서 5의 배수가 배열되는 기하학적 패턴에 주목해보자.

문제 5 | 다음 빈칸에 알맞은 수를 넣으시오.

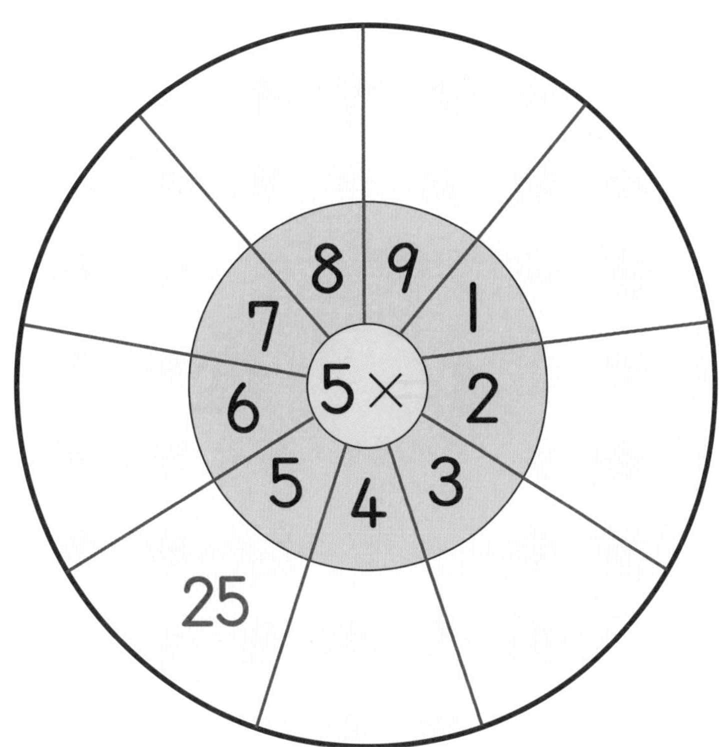

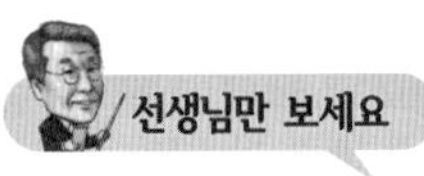

문제 5 원판에 나열된 5의 배수를 모두 구하며 이번 차시를 마무리한다. 5의 배수에 대한 연습이 충분할 수도 있지만, 다음 차시에서 한 번 더 연습한다. 다음 차시는 단순한 반복이 아니라 5의 배수에 대한 패턴과 구조를 탐색하는 내용으로 이어진다.

6 일차 5의 배수(2)

✎ 공부한 날짜 월 일

문제 1 | □ 안에 알맞은 수를 넣으시오.

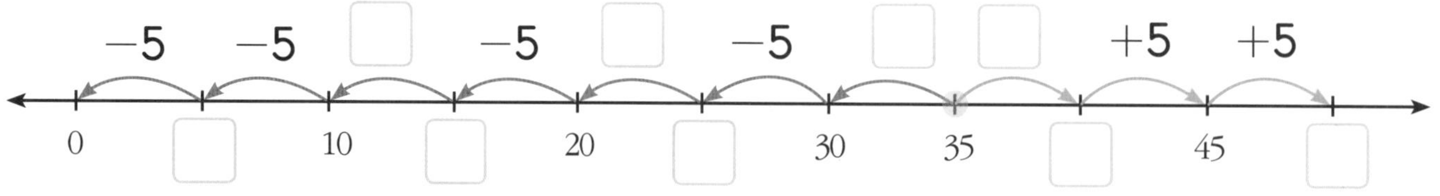

문제 2 | 곱셈의 앞과 뒤의 곱셈식을 쓰는 규칙입니다. □ 안에 알맞은 수를 넣으시오.

(1)

$5\times1=$ □

↑

$5\times2=$ □

↑

$5\times3=$ □

↑

$5\times4=$ □

↑

$5\times5=25$

(2)

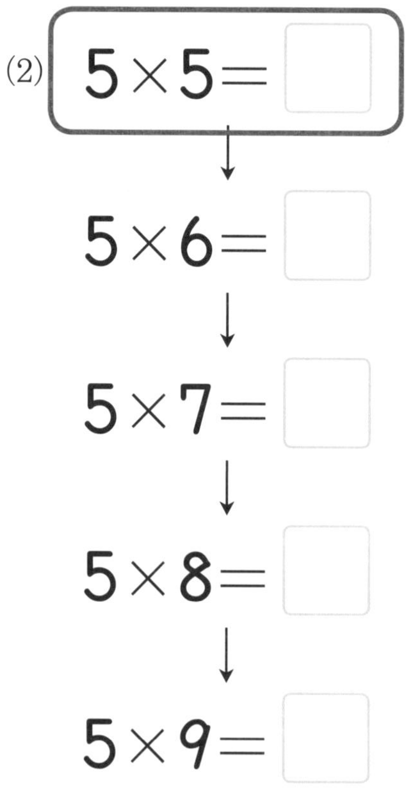

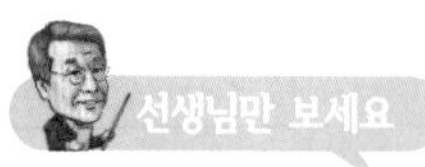

문제 1 앞 차시에 제시되었던 수직선 위에서 뛰어 세기에 의한 3의 배수 구하기와 같은 유형이다. 35에서 출발한 의도는, 왼쪽으로 이동하면 5씩 감소하고 오른쪽으로 이동하면 5씩 증가한다는 것을 파악하기 위한 것이다.

문제 2 문제1의 수직선에서 실행한 5의 배수에 대한 패턴을 곱셈식에서 확인하는 문제다. 문제의 의도는 곱하는 수가 하나씩 감소하거나 증가할 때 각각 5씩 감소하거나 증가한다는 사실을 파악하는 것이다.

문제 3 | 다음 곱셈구구표에 2, 4, 5의 배수를 넣으시오.

×	1	2	3	4	5	6	7	8	9
1		2		4					
2			6				14		
3		6							
4	4			16		24			
5									
6				24					
7		14							
8									
9									

선생님만 보세요

문제 3 곱셈구구표의 빈칸을 채우며 5의 배수를 익힌다.

문제 4 | □ 안에 알맞은 수를 넣으시오.

$5 \times 1 = \square$　　$5 \times \square = 10$　　$5 \times 3 = \square$

$5 \times \square = 20$　　$5 \times \square = 25$　　$5 \times \square = 30$

$5 \times \square = 35$　　$5 \times 8 = \square$　　$5 \times 9 = \square$

문제 5 | 빈칸에 알맞은 수를 넣으시오.

×	5
1	5
2	
3	
4	
5	
6	
7	
8	
9	

(1) $5 \times 2 + 5$는 5의 □ 배입니다.

(2) $5 \times 3 + 5$는 5의 □ 배입니다.

(3) $5 \times 4 - 5$는 5의 □ 배입니다.

(4) $5 \times 7 - 5$는 5의 □ 배입니다.

(5) 5×5는 $5 \times \square$ 보다 5 큽니다.

문제 4 곱셈구구표에서 익혔던 5의 배수를 곱셈식으로 나타낸다. 기계적으로 곱셈 결과만 구하는 것이 아니라 곱하는 수가 무엇인지 찾는 문제도 있다.

(6) 5×6은 $5\times$ ☐ 보다 5 큽니다.

(7) 5×8은 5×9보다 ☐ 작습니다.

(8) 5×7은 5×9보다 ☐ 작습니다.

(9) 5×8은 5×6보다 ☐ 큽니다.

(10) 5×5는 5×8보다 ☐ 작습니다.

선생님만 보세요

문제 5 5의 배수를 마무리하는 문제다. 왼쪽 표에 제시된 5의 배수를 구하고 나서 이를 문장으로 확인한다. 마지막 세 문제는 곱하는 수의 차이가 1이 아니라는 사실에 주의해야 한다. 즉, 기계적인 암기가 아니라 5의 배수에 대한 패턴의 발견에 초점을 두라는 것이다. 이 문제까지 마무리하면 5의 배수를 충분히 연습했다고 할 수 있다.

문제 6 | 보기의 수를 알맞은 자리에 넣으시오.

보기

~~4~~ 10 12 16 20 25

빈칸을 모두 채우는 건 아니에요!
보기의 수만 빠짐없이 모두 넣으세요.

×	1	2	3	4	5	6	7	8	9
1				4					
2		4							
3									
4	4								
5									
6									
7									
8									
9									

문제 6 새로운 형식의 문제다. 5의 배수만이 아니라 지금까지 배운 2와 4의 배수도 함께 되돌아보는 문제다. 보기에서와 같이 곱셈 결과가 4가 되는 곱셈구구를 모두 찾는 것이다. 매우 어려운 문제다. 곱셈의 교환법칙까지도 직관적으로 이해할 수 있기를 바란다. 물론 교환법칙이라는 용어는 도입하지 않는다는 점에 주의한다.

7 일차 3의 배수(1)

공부한 날짜 월 일

문제 1 | 흰색 빈칸에 알맞은 수를 넣으시오.

×	1	2	3	4	5	6	7	8	9
1									
2				8	10		14		
3				12					
4		8	12					32	
5		10							
6									
7		14							
8				32					
9									

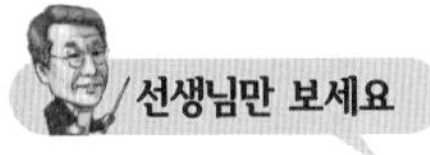

문제 1 곱셈구구표의 빈칸을 채우며 앞 차시에 익혔던 2의 배수와 4의 배수 그리고 5의 배수 구하기를 복습한다.

문제 2 | 빈칸에 들어갈 알맞은 식과 수를 넣으시오.

자전거	바퀴 개수(곱셈식)	손가락 개수
1대	3×1=3	3개
2대		개
5대		개
4대		개
8대		개
6대		개
7대		개
3대		개
9대		개
10대		개

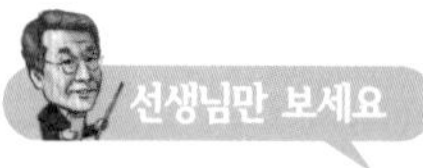

문제 2 세발자전거 바퀴 개수가 3개라는 사실을 이용하여 3의 배수를 곱셈식으로 나타내어 10배까지 구한다. 기계적인 덧셈을 하지 않도록 일부 순서를 변경하였다.

문제 3 | □ 안에 들어갈 알맞은 수와 곱셈식을 넣으시오.

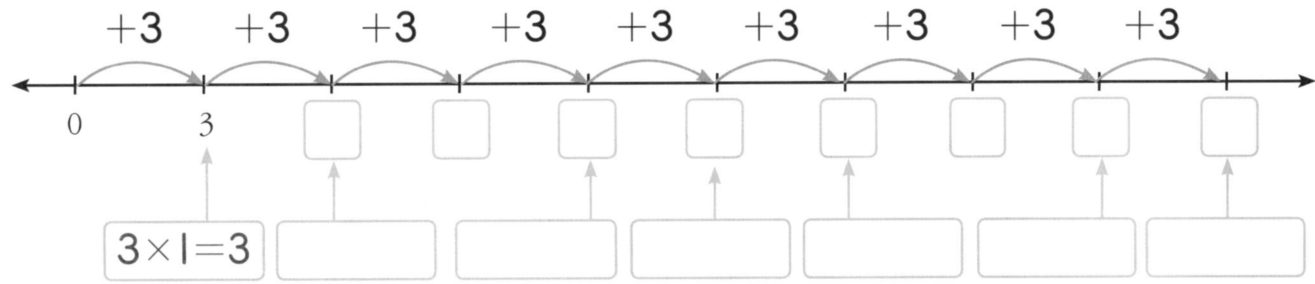

문제 4 | 3의 배수에 ○표를 하고, □ 안에 알맞은 수를 넣으시오.

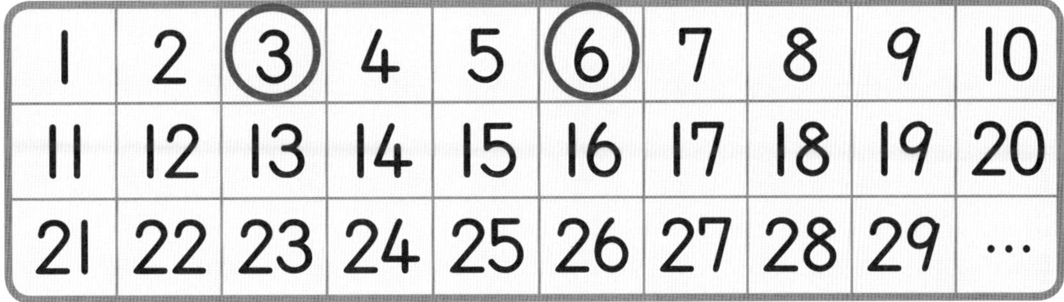

1	2	3	4	5	6	7	8	9	10
11	12	13	14	15	16	17	18	19	20
21	22	23	24	25	26	27	28	29	…

$3\times1=$ 3　　$3\times2=$ □　　$3\times3=$ □

$3\times4=$ □　　$3\times5=$ □　　$3\times6=$ □

$3\times7=$ □　　$3\times8=$ □　　$3\times9=$ □

문제 3 곱셈 도입에서 제시했던 수직선 위에서의 뛰어 세기를 3의 배수 구하기에 활용한다. 3의 배수를 구하는 곱셈식과 그 결과를 빈칸에 채우며 3의 배수를 다시 한 번 연습한다.

문제 4 수 배열표에서 3의 배수를 구하고 아래 제시된 곱셈식의 답을 구하며 3의 배수를 익힌다. 정답을 모두 구한 후에 수 배열표에서 3의 배수가 배열되는 기하학적 패턴에 주목할 것을 권한다.

문제 5 | 다음 빈칸에 알맞은 수를 넣으시오.

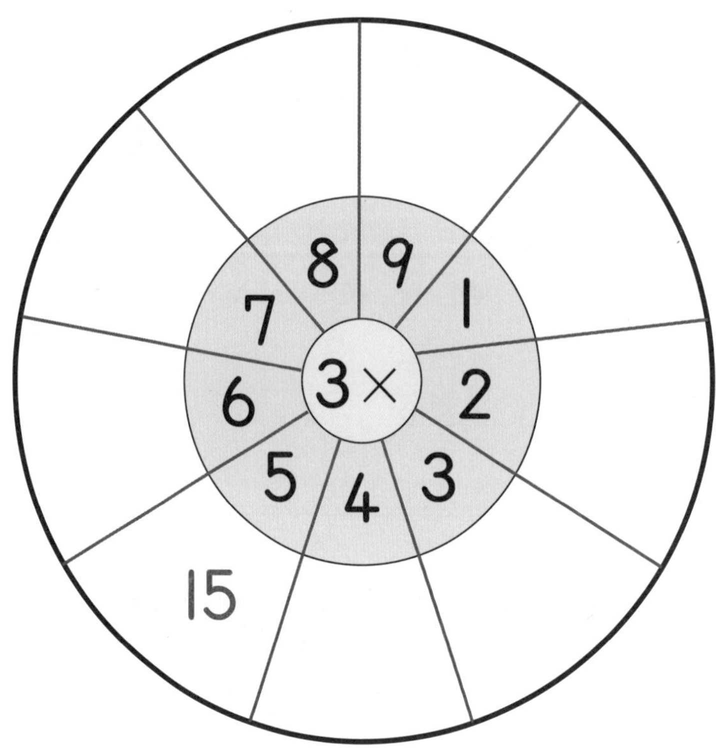

문제 5 원판에 나열된 3의 배수를 모두 구하며 이번 차시를 마무리한다. 3의 배수에 대한 연습이 충분할 수도 있지만, 다음 차시에서 한 번 더 연습한다. 다음 차시는 단순한 반복이 아니라 3의 배수에 대한 패턴과 구조를 탐색하는 내용으로 이어진다.

8 일차 3의 배수(2)

✎ 공부한 날짜 월 일

문제 1 | □ 안에 알맞은 수를 넣으시오.

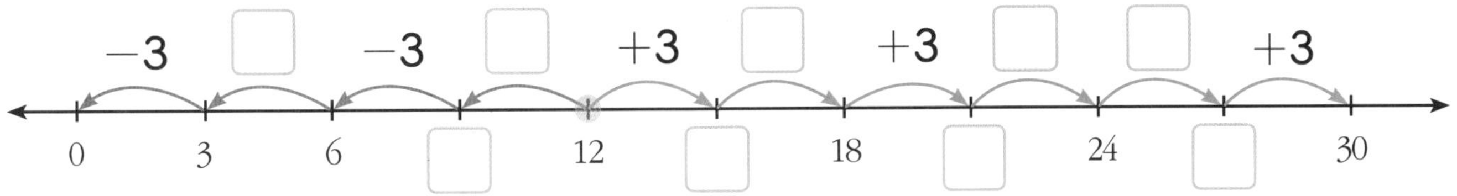

문제 2 | 곱셈의 앞과 뒤의 곱셈식을 쓰는 규칙입니다. □ 안에 알맞은 수를 넣으시오.

(1)

$3 \times 1 =$ □

↑

$3 \times 2 =$ □

↑

$3 \times 3 =$ □

↑

$3 \times 4 =$ □

↑

$3 \times 5 = 15$

(2)

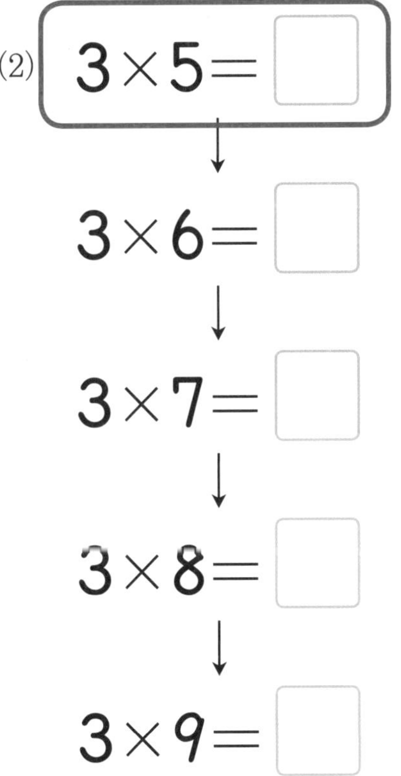

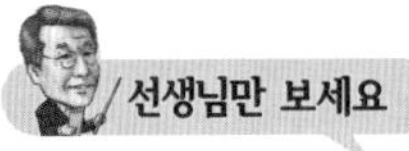

문제 1 앞 차시에 제시되었던 수직선 위에서 뛰어 세기에 의한 3의 배수 구하기와 같은 유형이다. 12에서 출발한 의도는, 왼쪽으로 이동하면 3씩 감소하고 오른쪽으로 이동하면 3씩 증가한다는 것을 파악하기 위한 것이다.

문제 2 문제1의 수직선에서 실행한 3의 배수에 대한 패턴을 곱셈식에서 확인하는 문제다. 문제의 의도는 곱하는 수가 하나씩 감소하거나 증가할 때 각각 3씩 감소하거나 증가한다는 사실을 파악하는 것이다.

문제 3 | 곱셈구구표에 2, 3, 4, 5의 배수를 넣으시오.

×	1	2	3	4	5	6	7	8	9
1		2		4					
2	2			8	10			16	
3									
4	4	8				24			
5		10			25				
6				24					
7									
8		16							
9									

문제 3 곱셈구구표의 빈칸을 채우며 3의 배수를 익힌다. 아울러 앞에서 익힌 2와 4 그리고 5의 배수까지 모두 구한다.

문제 4 곱셈구구표에서 익혔던 3의 배수를 곱셈식으로 나타낸다. 기계적으로 곱셈 결과만 구하는 것이 아니라 곱하는 수가 무엇인지 찾는 문제도 있다.

문제 4 | □ 안에 알맞은 수를 넣으시오.

$3\times1=\square$　　$3\times2=\square$　　$3\times\square=9$

$3\times\square=12$　　$3\times\square=15$　　$3\times\square=18$

$3\times\square=21$　　$3\times8=\square$　　$3\times\square=27$

문제 5 | 빈칸에 알맞은 수를 넣으시오.

×	3
1	3
2	
3	
4	
5	
6	
7	
8	
9	

(1) $3\times2+3$은 3의 □ 배입니다.

(2) $3\times3+3$은 3의 □ 배입니다.

(3) $3\times5-3$은 3의 □ 배입니다.

(4) $3\times8-3$은 3의 □ 배입니다.

(5) 3×4는 $3\times\square$ 보다 3 큽니다.

문제 5 3의 배수를 마무리하는 문제다. 왼쪽 표에 제시된 3의 배수를 구하고 나서 이를 문장으로 확인한다. 마지막 세 문제는 곱하는 수의 차이가 1이 아니라는 사실에 주의해야 한다. 즉, 기계적인 암기가 아니라 3의 배수에 대한 패턴의 발견에 초점을 두라는 것이다. 이 문제까지 마무리하면 3의 배수를 충분히 연습했다고 할 수 있다.

(6) 3×7은 $3\times$ ☐ 보다 3 큽니다.

(7) 3×7은 3×8보다 ☐ 작습니다.

(8) 3×7은 3×9보다 ☐ 작습니다.

(9) 3×7은 3×5보다 ☐ 큽니다.

(10) 3×6은 3×9보다 ☐ 작습니다.

문제 6 | 보기의 수를 알맞은 자리에 넣으시오.

보기

~~2~~ 3 4 6 8 15 16 18 21 24

×	1	2	3	4	5	6	7	8	9
1		2							
2	2								
3									
4									
5									
6									
7									
8									
9									

빈칸을 모두 채우는 건 아니에요!
보기의 수만 빠짐없이 모두 넣으세요.

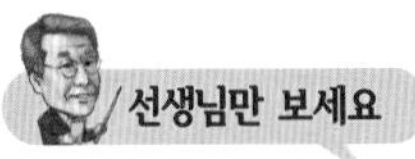

문제 6 5의 배수에서 제시된 것과 같은 유형의 문제다. 시간을 충분히 주어야 한다. 쉽지 않은 문제다. 단순 암기만으로 곱셈구구 학습이 끝나지 않음을 확인하는 문제다. 약수 개념이 적용되지만 이를 명시적으로 언급하지 않도록 한다.

9 일차 6의 배수(1)

공부한 날짜 월 일

문제 1 | 곱셈구구표에서 흰색 빈칸을 완성해 봅시다.

×	1	2	3	4	5	6	7	8	9
1		2		4	5				
2	2	4						16	
3									
4	4	8			20				36
5	5			20		30			
6					30				
7									
8		16							
9				36					

선생님만 보세요

문제 1 곱셈구구표의 빈칸을 채우며 앞 차시에 익혔던 2, 3, 4, 5의 배수를 모두 구하는 복습 문제다.

문제 2 | 빈칸에 들어갈 알맞은 식과 수를 넣으시오.

주사위	눈 개수(곱셈식)	눈 개수
1개	6×1=6	6개
2개		개
3개		개
4개		개
5개		개
6개		개
7개		개
8개		개
9개		개
10개		개

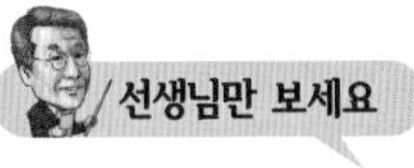

문제 2 주사위 눈이 6개라는 사실을 이용하여 6의 배수를 곱셈식으로 나타내어 10배까지 구한다. 기계적인 덧셈을 하지 않도록 일부 순서를 변경하였다.

문제 3 | □ 안에 들어갈 알맞은 수와 곱셈식을 넣으시오.

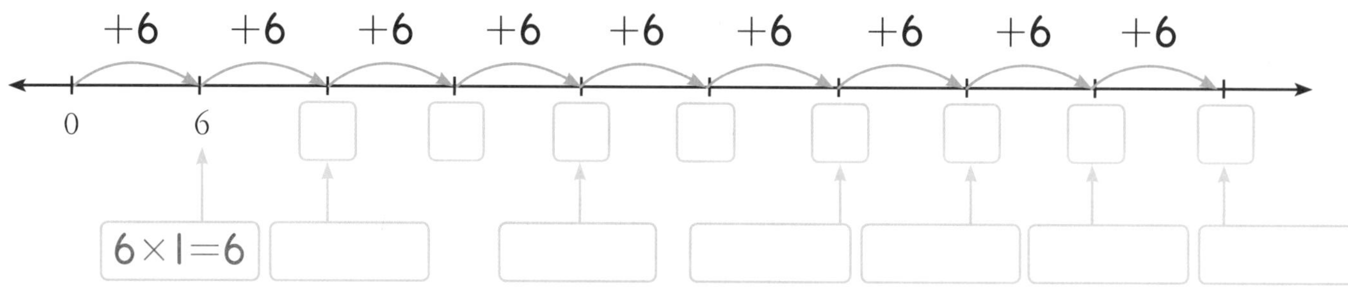

문제 4 | 6의 배수에 ○표를 하고, □ 안에 알맞은 수를 넣으시오.

1	2	3	4	5	6	7	8	9	10
11	12	13	14	15	16	17	18	19	20
21	22	23	24	25	26	27	28	29	30
31	32	33	34	35	36	37	38	39	40
41	42	43	44	45	46	47	48	49	50
51	52	53	54	55	56	57	58	59	…

$6\times1=$ 6　　$6\times2=$ □　　$6\times3=$ □

$6\times4=$ □　　$6\times5=$ □　　$6\times6=$ □

$6\times7=$ □　　$6\times8=$ □　　$6\times9=$ □

문제 3 곱셈 도입에서 제시했던 수직선 위에서의 뛰어 세기를 6의 배수 구하기에 활용한다. 6의 배수를 구하는 곱셈식에 답을 채우며 6의 배수를 다시 연습한다.

문제 4 수 배열표와 곱셈식에서 답을 구하며 6의 배수를 익힌다. 마지막 칸을 채우지 않더라도 6×10은 60이라는 것을 충분히 예상할 수 있다. 정답을 모두 구한 후, 수 배열표에서 6의 배수가 배열되는 기하학적 패턴에 주목해보자.

문제 5 | 빈칸에 알맞은 수를 넣으시오.

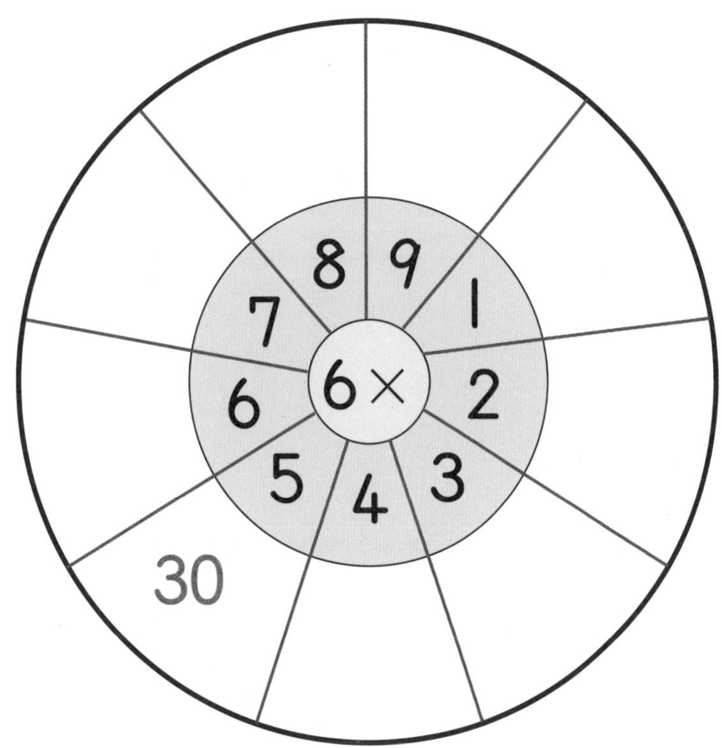

문제 5 원판에 나열된 6의 배수를 모두 구하며 이번 차시를 마무리한다. 6의 배수에 대한 연습이 충분할 수도 있지만, 다음 차시에서 한 번 더 연습한다. 다음 차시는 단순한 반복이 아니라 3의 배수에 대한 패턴과 구조를 탐색하는 내용으로 이어진다.

10 일차 6의 배수(2)

공부한 날짜 월 일

문제 1 | □ 안에 알맞은 수를 넣으시오.

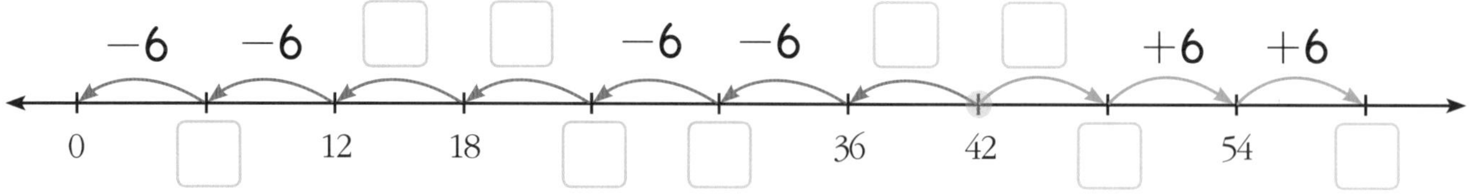

문제 2 | 곱셈의 앞과 뒤의 곱셈식을 쓰는 규칙입니다. □ 안에 알맞은 수를 넣으시오.

(1)

$6 \times 1 =$ □

↑

$6 \times 2 =$ □

↑

$6 \times 3 =$ □

↑

$6 \times 4 =$ □

↑

$6 \times 5 =$ 30

(2)

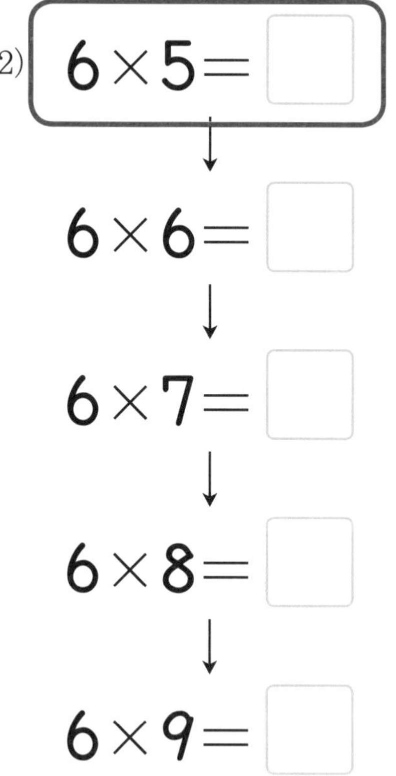

문제 1 앞 차시에 제시되었던 수직선 위에서 뛰어 세기에 의한 6의 배수 구하기와 같은 유형이다. 42에서 출발한 의도는, 왼쪽으로 이동하면 6씩 감소하고 오른쪽으로 이동하면 6씩 증가한다는 것을 파악하기 위한 것이다.

문제 2 문제1의 수직선에서 실행한 6의 배수에 대한 패턴을 곱셈식에서 확인하는 문제다. 문제의 의도는 곱하는 수가 하나씩 감소하거나 증가할 때 각각 6씩 감소하거나 증가한다는 사실을 파악하는 것이다.

문제 3 | 곱셈구구표에 3의 배수와 6의 배수를 넣으시오.

×	1	2	3	4	5	6	7	8	9
1		2		4	5				
2	2	4		8	10		14	16	18
3									
4	4	8		16	20		28	32	36
5	5	10		20	25		35	40	45
6									
7		14		28	35				
8		16		32	40				
9		18		36	45				

선생님만 보세요

문제 3 곱셈구구표의 빈칸을 채우며 6의 배수를 익힌다. 아울러 앞에서 익힌 3의 배수도 함께 구한다.

문제 4 | □ 안에 알맞은 수를 넣으시오.

$6\times1=\square$　　$6\times2=\square$　　$6\times\square=18$

$6\times\square=24$　　$6\times5=\square$　　$6\times\square=36$

$6\times\square=42$　　$6\times\square=48$　　$6\times\square=54$

문제 5 | 빈칸에 알맞은 수를 넣으시오.

×	6
1	6
2	
3	
4	
5	
6	
7	
8	
9	

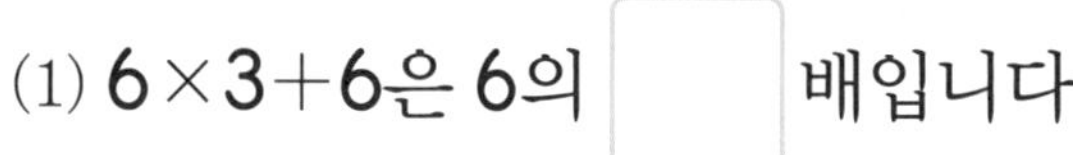

(1) $6\times3+6$은 6의 □ 배입니다.

(2) $6\times4+3$은 6의 □ 배입니다.

(3) $6\times5-6$은 6의 □ 배입니다.

(4) $6\times2-6$은 6의 □ 배입니다.

(5) 6×4는 $6\times\square$ 보다 6 큽니다.

문제 4 곱셈구구표에서 익혔던 6의 배수를 곱셈식으로 나타낸다. 기계적으로 곱셈 결과만 구하는 것이 아니라 곱하는 수가 무엇인지 찾는 문제도 있다. **문제 5** 6의 배수를 마무리하는 문제다. 왼쪽 표에 제시된 6의 배수를 구하고 나서 이를 문장으로 확인한다. 마지막 두 문제는 곱하는 수의 차이가 1이 아니라는 사실에 주의해야 한다. 즉, 기계적인 암기가 아니라 6의 배수에 대한 패턴의 발견에 초점을 두라는 것이다. 이 문제까지 마무리하면 6의 배수를 충분히 연습했다고 할 수 있다.

(6) 6×7은 $6\times$ ☐ 보다 6 큽니다.

(7) 6×7은 6×8보다 ☐ 작습니다.

(8) 6×8은 6×9보다 ☐ 작습니다.

(9) 6×8은 6×5보다 ☐ 큽니다.

(10) 6×6은 6×9보다 ☐ 작습니다.

문제 6 | 곱한 결과가 같은 식끼리 연결하시오.

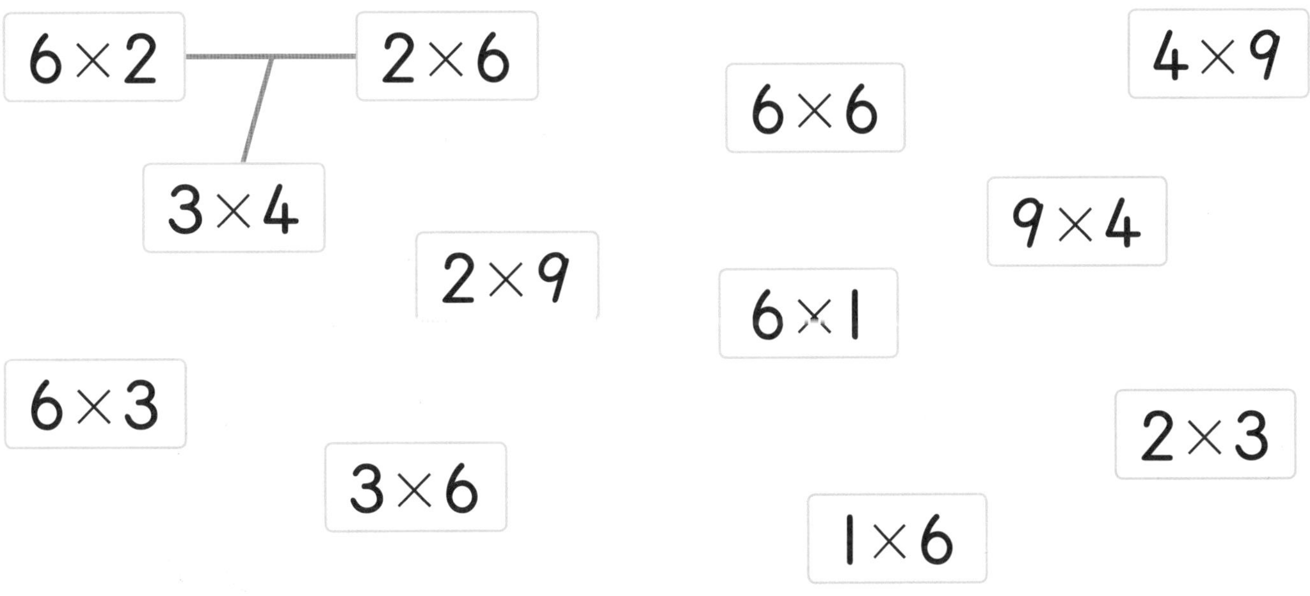

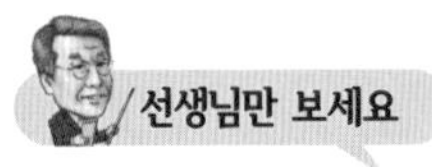

문제 6 곱셈 결과가 같은 곱셈구구를 모두 찾는 것이다. 곱셈의 교환법칙도 직관적으로 이해할 수 있기를 바란다. 물론 교환법칙이라는 용어는 도입하지 않는다는 점에 주의한다.

문제 7 | 보기의 수를 알맞은 자리에 넣으시오.

보기

~~2~~ 3 6 12 15 18 24 36 54

×	1	2	3	4	5	6	7	8	9
1		2							
2	2								
3									
4									
5									
6									
7									
8									
9									

빈칸을 모두 채우는 건 아니에요!
보기의 수만 빠짐없이 모두 넣으세요.

문제 7 3의 배수에서 제시된 것과 같은 유형의 문제다. 시간을 충분히 주어야 한다. 쉽지 않은 문제다. 단순 암기만으로 곱셈구구 학습이 끝나지 않음을 확인하는 문제다.

11 일차 9의 배수(1)

공부한 날짜 월 일

문제 1 | 흰색 빈칸에 알맞은 수를 넣으시오.

×	1	2	3	4	5	6	7	8	9
1		2		4	5				
2	2	4		8	10		14	16	18
3									
4	4	8		16	20		28	32	36
5	5	10		20	25		35	40	45
6									
7		14		28	35				
8		16		32	40				
9		18		36	45				

문제 1 곱셈구구표의 빈칸을 채우며 앞 차시에 익혔던 2, 3, 4, 5, 6의 배수를 모두 구하는 복습 문제다.

문제 2 | 빈칸에 들어갈 알맞은 식과 수를 넣으시오.

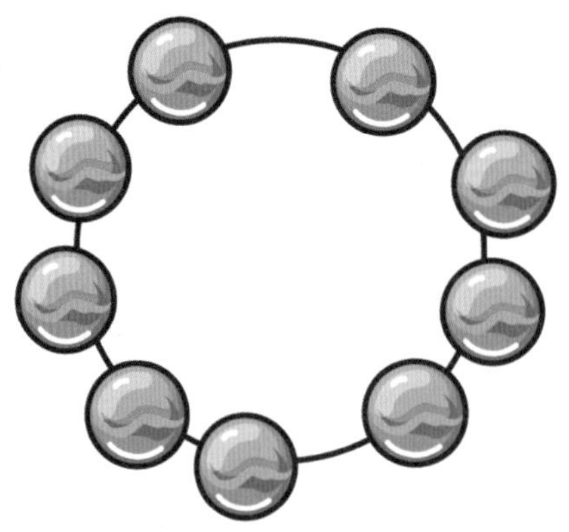

팔찌	구슬 개수(곱셈식)	구슬 개수
1개	9×1=9	9개
2개		개
3개		개
4개		개
5개		개
6개		개
7개		개
8개		개
9개		개
10개		개

문제 2 팔지 한 개에 구슬이 9개 있다는 사실을 이용하여 9의 배수를 곱셈식으로 나타내어 10배까지 구한다. 기계적인 덧셈을 하지 않도록 일부 순서를 변경하였다.

문제 3 | □ 안에 들어갈 알맞은 수와 곱셈식을 넣으시오.

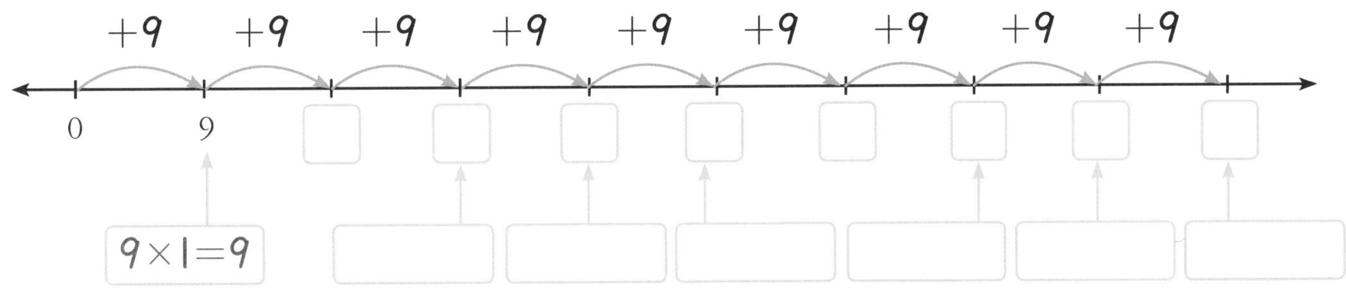

문제 4 | 9의 배수에 ○표를 하고, □ 안에 알맞은 수를 넣으시오.

1	2	3	4	5	6	7	8	9	10
11	12	13	14	15	16	17	18	19	20
21	22	23	24	25	26	27	28	29	30
31	32	33	34	35	36	37	38	39	40
41	42	43	44	45	46	47	48	49	50
51	52	53	54	55	56	57	58	59	50
61	62	63	64	65	66	67	68	69	60
71	72	73	74	75	76	77	78	79	70
81	82	83	84	85	86	87	88	89	…

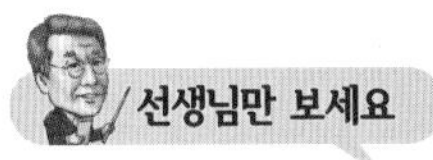

문제 3 곱셈 도입에서 제시했던 수직선 위에서의 뛰어 세기를 9의 배수 구하기에 활용한다. 9의 배수를 구하는 곱셈식에 답을 채우며 9의 배수를 다시 연습한다. **문제 4** 수 배열표와 곱셈식에서 답을 구하며 9의 배수를 익힌다. 마지막 칸을 채우지 않더라도 9×10은 90이라는 것을 충분히 예상할 수 있다. 정답을 모두 구한 후, 수 배열표에서 9의 배수가 배열되는 기하학적 패턴에 주목해보자.

$9 \times 1 = $ 9 $\quad 9 \times 2 = \square \quad 9 \times 3 = \square$

$9 \times 4 = \square \quad 9 \times 5 = \square \quad 9 \times 6 = \square$

$9 \times 7 = \square \quad 9 \times 8 = \square \quad 9 \times 9 = \square$

문제 5 | 빈칸에 알맞은 수를 넣으시오.

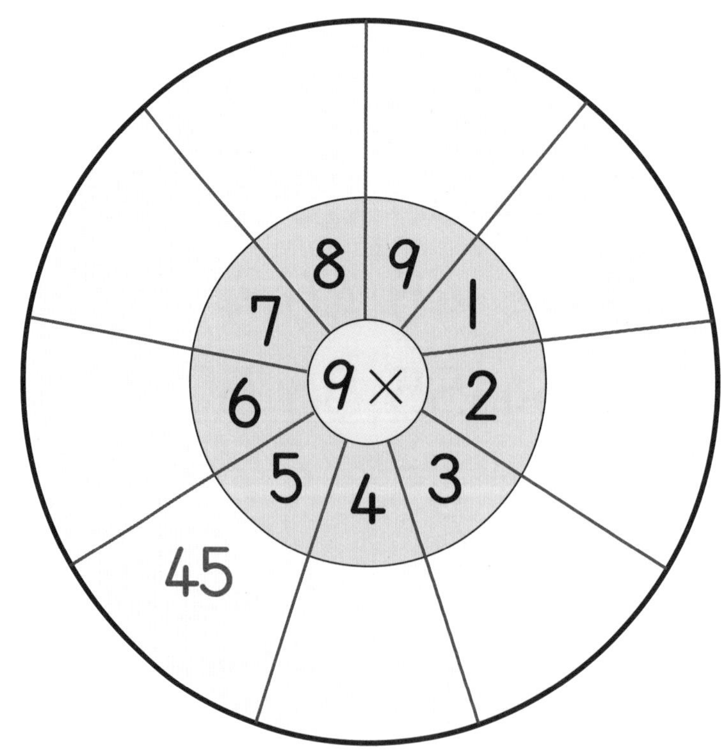

문제 5 원판에 나열된 9의 배수를 모두 구하며 이번 차시를 마무리한다. 9의 배수에 대한 연습이 충분할 수도 있지만, 다음 차시에서 한 번 더 연습한다. 다음 차시는 단순한 반복이 아니라 9의 배수에 대한 패턴과 구조를 탐색하는 내용으로 이어진다.

9의 배수(2)

공부한 날짜 월 일

문제 1 | □ 안에 알맞은 수를 넣으시오.

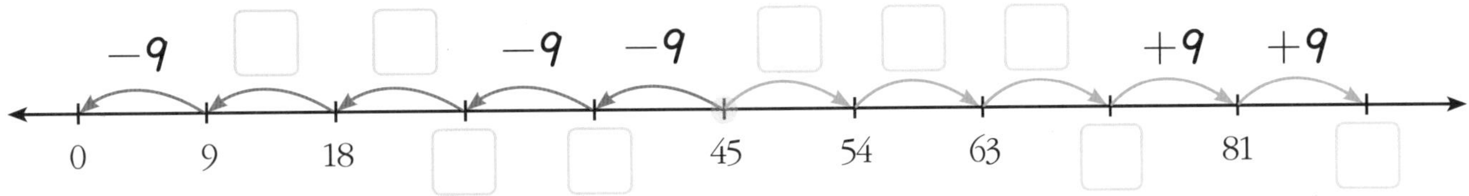

문제 2 | 곱셈의 앞과 뒤의 곱셈식을 쓰는 규칙입니다. □ 안에 알맞은 수를 넣으시오.

(1) $9\times1=$ □

↑

$9\times2=$ □

↑

$9\times3=$ □

↑

$9\times4=$ □

↑

$9\times5=45$

(2)

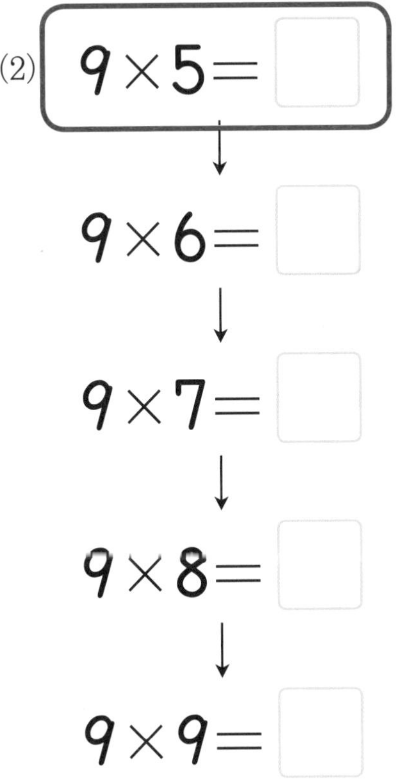

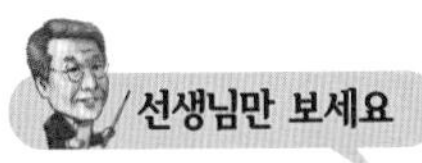

문제 1 앞 차시에 제시되었던 수직선 위에서 뛰어 세기에 의한 9의 배수 구하기와 같은 유형이다. 45에서 출발한 의도는, 왼쪽으로 이동하면 9씩 감소하고 오른쪽으로 이동하면 9씩 증가한다는 것을 파악하기 위한 것이다.

문제 2 문제1의 수직선에서 실행한 9의 배수에 대한 패턴을 곱셈식에서 확인하는 문제다. 문제의 의도는 곱하는 수가 하나씩 감소하거나 증가할 때 각각 9씩 감소하거나 증가한다는 사실을 파악하는 것이다.

문제 3 | 다음 곱셈구구표에 9의 배수를 넣으시오.

×	1	2	3	4	5	6	7	8	9
1		2	3	4	5	6			
2	2	4	6	8	10	12	14	16	
3	3	6	9	12	15	18	21	24	
4	4	8	12	16	20	24	28	32	
5	5	10	15	20	25	30	35	40	
6	6	12	18	24	30	36	42	48	
7		14	21	28	35	42			
8		16	24	32	40	48			
9									

선생님만 보세요

문제 3 곱셈구구표의 빈칸을 채우며 9의 배수를 익힌다.

문제 4 곱셈구구표에서 익혔던 9의 배수를 곱셈식으로 나타낸다. 기계적으로 곱셈 결과만 구하는 것이 아니라 곱하는 수가 무엇인지 찾는 문제도 있다.

문제 4 | □ 안에 알맞은 수를 넣으시오.

$9\times1=\square$ $9\times2=\square$ $9\times\square=27$

$9\times\square=36$ $9\times\square=45$ $9\times6=\square$

$9\times7=\square$ $9\times\square=72$ $9\times\square=81$

문제 5 | 빈칸에 알맞은 수를 넣으시오.

×	9
1	9
2	
3	
4	
5	
6	
7	
8	
9	

(1) $9\times2+9$는 9의 □ 배입니다.

(2) $9\times6+9$는 9의 □ 배입니다.

(3) $9\times6-9$는 9의 □ 배입니다.

(4) $9\times8-9$는 9의 □ 배입니다.

(5) 9×6은 $9\times$ □ 보다 9 큽니다.

선생님만 보세요

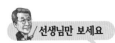

문제 5 9의 배수를 마무리하는 문제다. 왼쪽 표에 제시된 9의 배수를 구하고 나서 이를 문장으로 확인한다. 마지막 세 문제는 곱하는 수의 차이가 1이 아니라는 사실에 주의해야 한다. 즉, 기계적인 암기가 아니라 9의 배수에 대한 패턴의 발견에 초점을 두라는 것이다. 이 문제까지 마무리하면 9의 배수를 충분히 연습했다고 할 수 있다.

(6) 9×9는 9×☐보다 9 큽니다.

(7) 9×4는 9×5보다 ☐ 작습니다.

(8) 9×6은 9×8보다 ☐ 작습니다.

(9) 9×9는 9×7보다 ☐ 큽니다.

(10) 9×3은 9×7보다 ☐ 작습니다.

문제 6 | 곱한 결과가 같은 식끼리 연결하시오.

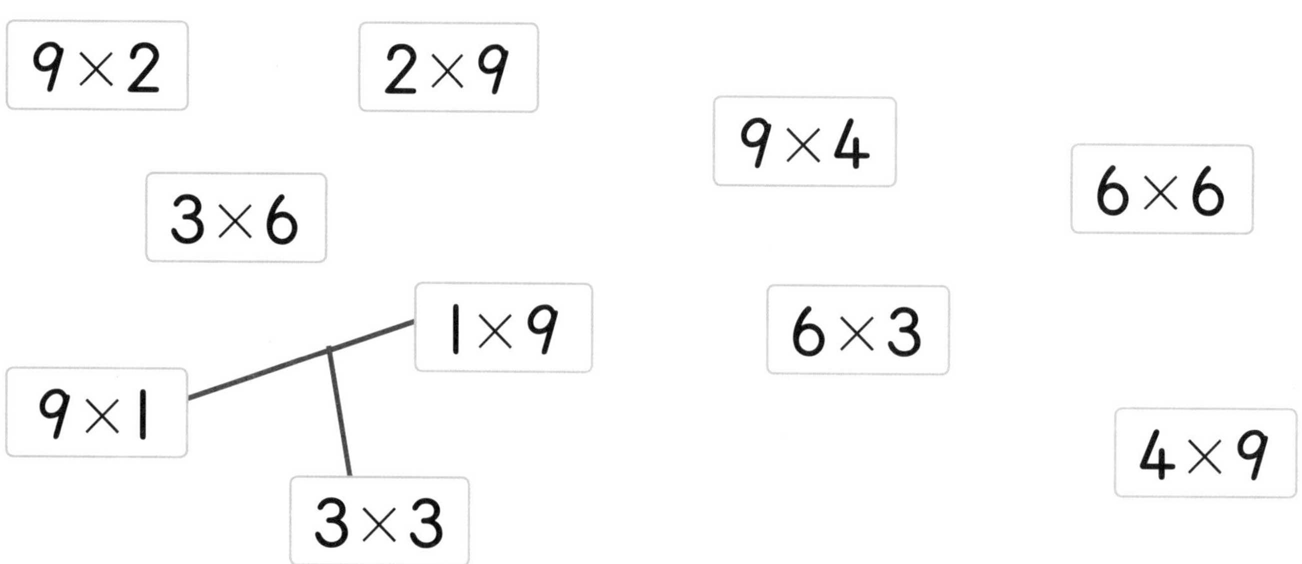

문제 6 곱셈 결과가 같은 곱셈구구를 모두 찾는 것이다. 곱셈의 교환법칙도 직관적으로 이해할 수 있기를 바란다. 물론 교환법칙이라는 용어는 도입하지 않는다는 점에 주의한다.

문제 7 | 보기의 수를 알맞은 자리에 넣으시오.

보기

~~12~~ 15 16 18 24 36 48 54

×	1	2	3	4	5	6	7	8	9
1									
2						12			
3				12					
4			12						
5									
6		12							
7									
8									
9									

빈칸을 모두 채우는 건 아니에요!
보기의 수만 빠짐없이 모두 넣으세요.

문제 7 3의 배수와 6의 배수에서 제시된 것과 같은 유형의 문제다. 시간을 충분히 주어야 한다. 쉽지 않은 문제다. 단순 암기만으로 곱셈구구 학습이 끝나지 않음을 확인하는 문제다.

13일차 7의 배수(1)

✎ 공부한 날짜 월 일

문제 1 | 흰색 빈칸에 알맞은 수를 넣으시오.

×	1	2	3	4	5	6	7	8	9
1		2	3	4	5	6			
2	2	4			10			16	18
3	3	6		12	15		21		
4			12	16		24		32	
5	5		15	20		30			45
6	6	12			30			48	
7		14				42			63
8			24	32	40	48			
9		18	27				63	72	

선생님만 보세요

문제 1 곱셈구구표의 빈칸을 채우며 앞 차시에 익혔던 2, 3, 4, 5, 6, 9의 배수를 모두 구하는 복습 문제다.

문제 2 | 빈칸에 들어갈 알맞은 식과 수를 넣으시오.

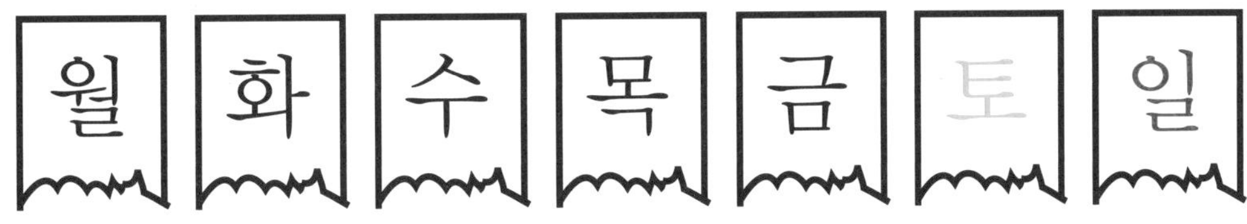

주	날짜 수(곱셈식)	날짜 수
1주	$7 \times 1 = 7$	7일
2주		일
6주		일
4주		일
5주		일
8주		일
7주		일
3주		일
9주		일
10주		일

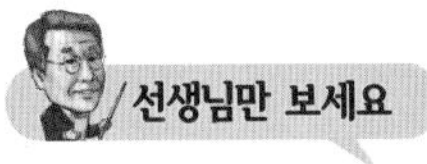

문제 2 일주일은 7일이라는 사실을 이용하여 7의 배수를 곱셈식으로 나타내어 10배까지 구한다. 기계적인 덧셈을 하지 않도록 일부 순서를 변경하였다.

문제 3 | □ 안에 들어갈 알맞은 수와 곱셈식을 넣으시오.

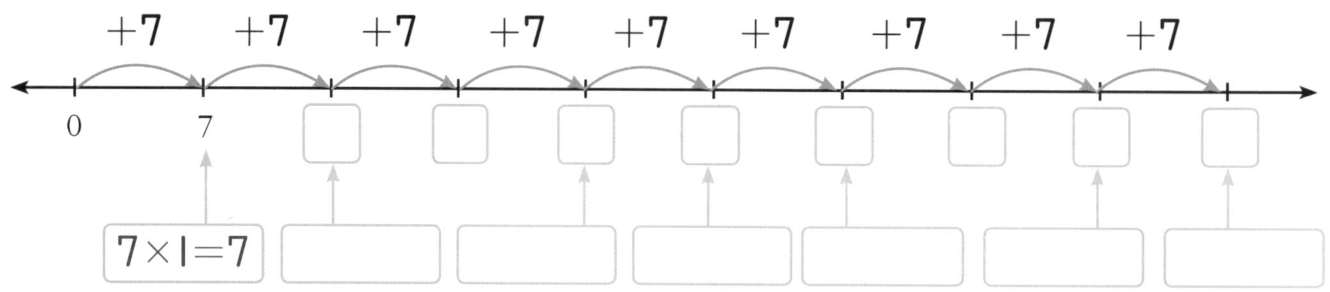

문제 4 | 7의 배수에 ○표를 하고, □ 안에 알맞은 수를 넣으시오.

1	2	3	4	5	6	7	8	9	10
11	12	13	14	15	16	17	18	19	20
21	22	23	24	25	26	27	28	29	30
31	32	33	34	35	36	37	38	39	40
41	42	43	44	45	46	47	48	49	50
51	52	53	54	55	56	57	58	59	50
61	62	63	64	65	66	67	68	69	…

$7 \times 1 =$ 7　　$7 \times 2 =$ □　　$7 \times 3 =$ □

$7 \times 4 =$ □　　$7 \times 5 =$ □　　$7 \times 6 =$ □

$7 \times 7 =$ □　　$7 \times 8 =$ □　　$7 \times 9 =$ □

문제 3 곱셈 도입에서 제시했던 수직선 위에서의 뛰어 세기를 7의 배수 구하기에 활용한다. 7의 배수를 구하는 곱셈식에 답을 채우며 7의 배수를 다시 연습한다. **문제 4** 수 배열표와 곱셈식에서 답을 구하며 7의 배수를 익힌다. 마지막 칸을 채우지 않더라도 7×10은 70이라는 것을 충분히 예상할 수 있다. 정답을 모두 구한 후, 수 배열표에서 7의 배수가 배열되는 기하학적 패턴에 주목해보자.

문제 5 | 빈칸에 알맞은 수를 넣으시오.

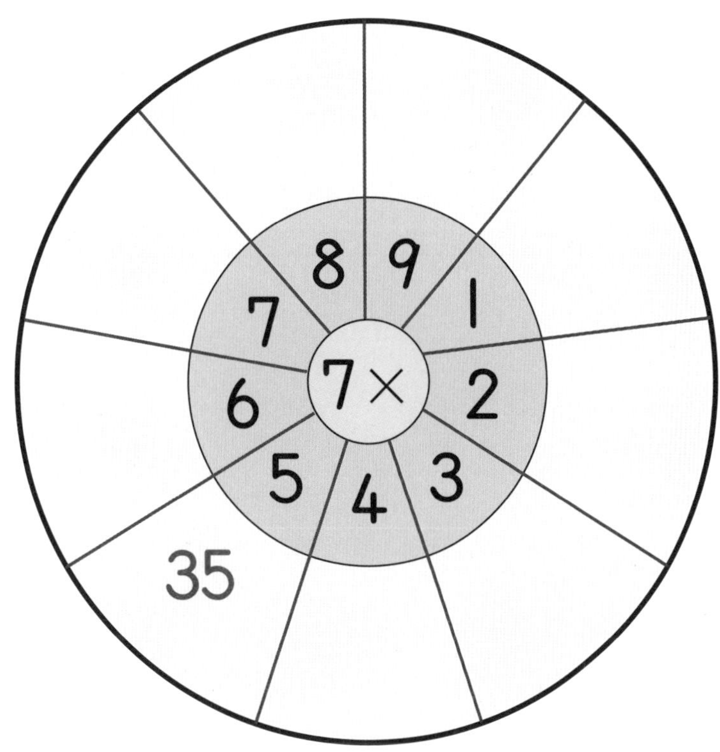

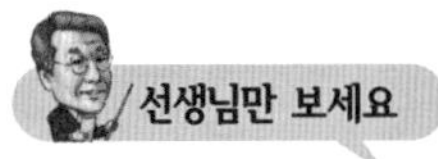

문제 5 원판에 나열된 7의 배수를 모두 구하며 이번 차시를 마무리한다. 7의 배수에 대한 연습이 충분할 수도 있지만, 다음 차시에서 한 번 더 연습한다. 다음 차시는 단순한 반복이 아니라 7의 배수에 대한 패턴과 구조를 탐색하는 내용으로 이어진다.

14 일차 7의 배수(2)

✎ 공부한 날짜 월 일

문제 1 | □ 안에 알맞은 수를 넣으시오.

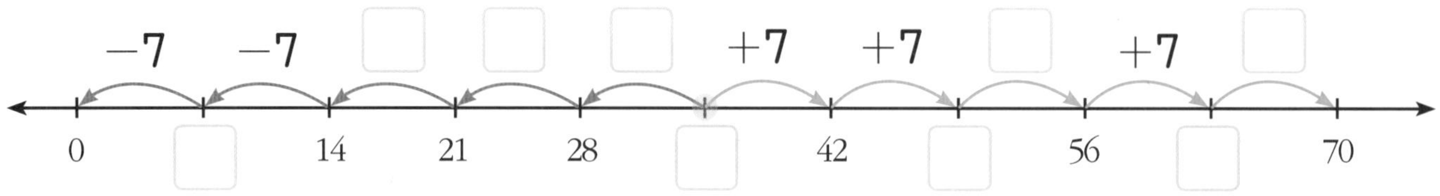

문제 2 | 곱셈의 앞과 뒤의 곱셈식을 쓰는 규칙입니다. □ 안에 알맞은 수를 넣으시오.

(1)

7×1= □

↑

7×2= □

↑

7×3= □

↑

7×4= □

↑

7×5= 35

(2)

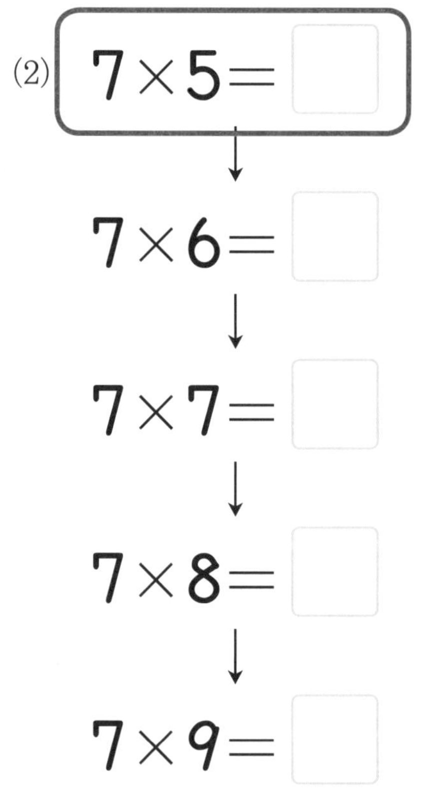

문제 1 앞 차시에 제시되었던 수직선 위에서 뛰어 세기에 의한 7의 배수 구하기와 같은 유형이다. 35에서 출발한 의도는, 왼쪽으로 이동하면 7씩 감소하고 오른쪽으로 이동하면 7씩 증가한다는 것을 파악하기 위한 것이다.

문제 2 문제1의 수직선에서 실행한 7의 배수에 대한 패턴을 곱셈식에서 확인하는 문제다. 문제의 의도는 곱하는 수가 하나씩 감소하거나 증가할 때 각각 7씩 감소하거나 증가한다는 사실을 파악하는 것이다.

문제 3 | 다음 곱셈구구표에 7의 배수를 넣으시오.

×	1	2	3	4	5	6	7	8	9
1		2	3	4	5	6			9
2	2	4	6	8	10	12		16	18
3	3	6	9	12	15	18		24	17
4	4	8	12	16	20	24		32	36
5	5	10	15	20	25	30		40	45
6	6	12	18	24	30	36		48	54
7									
8		16	24	32	40	48			72
9	9	18	27	36	45	54		72	81

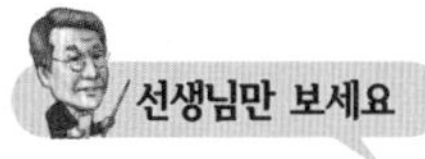

문제 3 곱셈구구표의 빈칸을 채우며 7의 배수를 익힌다.

문제 4 곱셈구구표에서 익혔던 7의 배수를 곱셈식으로 나타낸다. 기계적으로 곱셈 결과만 구하는 것이 아니라 곱하는 수가 무엇인지 찾는 문제도 있다.

문제 4 | □ 안에 알맞은 수를 넣으시오.

$7 \times 1 = \square$　　$7 \times 2 = \square$　　$7 \times \square = 21$

$7 \times \square = 28$　　$7 \times 5 = \square$　　$7 \times 6 = \square$

$7 \times \square = 49$　　$7 \times \square = 56$　　$7 \times \square = 63$

문제 5 | 빈칸에 알맞은 수를 쓰시오.

×	7
1	7
2	
3	
4	
5	
6	
7	
8	
9	

(1) $7 \times 4 + 7$은 7의 □ 배입니다.

(2) $7 \times 7 + 7$은 7의 □ 배입니다.

(3) $7 \times 7 - 7$은 7의 □ 배입니다.

(4) $7 \times 2 - 7$은 7의 □ 배입니다.

(5) 7×6은 $7 \times$ □ 보다 7 큽니다.

문제 5 7의 배수를 마무리하는 문제다. 왼쪽 표에 제시된 7의 배수를 구하고 나서 이를 문장으로 확인한다. 마지막 세 문제는 곱하는 수의 차이가 1이 아니라는 사실에 주의해야 한다. 즉, 기계적인 암기가 아니라 7의 배수에 대한 패턴의 발견에 초점을 두라는 것이다. 이 문제까지 마무리하면 7의 배수를 충분히 연습했다고 할 수 있다.

(6) 7×5는 $7 \times$ ☐ 보다 7 큽니다.

(7) 7×3은 7×4보다 ☐ 작습니다.

(8) 7×7은 7×9보다 ☐ 작습니다.

(9) 7×9는 7×6보다 ☐ 큽니다.

(10) 7×2는 7×6보다 ☐ 작습니다.

문제 6 | 곱한 결과가 같은 식끼리 연결하시오.

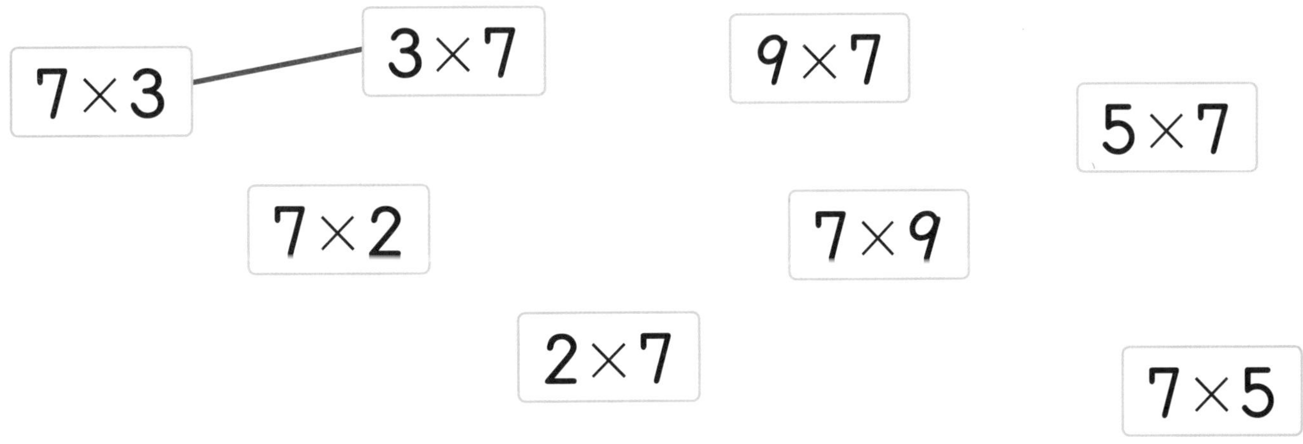

문제 6 곱셈 결과가 같은 곱셈구구를 모두 찾는 것이다. 곱셈의 교환법칙까지도 직관적으로 이해할 수 있기를 바란다. 물론 교환법칙이라는 용어는 도입하지 않는다는 점에 주의한다.

문제 7 | 보기의 수를 알맞은 자리에 넣으시오.

보기

~~7~~ 9 12 14 16 18 35 56 63

×	1	2	3	4	5	6	7	8	9
1							7		
2									
3									
4									
5									
6									
7	7								
8									
9									

빈칸을 모두 채우는 건 아니에요!
보기의 수만 빠짐없이 모두 넣으세요.

문제 7 3의 배수와 6의 배수에서 제시된 것과 같은 유형의 문제다. 시간을 충분히 주어야 한다. 쉽지 않은 문제다. 단순 암기만으로 곱셈구구 학습이 끝나지 않음을 확인하는 문제다.

15 일차 8의 배수(1)

공부한 날짜 월 일

문제 1 | 흰색 빈칸에 알맞은 수를 넣으시오.

×	1	2	3	4	5	6	7	8	9
1		2	3	4	5	6			9
2	2	4			10			16	18
3	3			12		18		24	17
4	4	8	12			24		32	
5	5		15		25		35	40	
6	6			24	30	36			
7			21				49		63
8		16		32	40				72
9	9	18		36		54			81

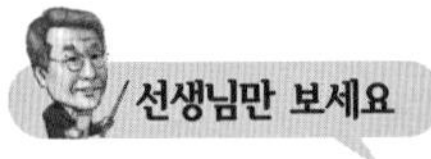

문제 1 제시된 것처럼 곱셈 구구의 4칸만 채우면 곱셈구구가 완성된다. 사실상 곱셈구구가 이전에 완성된 것이라 볼 수 있다. 네 칸을 제외하고 모두 채우면서 곱셈구구를 복습한다.

문제 2 | 빈칸에 들어갈 알맞은 식과 수를 넣으시오.

문어	다리 개수(곱셈식)	다리 개수
1마리	$8 \times 1 = 8$	8개
2마리		개
5마리		개
4마리		개
8마리		개
6마리		개
7마리		개
3마리		개
9마리		개
10마리		개

문제 2 문어 다리가 8개라는 사실을 이용하여 8의 배수를 곱셈식으로 나타내어 10배까지 구한다. 기계적인 덧셈을 하지 않도록 일부 순서를 변경하였다.

문제 3 | □ 안에 들어갈 알맞은 수와 곱셈식을 넣으시오.

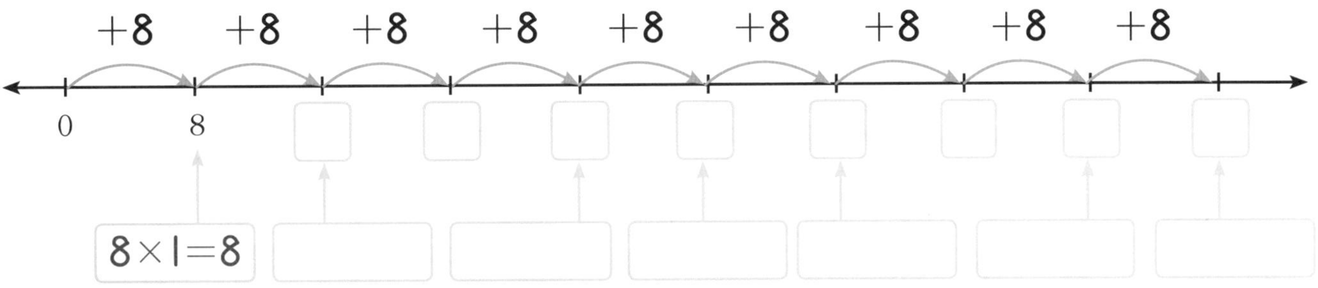

문제 4 | 8의 배수에 ○표를 하고, □ 안에 알맞은 수를 넣으시오.

1	2	3	4	5	6	7	8	9	10
11	12	13	14	15	16	17	18	19	20
21	22	23	24	25	26	27	28	29	30
31	32	33	34	35	36	37	38	39	40
41	42	43	44	45	46	47	48	49	50
51	52	53	54	55	56	57	58	59	50
61	62	63	64	65	66	67	68	69	70
71	72	73	74	75	76	77	78	79	…

$8\times1=$ 8 $\quad 8\times2=$ □ $\quad 8\times3=$ □

$8\times4=$ □ $\quad 8\times5=$ □ $\quad 8\times6=$ □

$8\times7=$ □ $\quad 8\times8=$ □ $\quad 8\times9=$ □

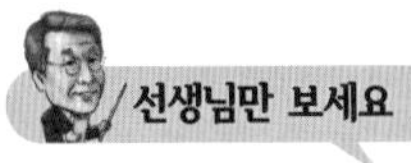

문제 3 곱셈 도입에서 제시했던 수직선 위에서의 뛰어 세기를 8의 배수 구하기에 활용한다. 8의 배수를 구하는 곱셈식에 답을 채우며 8의 배수를 다시 연습한다. **문제 4** 수 배열표와 곱셈식에서 답을 구하며 8의 배수를 익힌다. 마지막 칸을 채우지 않더라도 8×10은 80이라는 것을 충분히 예상할 수 있다. 정답을 모두 구한 후, 수 배열표에서 8의 배수가 배열되는 기하학적 패턴에 주목해보자.

문제 5 | 빈칸에 알맞은 수를 넣으시오.

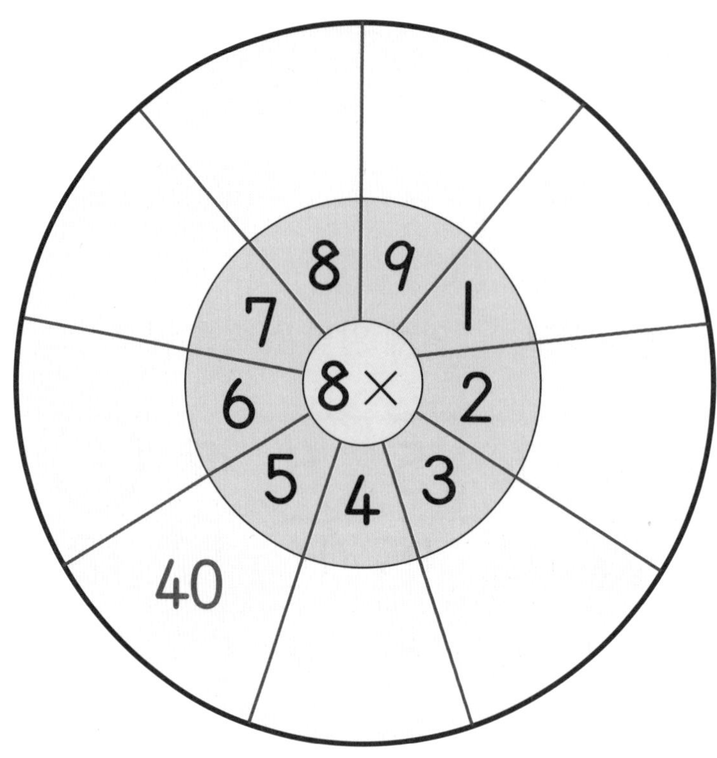

문제 5 원판에 나열된 8의 배수를 모두 구하며 이번 차시를 마무리한다. 8의 배수에 대한 연습이 충분할 수도 있지만, 다음 차시에서 한 번 더 연습한다. 다음 차시는 단순한 반복이 아니라 8의 배수에 대한 패턴과 구조를 탐색하는 내용으로 이어진다.

16 일차 8의 배수(2)

공부한 날짜 월 일

문제 1 | □ 안에 알맞은 수를 넣으시오.

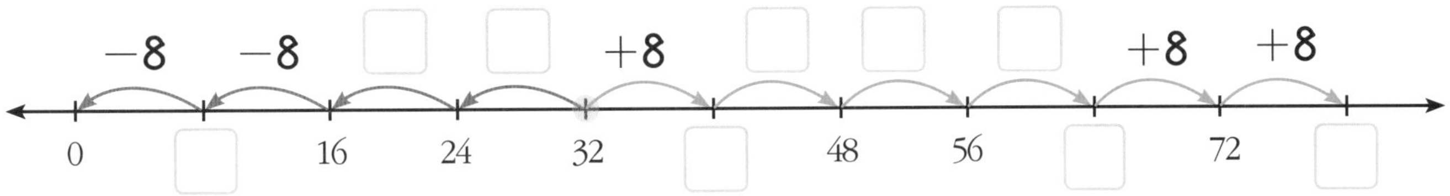

문제 2 | 곱셈의 앞과 뒤의 곱셈식을 쓰는 규칙입니다. □ 안에 알맞은 수를 넣으시오.

(1)

$8 \times 1 = \square$

↑

$8 \times 2 = \square$

↑

$8 \times 3 = \square$

↑

$8 \times 4 = \square$

↑

$8 \times 5 = 40$

(2)

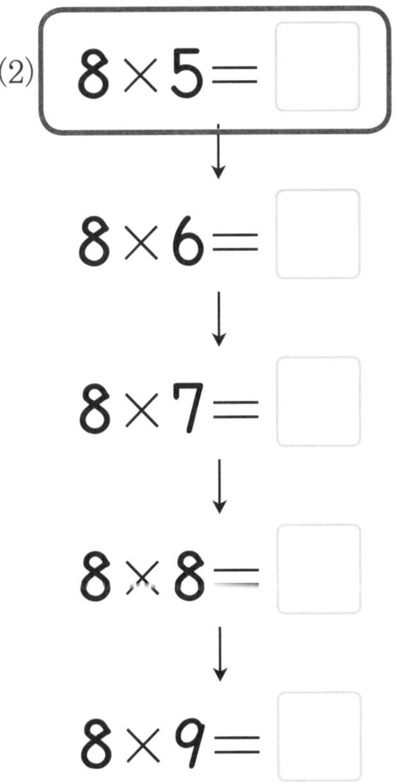

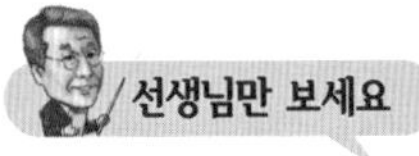

문제 1 앞 차시에 제시되었던 수직선 위에서 뛰어 세기에 의한 8의 배수 구하기와 같은 유형이다. 32에서 출발한 의도는, 왼쪽으로 이동하면 8씩 감소하고 오른쪽으로 이동하면 8씩 증가한다는 것을 파악하기 위한 것이다.

문제 2 문제1의 수직선에서 실행한 8의 배수에 대한 패턴을 곱셈식에서 확인하는 문제다. 문제의 의도는 곱하는 수가 하나씩 감소하거나 증가할 때 각각 8씩 감소하거나 증가한다는 사실을 파악하는 것이다.

문제 3 | 다음 곱셈구구표에 8의 배수를 넣으시오.

×	1	2	3	4	5	6	7	8	9
1		2	3	4	5	6	7		9
2	2	4	6	8	10	12	14		18
3	3	6	9	12	15	18	21		17
4	4	8	12	16	20	24	28		36
5	5	10	15	20	25	30	35		45
6	6	12	18	24	30	36	42		54
7	7	14	21	28	35	42	49		63
8									
9	9	18	27	36	45	54	63		81

선생님만 보세요

문제 3 곱셈구구표의 빈칸을 채우며 8의 배수를 익힌다.

문제 4 | □ 안에 알맞은 수를 넣으시오.

$8 \times 1 = \square$　　$8 \times \square = 16$　　$8 \times \square = 24$

$8 \times 4 = \square$　　$8 \times \square = 40$　　$8 \times 6 = \square$

$8 \times \square = 56$　　$8 \times \square = 64$　　$8 \times \square = 72$

문제 5 | 빈칸에 알맞은 수를 넣으시오.

×	8
1	8
2	
3	
4	
5	
6	
7	
8	
9	

(1) $8 \times 2 + 8$은 8의 □ 배입니다.

(2) $8 \times 5 + 8$은 8의 □ 배입니다.

(3) $8 \times 6 - 8$은 8의 □ 배입니다.

(4) $8 \times 4 - 8$은 8의 □ 배입니다.

(5) 8×5는 $8 \times \square$ 보다 8 큽니다.

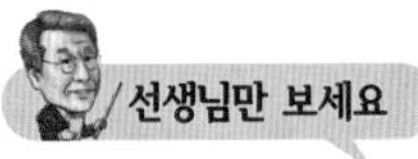

문제 4 곱셈구구표에서 익혔던 8의 배수를 곱셈식으로 나타낸다. 기계적으로 곱셈 결과만 구하는 것이 아니라 곱하는 수가 무엇인지 찾는 문제도 있다. **문제 5** 8의 배수를 마무리하는 문제다. 왼쪽 표에 제시된 8의 배수를 구하고 나서 이를 문장으로 확인한다. 마지막 세 문제는 곱하는 수의 차이가 1이 아니라는 사실에 주의해야 한다. 즉, 기계적인 암기가 아니라 8의 배수에 대한 패턴의 발견에 초점을 두라는 것이다. 이 문제까지 마무리하면 8의 배수를 충분히 연습했다고 할 수 있다.

(6) 8×9는 8× [ ] 보다 8 큽니다.

(7) 8×2는 8×3보다 [ ] 작습니다.

(8) 8×6은 8×8보다 [ ] 작습니다.

(9) 8×8은 8×5보다 [ ] 큽니다.

(10) 8×2는 8×5보다 [ ] 작습니다.

문제 6 | 곱한 결과가 같은 식끼리 연결하시오.

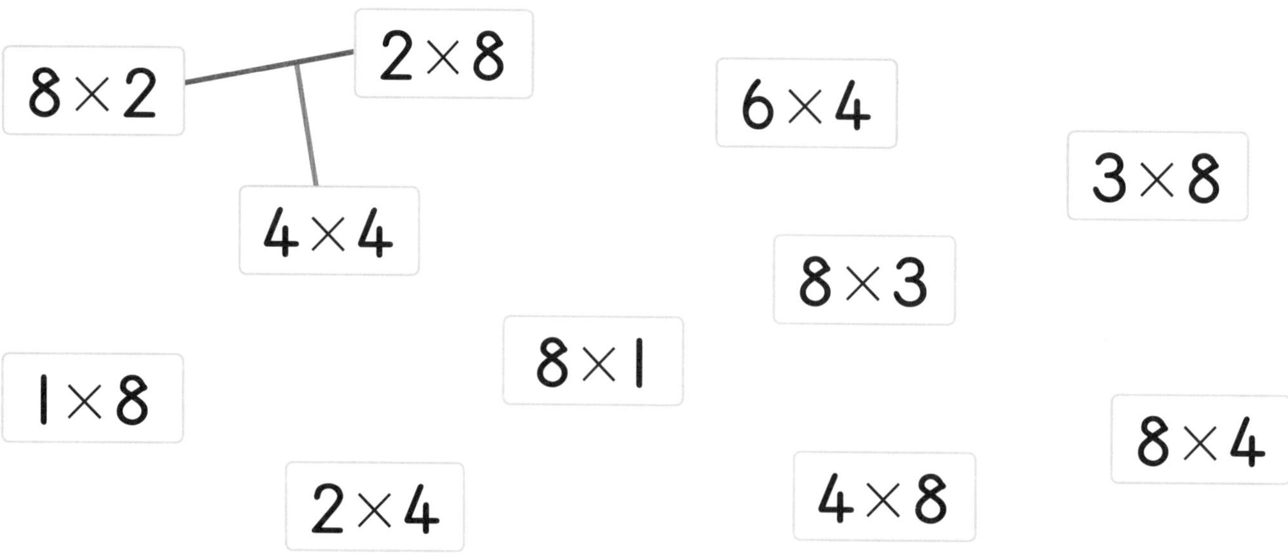

문제 6 곱셈 결과가 같은 곱셈구구를 모두 찾는 것이다. 곱셈의 교환법칙까지도 직관적으로 이해할 수 있기를 바란다. 물론 교환법칙이라는 용어는 도입하지 않는다는 점에 주의한다.

문제 7 | 보기의 수를 알맞은 자리에 넣으시오.

보기

~~2~~ 4 6 8 12 16 24 56 64

×	1	2	3	4	5	6	7	8	9
1		2							
2	2								
3									
4									
5									
6									
7									
8									
9									

빈칸을 모두 채우는 건 아니에요!
보기의 수만 빠짐없이 모두 넣으세요.

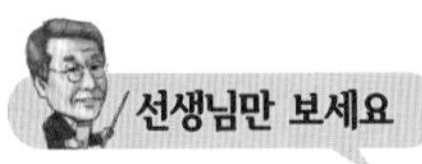

문제 7 3의 배수와 6의 배수에서 제시된 것과 같은 유형의 문제다. 시간을 충분히 주어야 한다. 쉽지 않은 문제다. 단순 암기만으로 곱셈구구 학습이 끝나지 않음을 확인하는 문제다.

17 일차 1의 배수와 0의 배수

공부한 날짜 월 일

문제 1 | 보기와 같이 표를 완성하여 화살판의 점수를 구하시오.

보기

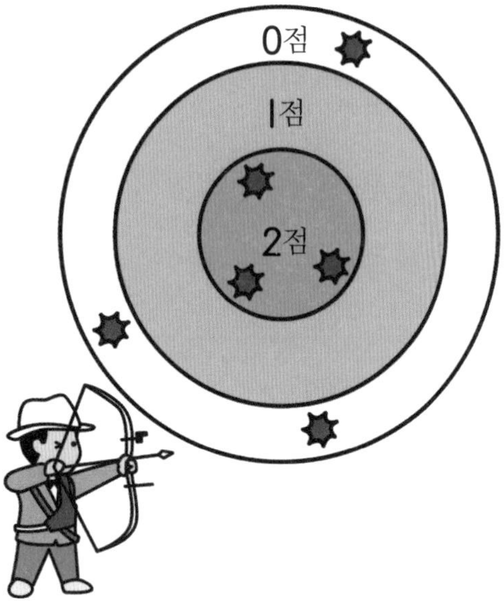

0점
1점
2점

점수	개수	곱셈식	점수
2점	3(개)	2×3	6(점)
1점	0(개)	1×0	0(점)
0점	3(개)	0×3	0(점)

6+0+0=6 　 6 점

(1)

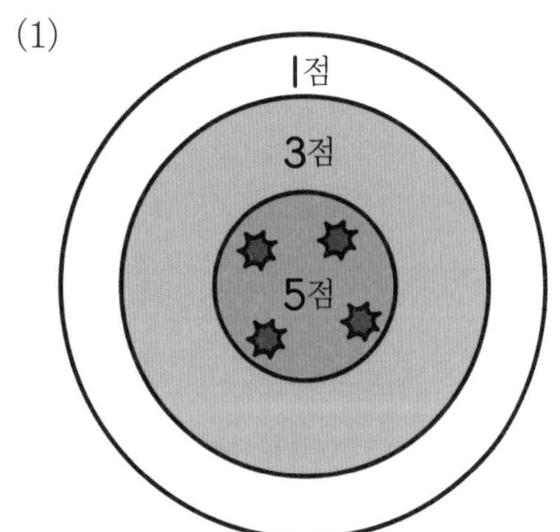

점수	개수	곱셈식	점수
5점	4(개)		20(점)
3점	0(개)		0(점)
1점	0(개)		0(점)

______ 　 ______ 점

문제 1 '1 곱하기 몇'과 '0 곱하기 몇'뿐만 아니라 '몇 곱하기 1'과 '몇 곱하기 0'도 앞의 문제와 같은 방식으로 구할 수 있다. 과녁판에 꽂혀 있는 화살 개수로 점수를 구하는 과정에 의해 저절로 습득할 수 있다.

(2)

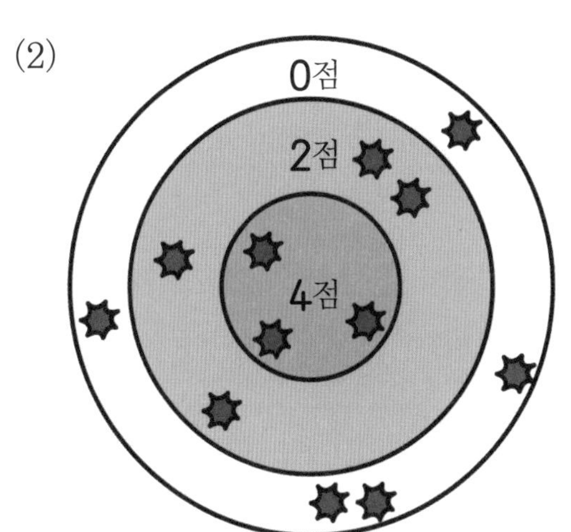

점수	개수	곱셈식	점수
4점	3(개)		(점)
2점	4(개)		(점)
0점	5(개)		(점)

______________ ______ 점

(3)

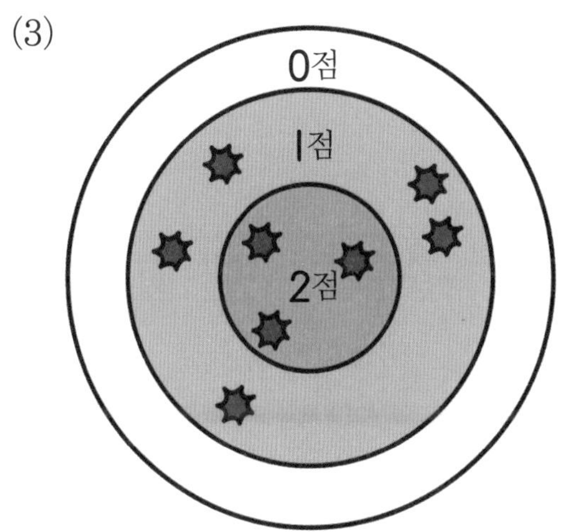

점수	개수	곱셈식	점수
2점	3(개)		(점)
1점	5(개)		(점)
0점	0(개)		(점)

______________ ______ 점

(4)

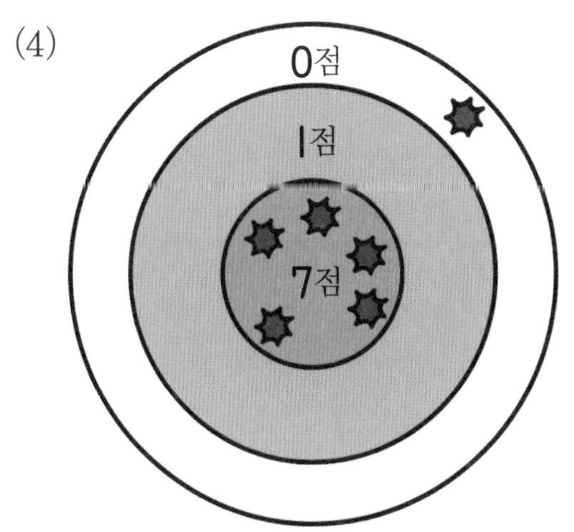

점수	개수	곱셈식	점수
7점	5(개)		(점)
1점	0(개)		(점)
0점	1(개)		(점)

______________ ______ 점

(5)

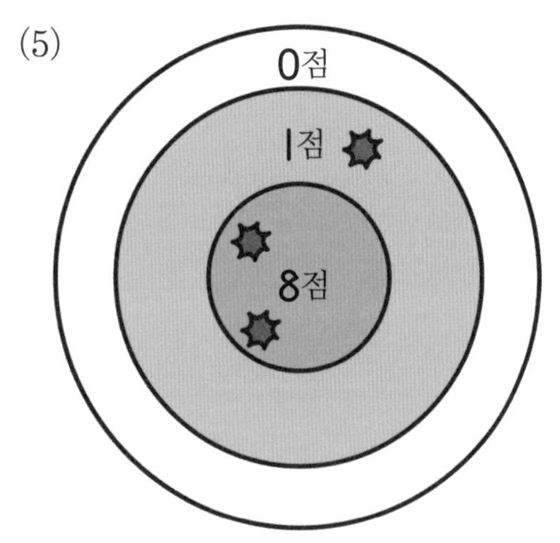

점수	개수	곱셈식	점수
8점	2(개)		(점)
1점	1(개)		(점)
0점	0(개)		(점)

______________ ______ 점

(6)

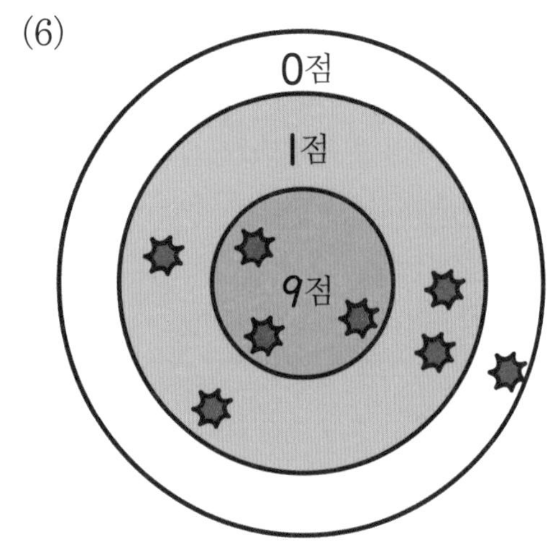

점수	개수	곱셈식	점수
9점	3(개)		(점)
1점	4(개)		(점)
0점	1(개)		(점)

______________ ______ 점

문제 2 | 곱셈구구표에 0의 배수와 1의 배수를 넣으시오.

×	0	1	2	3	4	5	6	7	8	9
0										
1										
2										
3										
4										
5										
6										
7										
8										
9										

선생님만 보세요

문제 2 곱셈구구에 포함되지 않지만 확장된 곱셈구구표를 작성하면 0의 배수와 1의 배수를 마무리한다.

문제 3 | 보기와 같이 □ 안을 채우시오.

보기

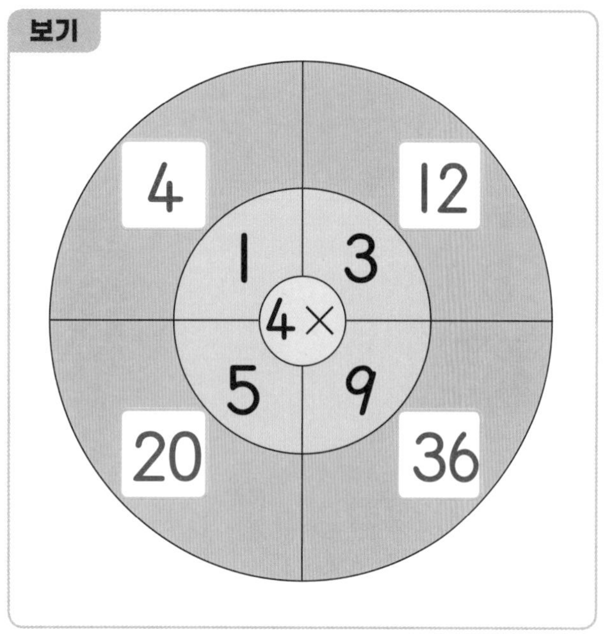

(1)

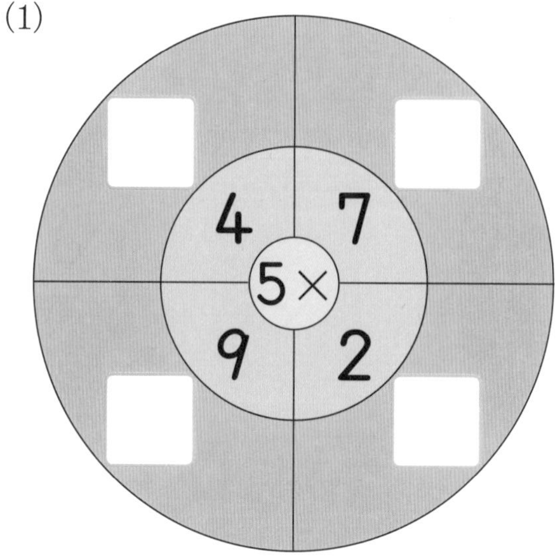

(2)

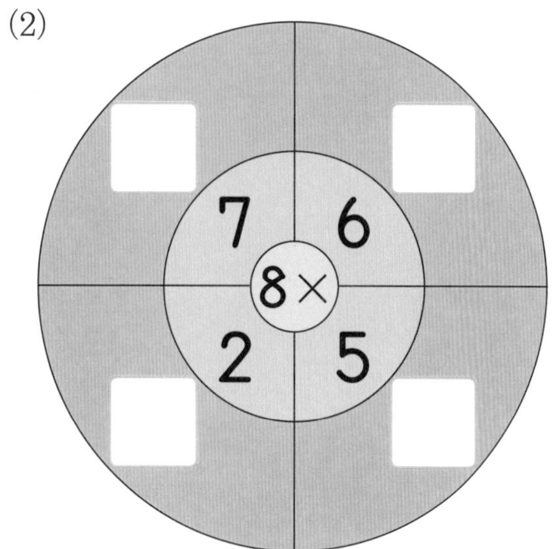

(3)

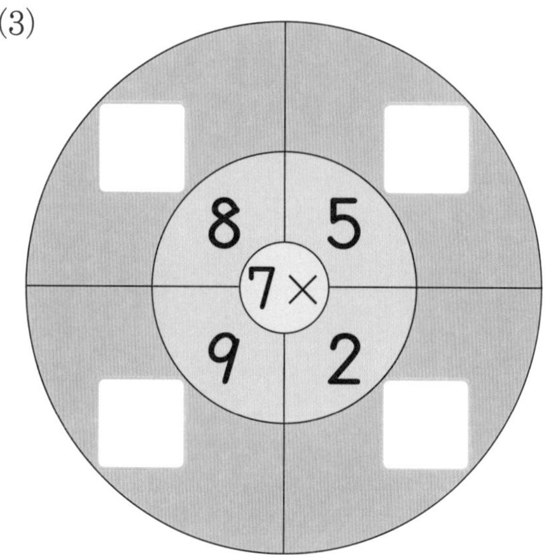

문제 3 제시된 〈보기〉에서 곱셈구구임을 파악하는 문제임을 확인하고 곱셈을 실행한다.

18 일차 곱셈구구 연습(1)

공부한 날짜 월 일

문제 1 | □ 안에 알맞은 수를 넣으시오.

보기

6 × 2 = 12

2 × 6 = 12

(1)

□ × □ = □

□ × □ = □

(2)

□ × □ = □

□ × □ = □

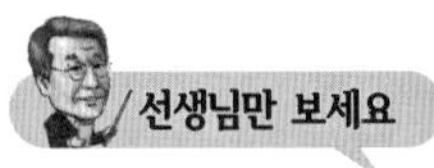

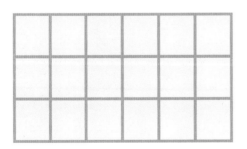

선생님만 보세요

문제 1 직사각형의 내부에 있는 정사각형의 개수를 곱셈식으로 표현하며 곱셈의 교환법칙을 이해한다. 물론 교환법칙이라는 용어는 사용하지 않는다.

(3)

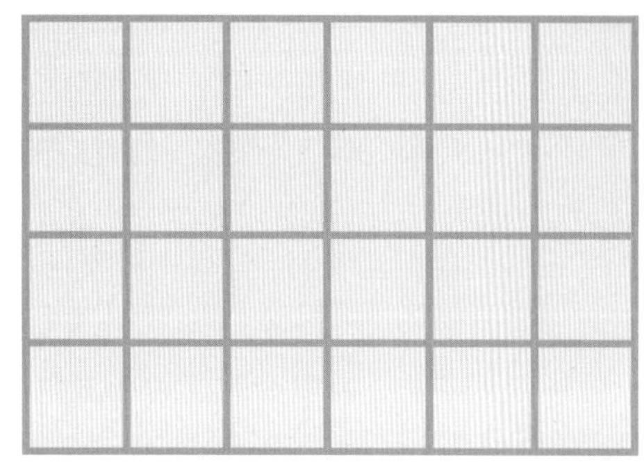

(4)

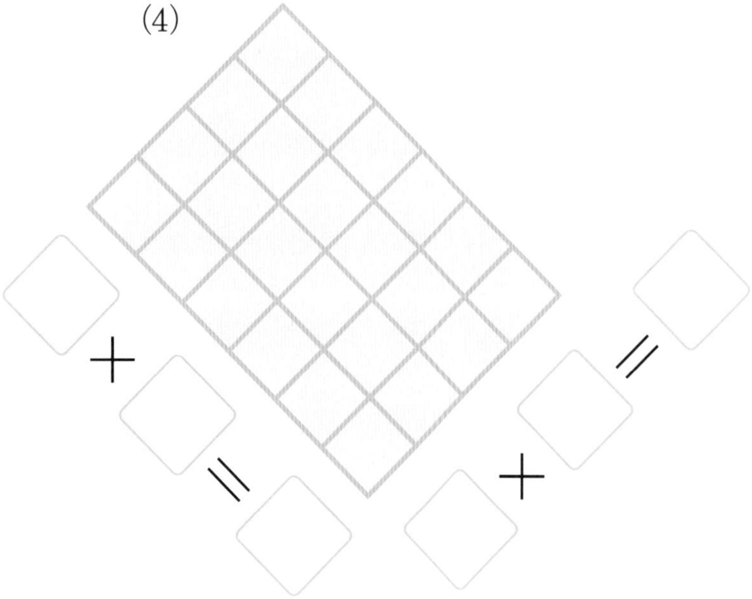

＋ ＝ ＋ ＝

(5)

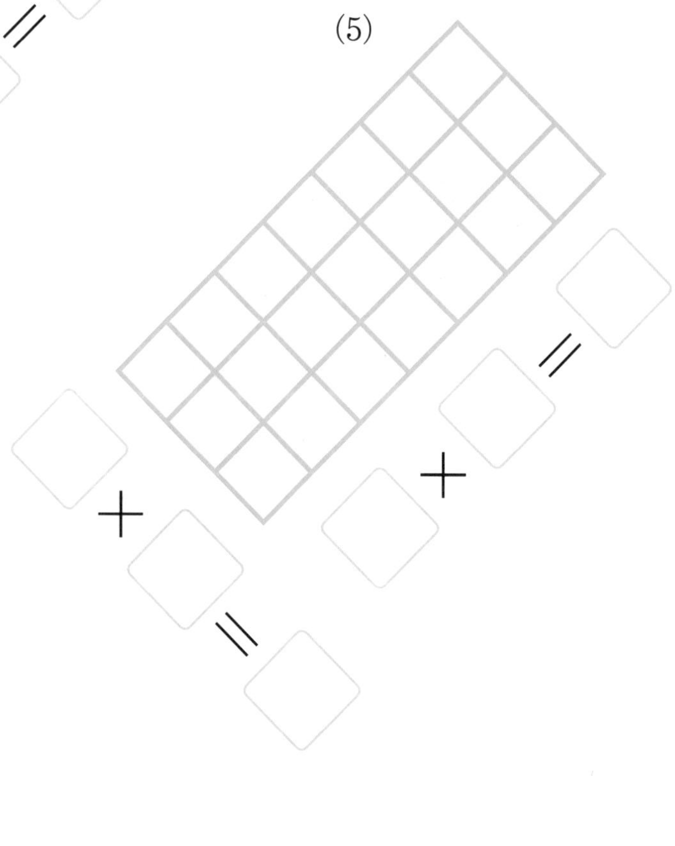

＋ ＝ ＋ ＝

문제 2 | 보기와 같이 □ 안을 채우시오.

(1)

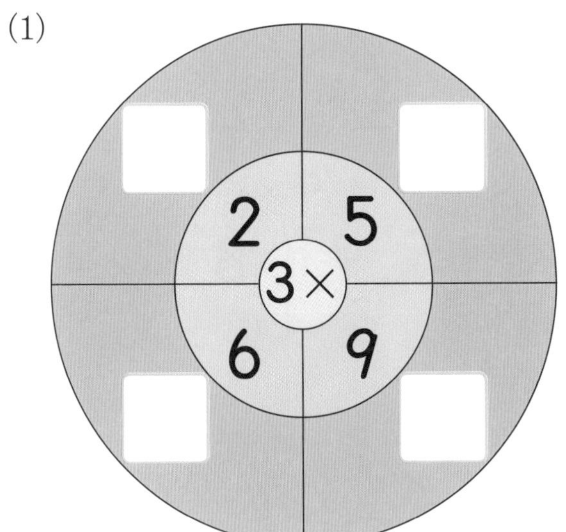

(2)

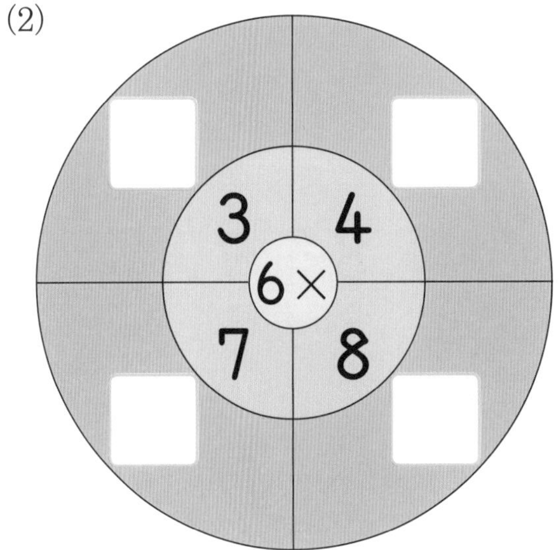

(3)

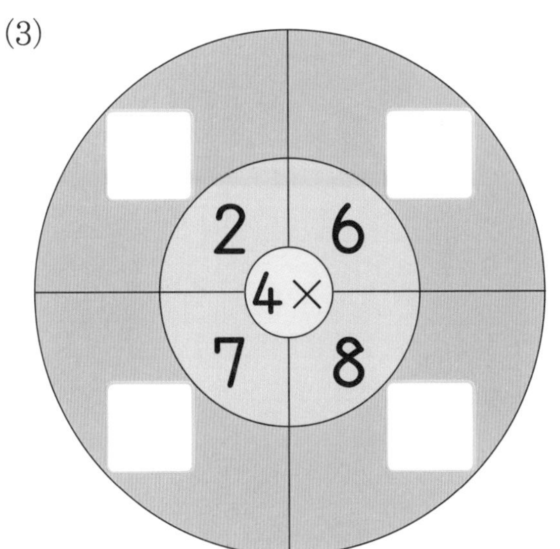

(4)

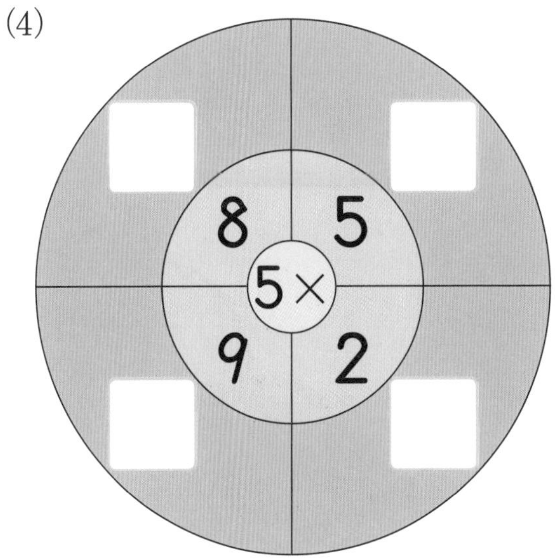

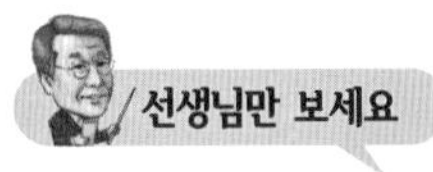

문제 2 앞의 차시 문제와 같은 유형의 곱셈구구 복습 문제다.

(5)

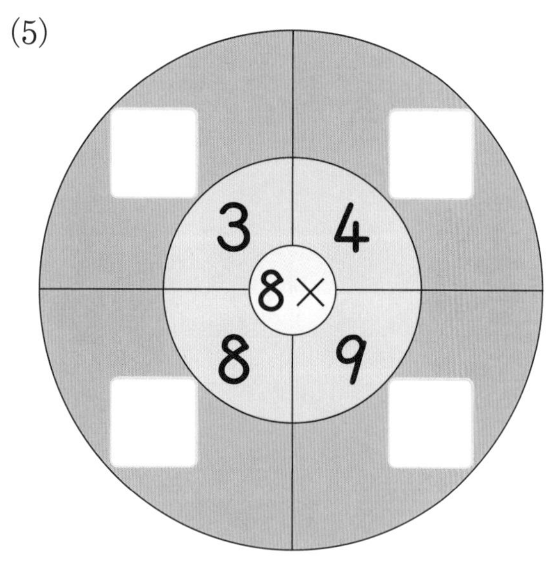

(6)

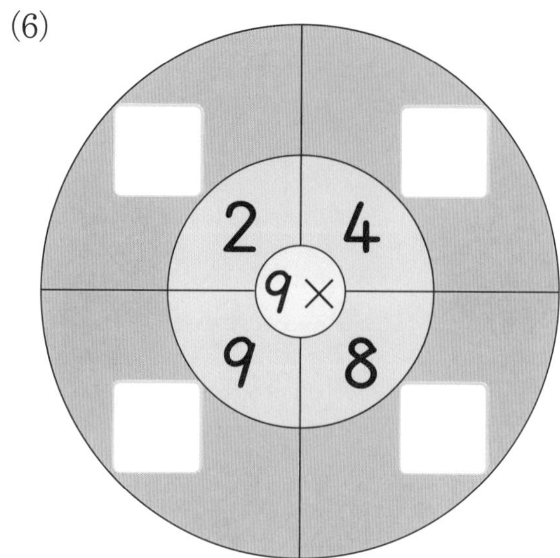

문제 3 | 그림을 보고 빈칸에 알맞은 수를 넣으시오.

(1)

꼬치 수	방울토마토 수	파인애플 조각 수
1	1	2
4		
8		
10		

문제 3 곱해지는 수와 곱하는 수를 구별하여 곱셈식을 완성해 답을 얻는다.

(2)

빵 개수	블루베리 수	딸기 개수
1	2	5
3		
7		
9		

문제 4 | 다음을 채점하고, 계산이 틀린 곳을 바르게 고치시오.

(1) $4 \times 4 = 16$

(2) $3 \times 4 = 13$ 12

(3) $9 \times 5 = 45$

(4) $6 \times 5 = 35$

(5) $7 \times 5 = 34$

(6) $8 \times 3 = 24$

(7) $8 \times 5 = 40$

(8) $7 \times 4 = 24$

(9) $5 \times 5 = 25$

(10) $6 \times 4 = 24$

문제 4 곱셈구구 문제의 채점자 역할을 하며 곱셈구구를 익힌다.

19 일차 곱셈구구 연습(2)

공부한 날짜 월 일

문제 1 | 가운데 있는 수를 나타내는 식을 찾아 색칠하시오.

(1)

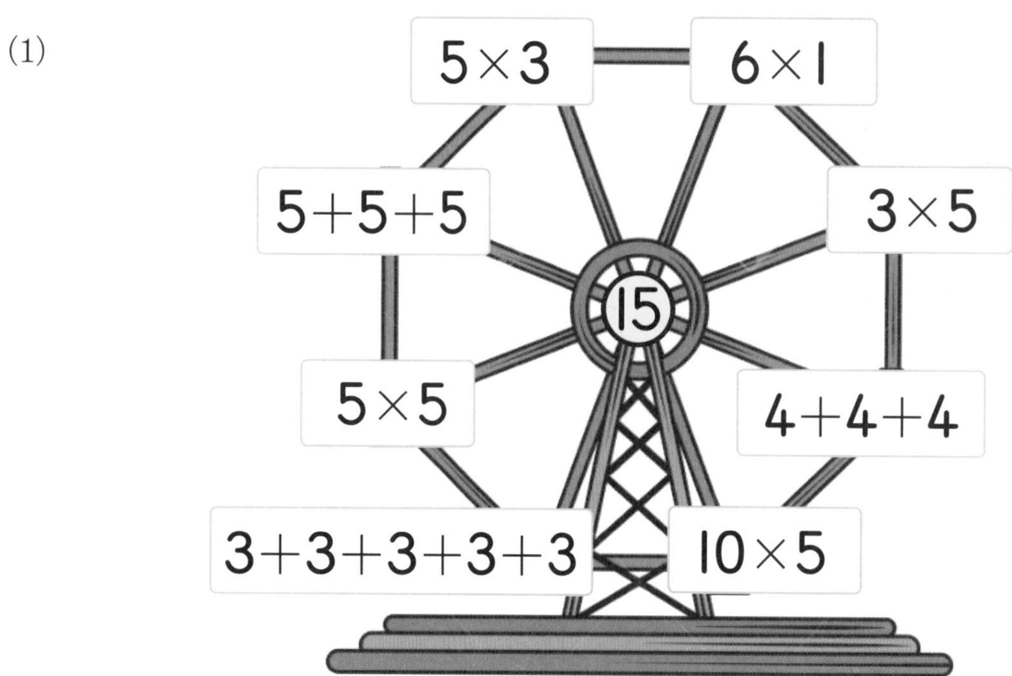

(2)

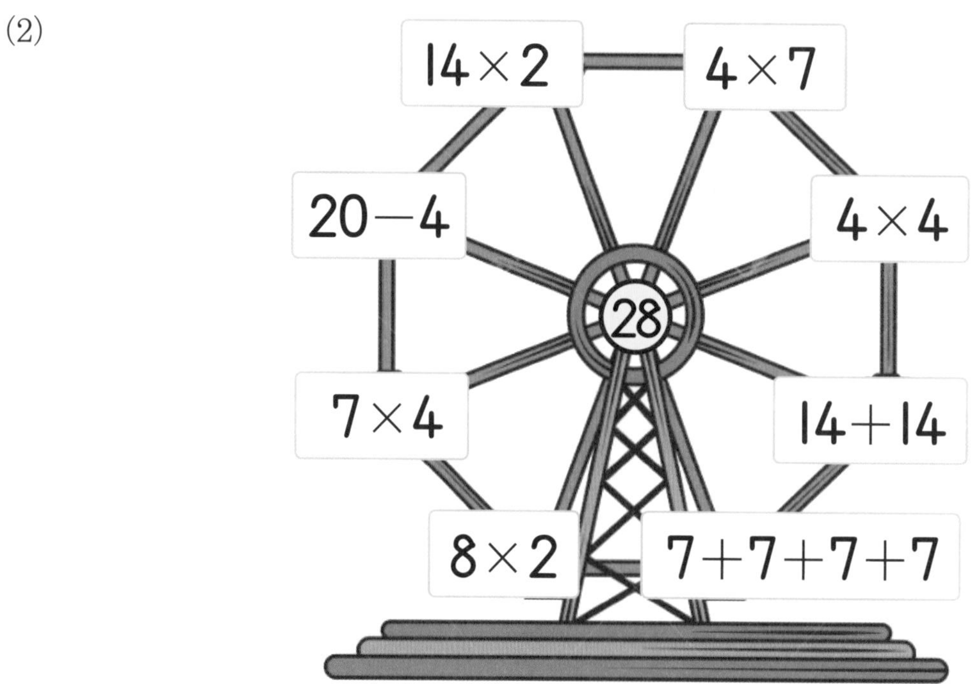

문제 1 곱셈구구뿐만 아니라 덧셈과 뺄셈까지 복합적으로 실행하는 마무리 문제다.

문제 2 | 뽑은 카드 점수를 계산하여 빈칸을 채우시오.

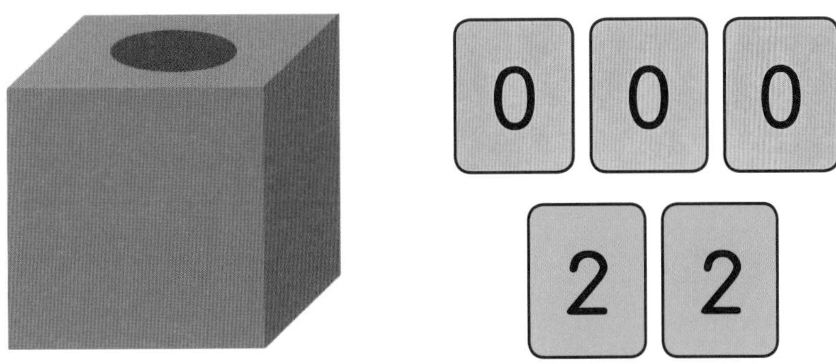

카드	뽑은 횟수
0점	3장
2점	2장
5점	0장
총 점수	점

문제 3 | 얼룩진 부분에 알맞은 수를 넣으시오.

(1)

$2 \times 6 = \square$

$4 \times \square = 24$

$4 \times \square = 12$

$\square \times 3 = 24$

(2)

$5 \times 2 = \square$

$5 \times \square = 25$

$\square \times 8 = 40$

$6 \times 6 = \square$

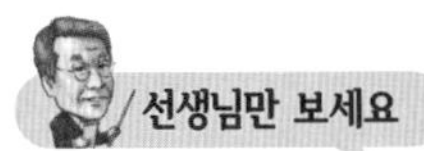

문제 2 곱셈식을 활용하여 총점을 구하는 응용 문제다.

문제 3 곱셈식의 곱해지는 수, 곱하는 수, 곱셈값 중 하나를 채워 곱셈식을 완성하는 문제다.

(3) $3 \times 4 =$ ◯

$3 \times$ ◯ $= 6$

$6 \times$ ◯ $= 12$

◯ $\times 4 = 4$

문제 4 | 보기와 같이 여러 개의 곱셈식을 만드시오.

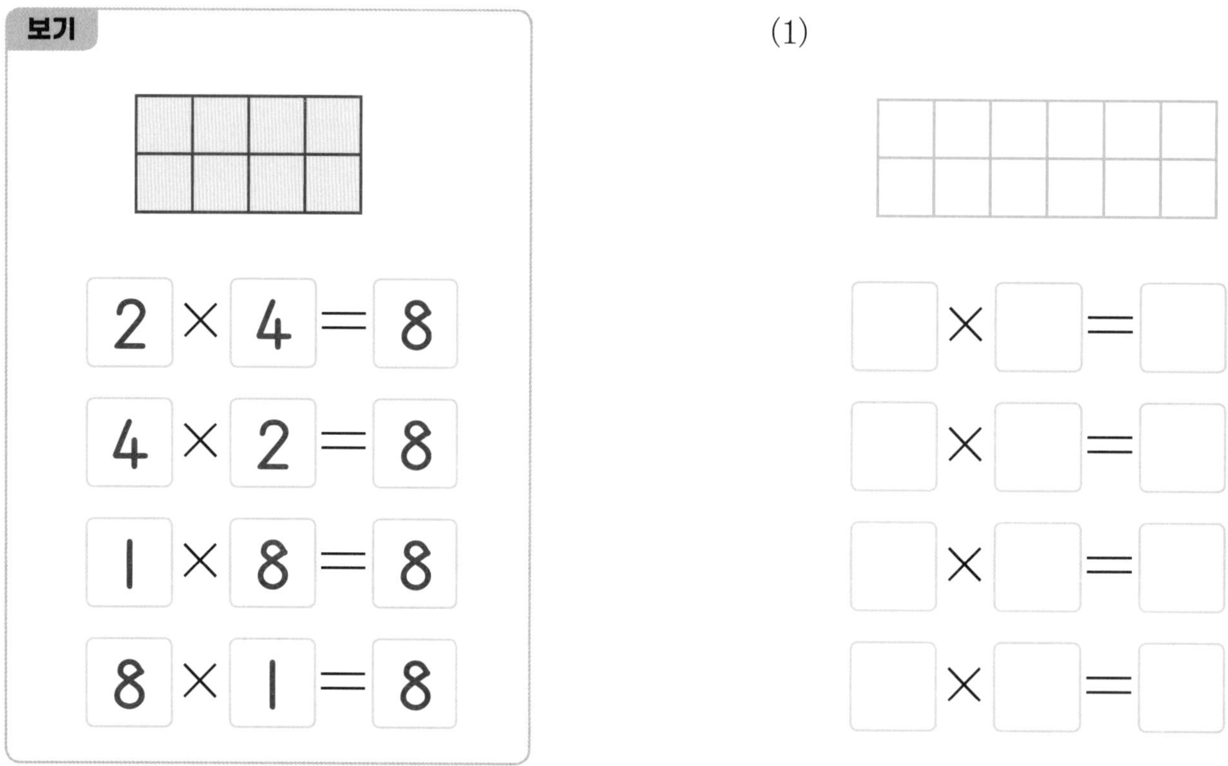

문제 4 보기와 같이 주어진 값을 나타내는 여러 개의 곱셈식을 구한다. 가장 먼저 몇 개씩 묶을 것인가를 스스로 결정해야 한다. 이때 형성되는 개념은 약수다. 물론 약수라는 용어는 사용하지 않는다. 너무 어려우면 넘어가도 되는 도전 문제다.

(2)

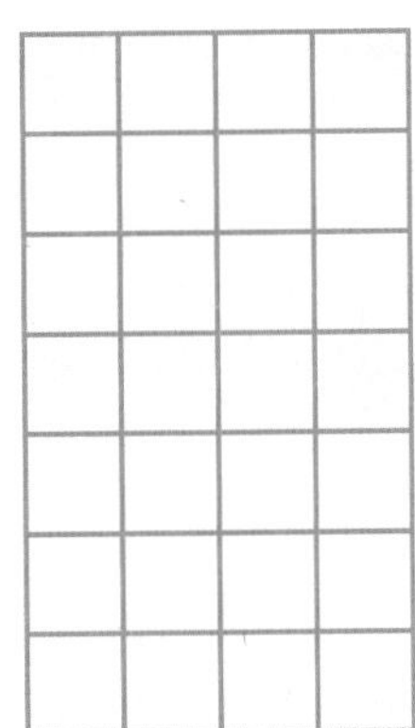

☐ × ☐ = ☐

☐ × ☐ = ☐

☐ × ☐ = ☐

☐ × ☐ = ☐

(3)

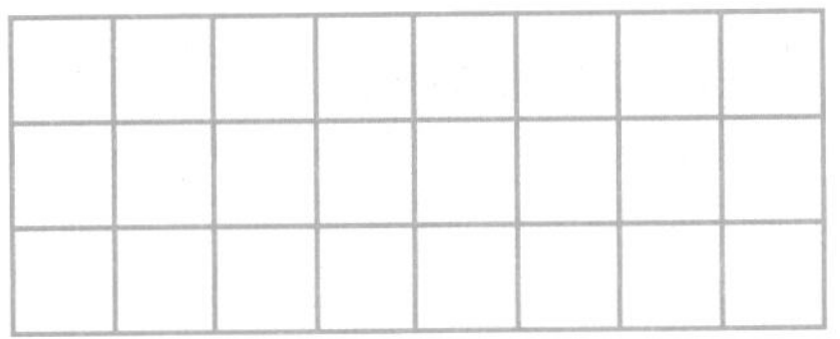

☐ × ☐ = ☐

☐ × ☐ = ☐

☐ × ☐ = ☐

☐ × ☐ = ☐

(4)

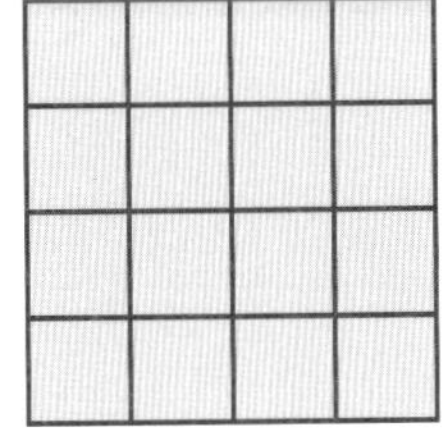

☐ × ☐ = ☐

☐ × ☐ = ☐

☐ × ☐ = ☐

☐ × ☐ = ☐

(5)

☐ × ☐ = ☐

☐ × ☐ = ☐

☐ × ☐ = ☐

☐ × ☐ = ☐

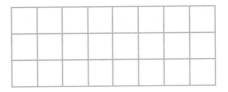

+ 정답 ÷

1 곱셈기초

14p

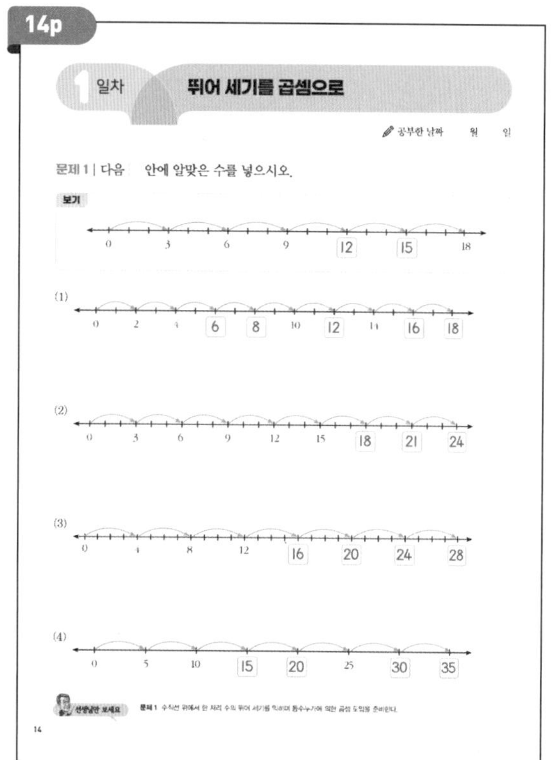

1 일차 뛰어 세기를 곱셈으로

공부한 날짜 월 일

문제 1 | 다음 안에 알맞은 수를 넣으시오.

보기

0 3 6 9 12 15 18

(1) 0 2 4 6 8 10 12 14 16 18

(2) 0 3 6 9 12 15 18 21 24

(3) 0 4 8 12 16 20 24 28

(4) 0 5 10 15 20 25 30 35

14

15p

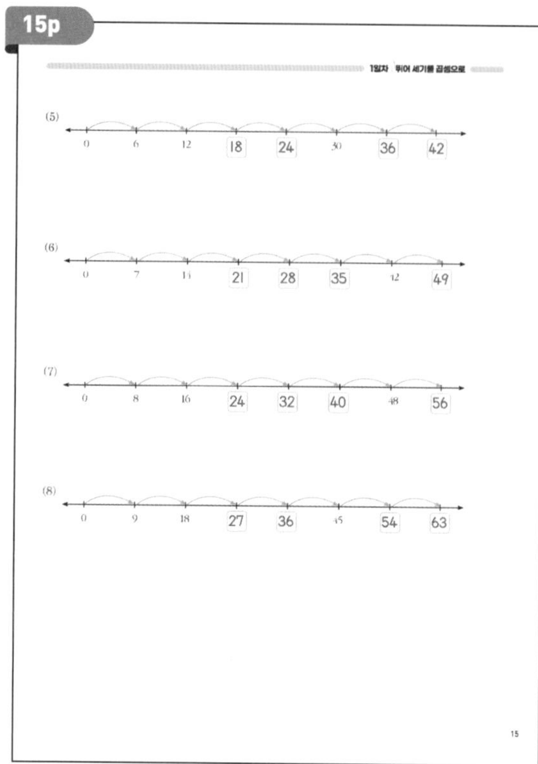

1일차 뛰어 세기를 곱셈으로

(5) 0 6 12 18 24 30 36 42

(6) 0 7 14 21 28 35 42 49

(7) 0 8 16 24 32 40 48 56

(8) 0 9 18 27 36 45 54 63

15

16p

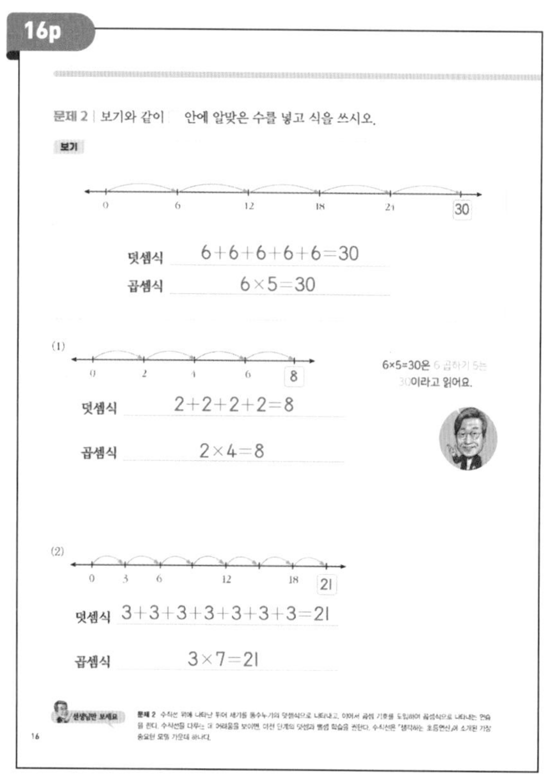

문제 2 | 보기와 같이 안에 알맞은 수를 넣고 식을 쓰시오.

보기

0 6 12 18 24 30

덧셈식 6+6+6+6+6=30

곱셈식 6×5=30

(1) 0 2 4 6 8

덧셈식 2+2+2+2=8

곱셈식 2×4=8

6×5=30은 6 곱하기 5는 30이라고 읽어요.

(2) 0 3 6 9 12 15 18 21

덧셈식 3+3+3+3+3+3+3=21

곱셈식 3×7=21

16

17p

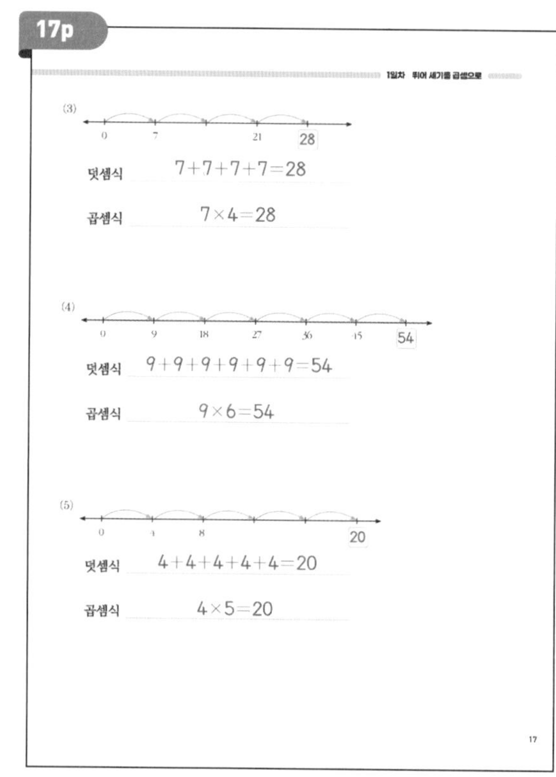

1일차 뛰어 세기를 곱셈으로

(3) 0 7 14 21 28

덧셈식 7+7+7+7=28

곱셈식 7×4=28

(4) 0 9 18 27 36 45 54

덧셈식 9+9+9+9+9+9=54

곱셈식 9×6=54

(5) 0 4 8 12 16 20

덧셈식 4+4+4+4+4=20

곱셈식 4×5=20

17

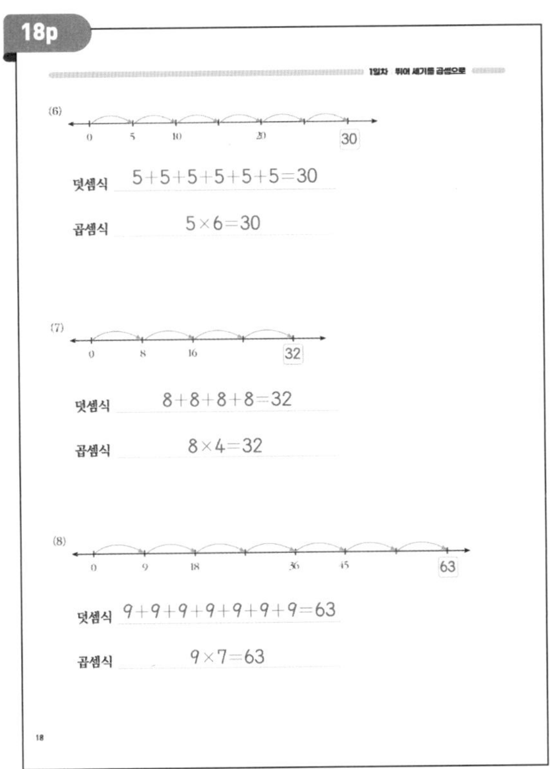

18p

1일차 묶어 세기를 곱셈으로

(6)

0 5 10 20 30

덧셈식 5+5+5+5+5+5=30

곱셈식 5×6=30

(7)

0 8 16 32

덧셈식 8+8+8+8=32

곱셈식 8×4=32

(8)

0 9 18 36 45 63

덧셈식 9+9+9+9+9+9+9=63

곱셈식 9×7=63

18

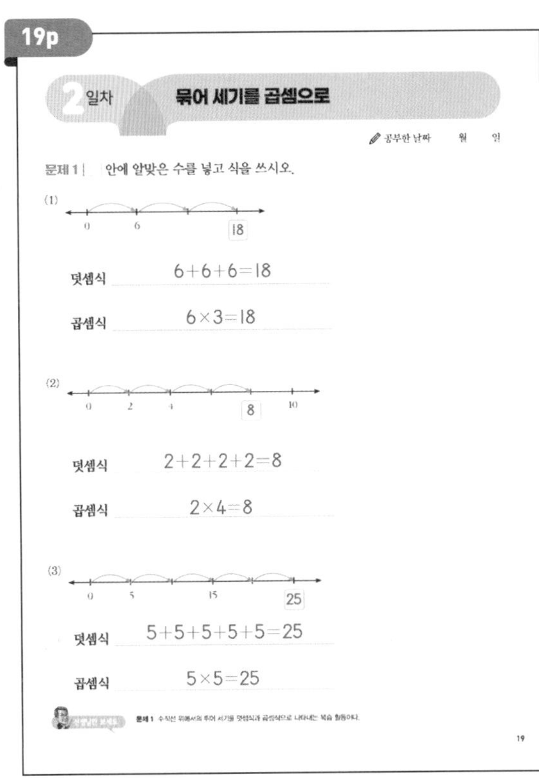

19p

2일차 묶어 세기를 곱셈으로

공부한 날짜 월 일

문제 1 | 안에 알맞은 수를 넣고 식을 쓰시오.

(1)

0 6 18

덧셈식 6+6+6=18

곱셈식 6×3=18

(2)

0 2 4 8 10

덧셈식 2+2+2+2=8

곱셈식 2×4=8

(3)

0 5 15 25

덧셈식 5+5+5+5+5=25

곱셈식 5×5=25

19

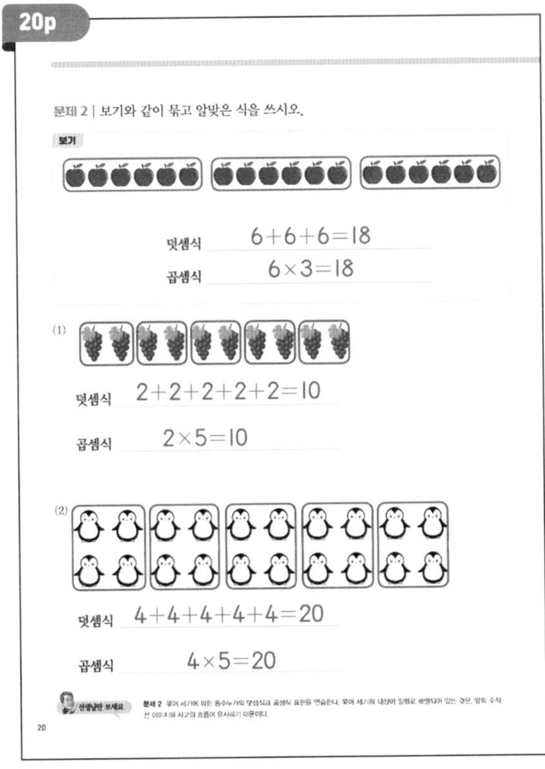

20p

문제 2 | 보기와 같이 묶고 알맞은 식을 쓰시오.

보기

덧셈식 6+6+6=18

곱셈식 6×3=18

(1)

덧셈식 2+2+2+2+2=10

곱셈식 2×5=10

(2)

덧셈식 4+4+4+4+4=20

곱셈식 4×5=20

20

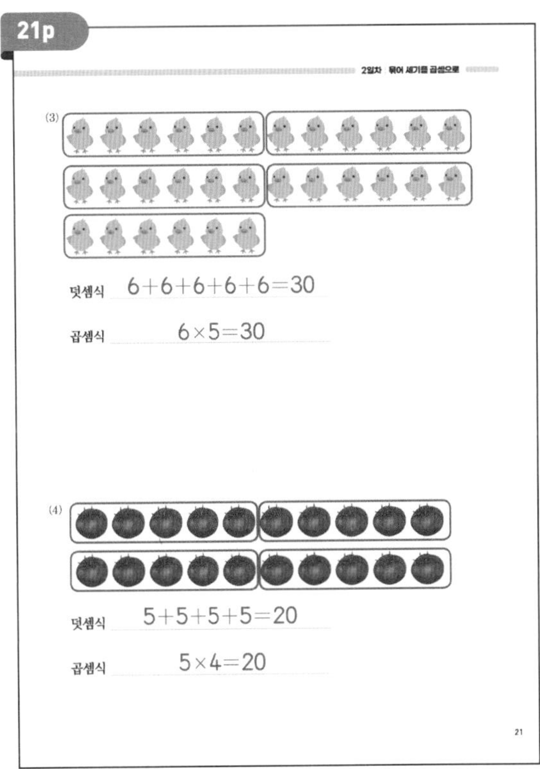

21p

2일차 묶어 세기를 곱셈으로

(3)

덧셈식 6+6+6+6+6=30

곱셈식 6×5=30

(4)

덧셈식 5+5+5+5=20

곱셈식 5×4=20

21

+ 정답 ÷

22p

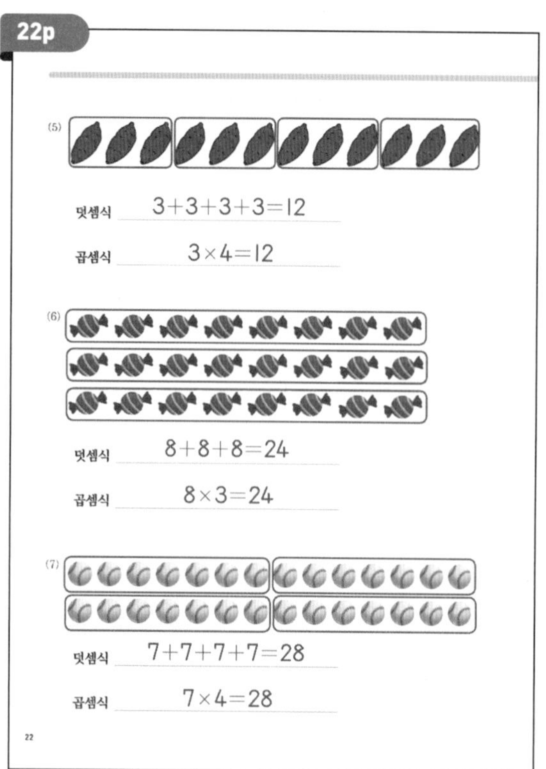

23p

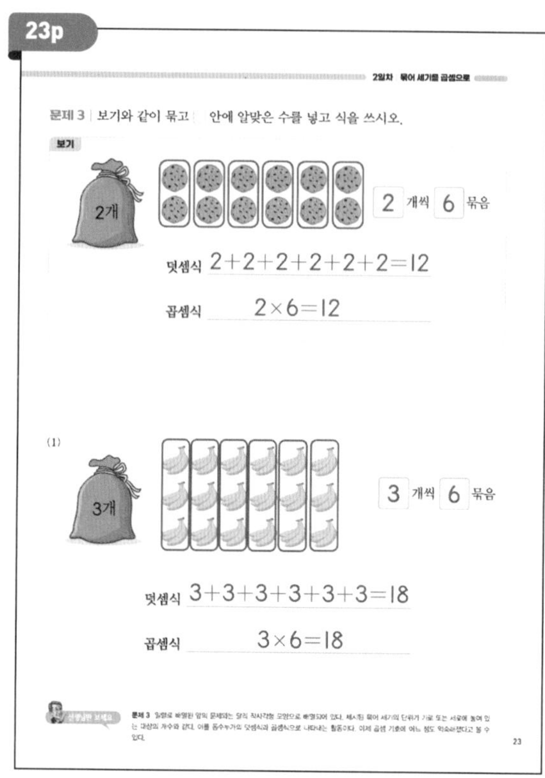

2일차 묶어 세기를 곱셈으로
문제 3 | 보기와 같이 묶고 안에 알맞은 수를 넣고 식을 쓰시오.
보기
2개
2 개씩 6 묶음
덧셈식 2+2+2+2+2+2=12
곱셈식 2×6=12
(1)
3개
3 개씩 6 묶음
덧셈식 3+3+3+3+3+3=18
곱셈식 3×6=18
23

24p

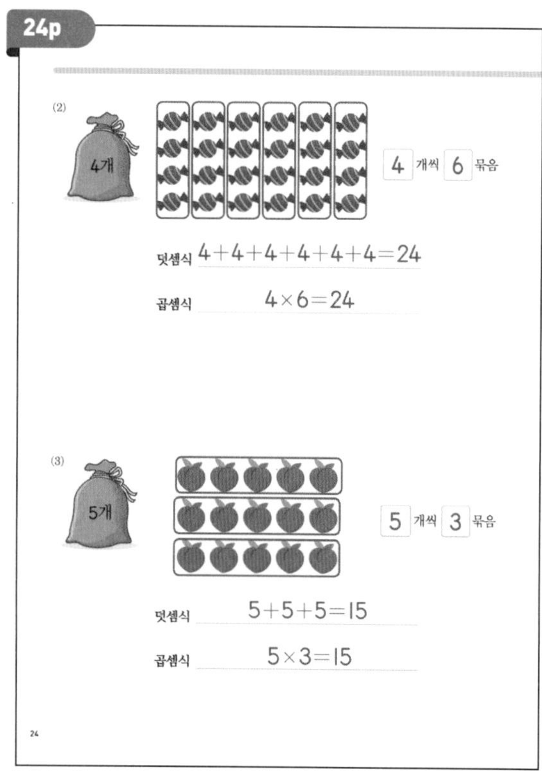

(2)
4개
4 개씩 6 묶음
덧셈식 4+4+4+4+4+4=24
곱셈식 4×6=24
(3)
5개
5 개씩 3 묶음
덧셈식 5+5+5=15
곱셈식 5×3=15
24

25p

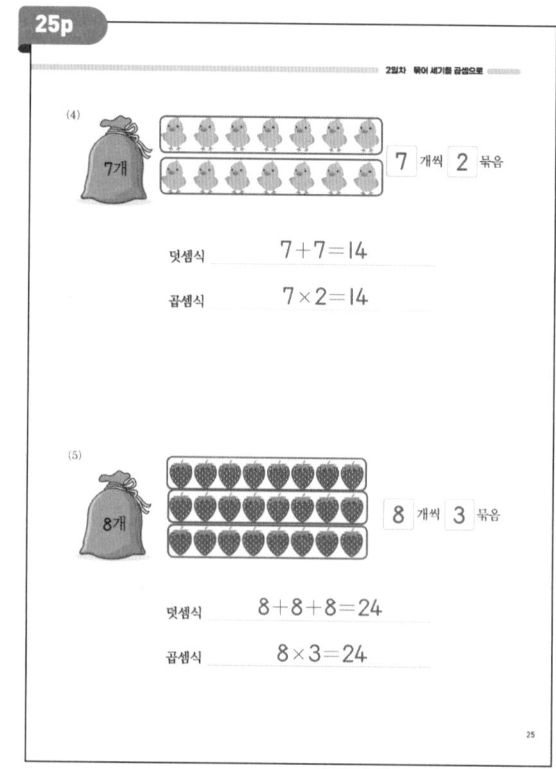

2일차 묶어 세기를 곱셈으로
(4)
7개
7 개씩 2 묶음
덧셈식 7+7=14
곱셈식 7×2=14
(5)
8개
8 개씩 3 묶음
덧셈식 8+8+8=24
곱셈식 8×3=24
25

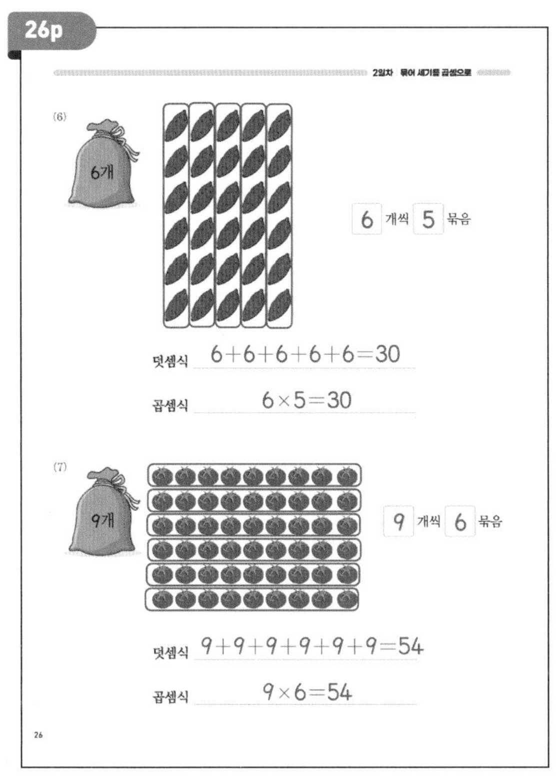

26p

(6) 6개

6 개씩 5 묶음

덧셈식 6+6+6+6+6=30

곱셈식 6×5=30

(7) 9개

9 개씩 6 묶음

덧셈식 9+9+9+9+9+9=54

곱셈식 9×6=54

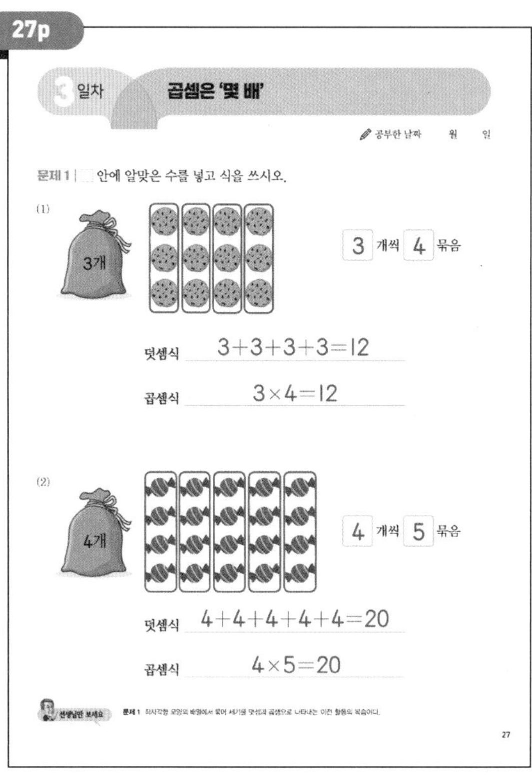

27p

3일차 곱셈은 '몇 배'

공부한 날짜 월 일

문제 1 | ☐ 안에 알맞은 수를 넣고 식을 쓰시오.

(1) 3개

3 개씩 4 묶음

덧셈식 3+3+3+3=12

곱셈식 3×4=12

(2) 4개

4 개씩 5 묶음

덧셈식 4+4+4+4+4=20

곱셈식 4×5=20

선생님께 보세요 　문제 1 시각적인 모양의 배열에서 묶어 세기를 덧셈과 곱셈으로 나타내는 이전 활동의 모습이다.

27

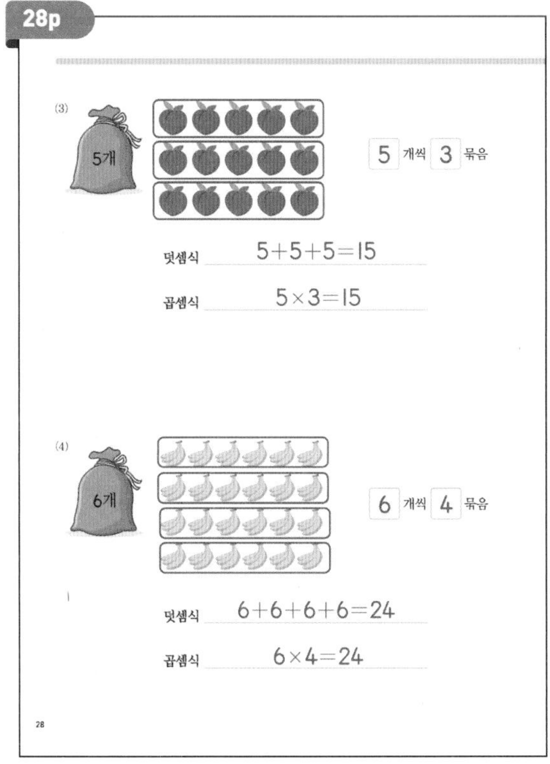

28p

(3) 5개

5 개씩 3 묶음

덧셈식 5+5+5=15

곱셈식 5×3=15

(4) 6개

6 개씩 4 묶음

덧셈식 6+6+6+6=24

곱셈식 6×4=24

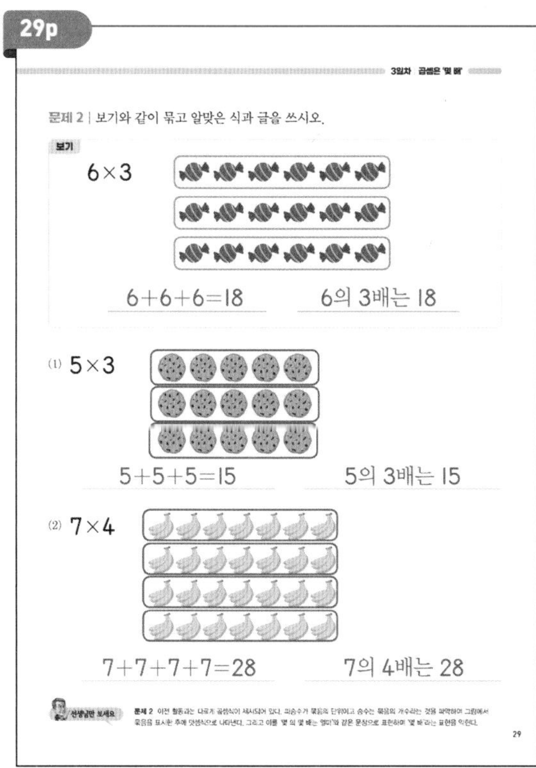

29p

문제 2 | 보기와 같이 묶고 알맞은 식과 글을 쓰시오.

보기

6×3

6+6+6=18 6의 3배는 18

(1) 5×3

5+5+5=15 5의 3배는 15

(2) 7×4

7+7+7+7=28 7의 4배는 28

선생님께 보세요 　문제 2 이번 활동에는 다르크 곱셈식이 제시되어 있다. 피승수가 묶음의 단위이고 승수는 묶음의 개수라는 것을 파악하여 그림에서 묶음을 묶으로 표시한 후에 덧셈식으로 나타낸다. 그리고 이를 '몇 의 몇 배는 얼마'인 같은 문장으로 표현하며 '몇 배'라는 표현에 익힌다.

29

181

+ 정답 ÷

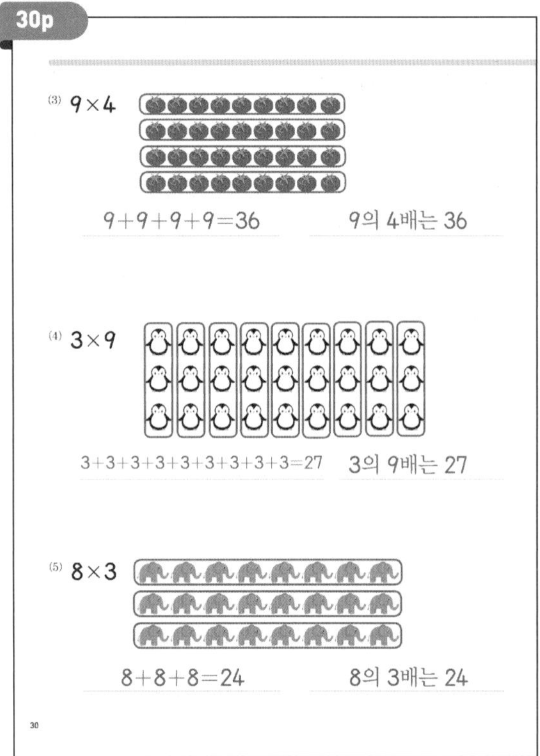
30p

(3) 9×4

9+9+9+9=36 9의 4배는 36

(4) 3×9

3+3+3+3+3+3+3+3+3=27 3의 9배는 27

(5) 8×3

8+8+8=24 8의 3배는 24

30

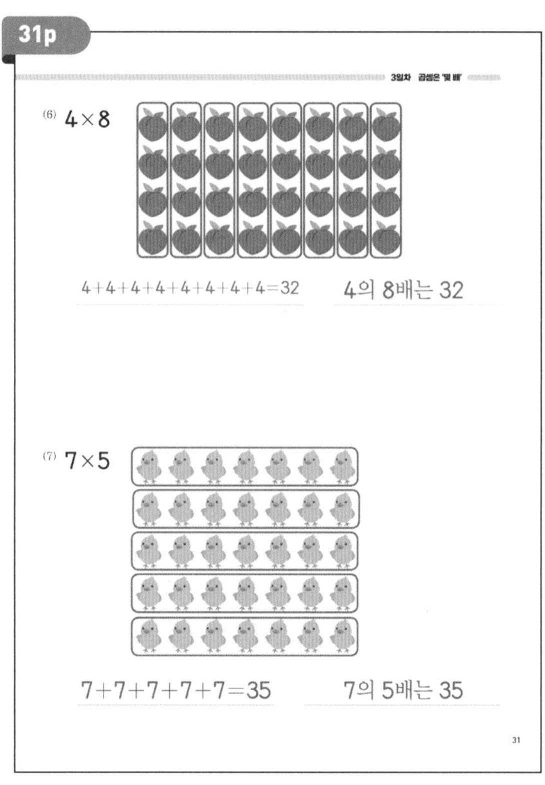
31p

3일차 곱셈은 '몇 배'

(6) 4×8

4+4+4+4+4+4+4+4=32 4의 8배는 32

(7) 7×5

7+7+7+7+7=35 7의 5배는 35

31

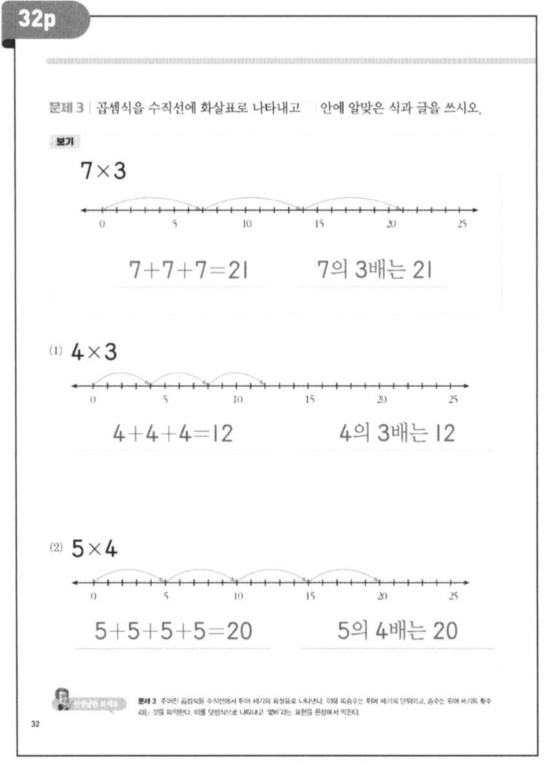
32p

문제 3 | 곱셈식을 수직선에 화살표로 나타내고 안에 알맞은 식과 글을 쓰시오.

보기

7×3

0 5 10 15 20 25

7+7+7=21 7의 3배는 21

(1) 4×3

0 5 10 15 20 25

4+4+4=12 4의 3배는 12

(2) 5×4

0 5 10 15 20 25

5+5+5+5=20 5의 4배는 20

문제 3 주어진 곱셈식을 수직선에서 뛰어 세기의 화살표로 나타낸다. 이때 피승수는 뛰어 세기의 단위이고, 승수는 뛰어 세기의 횟수라는 것을 파악한다. 이를 덧셈식으로 나타내고 '몇 배'라는 표현을 문장에서 익힌다.

32

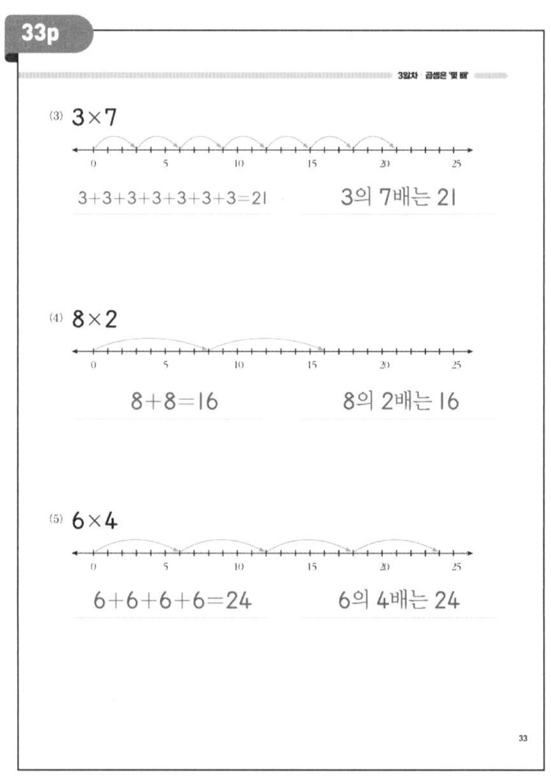
33p

3일차 곱셈은 '몇 배'

(3) 3×7

0 5 10 15 20 25

3+3+3+3+3+3+3=21 3의 7배는 21

(4) 8×2

0 5 10 15 20 25

8+8=16 8의 2배는 16

(5) 6×4

0 5 10 15 20 25

6+6+6+6=24 6의 4배는 24

33

34p

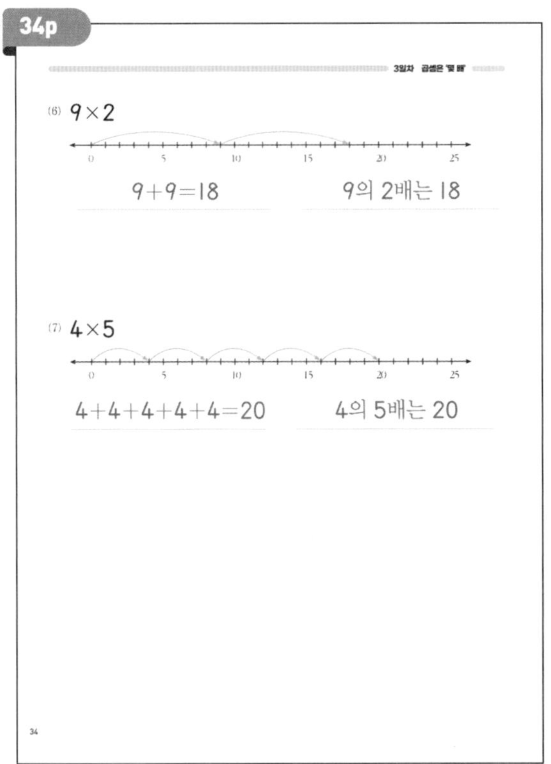

3일차 곱셈은 '몇 배'

(6) 9×2

9+9=18　　9의 2배는 18

(7) 4×5

4+4+4+4+4=20　　4의 5배는 20

34

37p

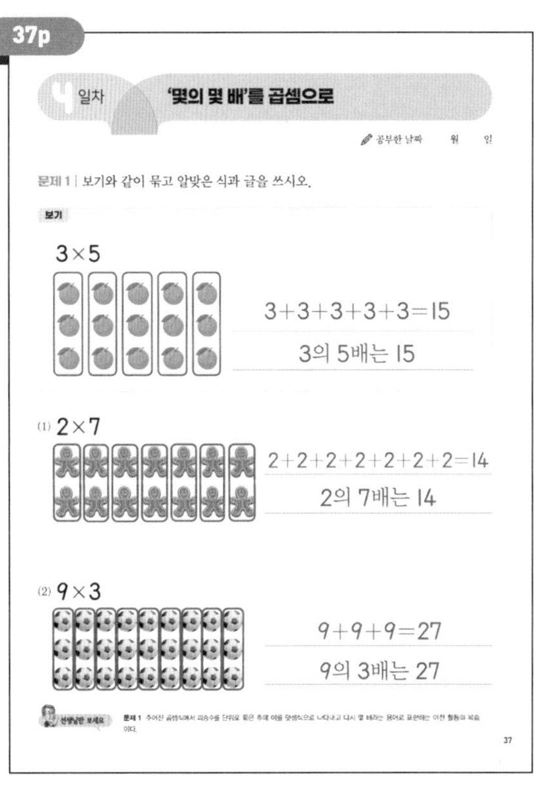

4일차 '몇의 몇 배'를 곱셈으로

공부한 날짜　월　일

문제 1 | 보기와 같이 묶고 알맞은 식과 글을 쓰시오.

보기

3×5

3+3+3+3+3=15

3의 5배는 15

(1) 2×7

2+2+2+2+2+2+2=14

2의 7배는 14

(2) 9×3

9+9+9=27

9의 3배는 27

37

38p

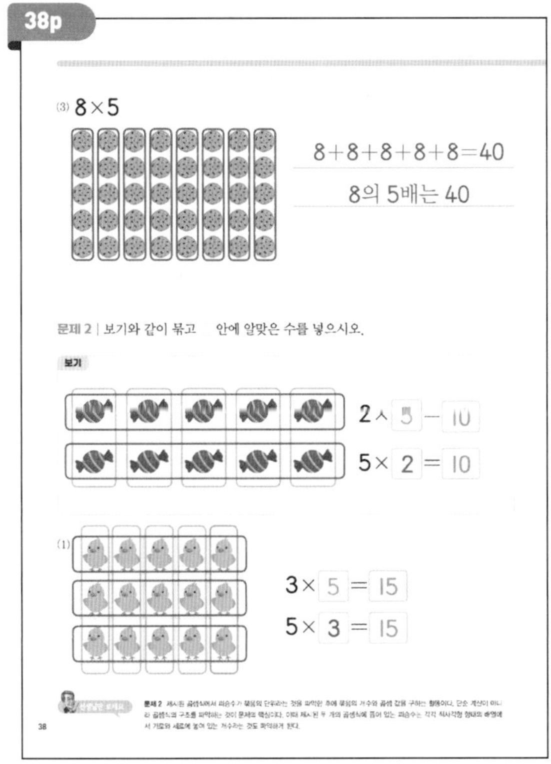

(3) 8×5

8+8+8+8+8=40

8의 5배는 40

문제 2 | 보기와 같이 묶고 안에 알맞은 수를 넣으시오.

보기

2×5=10

5×2=10

(1)

3×5=15

5×3=15

38

39p

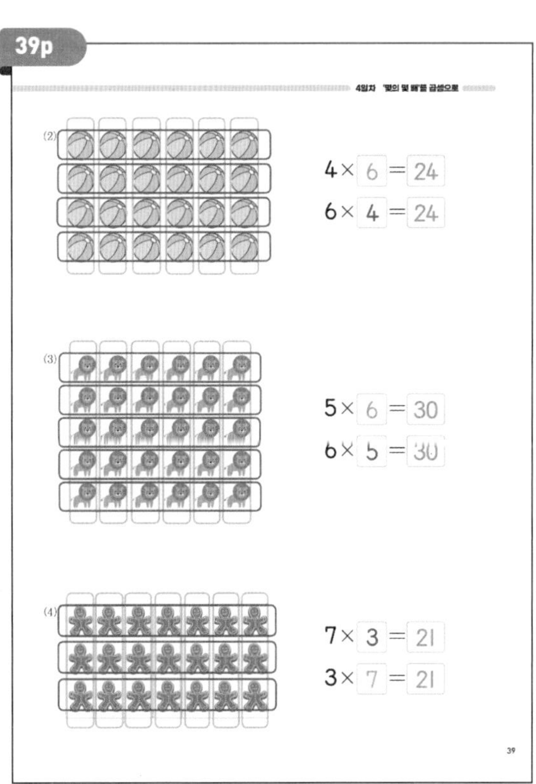

4일차 '몇의 몇 배'를 곱셈으로

(2)

4×6=24

6×4=24

(3)

5×6=30

6×5=30

(4)

7×3=21

3×7=21

39

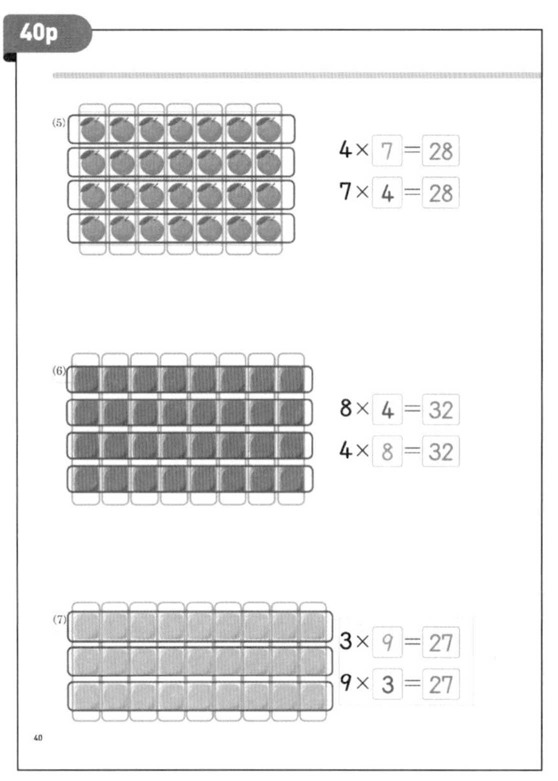
40p

(5) 4× 7 = 28
7× 4 = 28

(6) 8× 4 = 32
4× 8 = 32

(7) 3× 9 = 27
9× 3 = 27

40

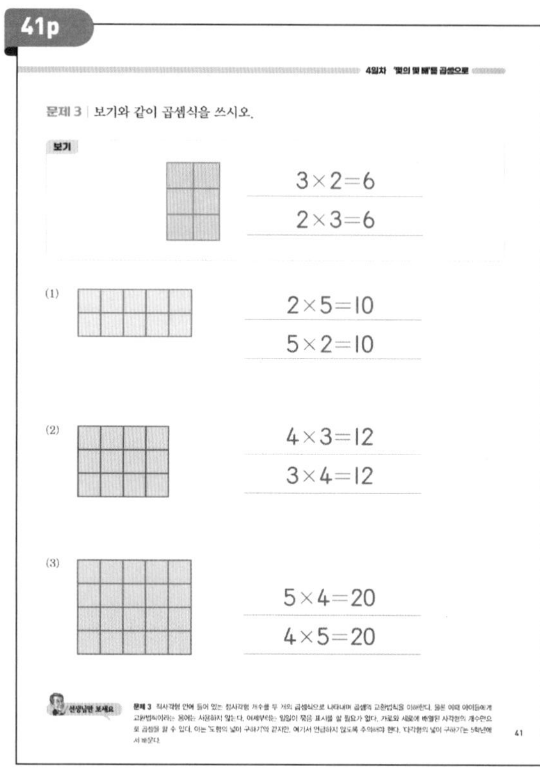
41p

4일차 '몇의 몇 배'를 곱셈으로

문제 3 | 보기와 같이 곱셈식을 쓰시오.

보기
3×2=6
2×3=6

(1) 2×5=10
5×2=10

(2) 4×3=12
3×4=12

(3) 5×4=20
4×5=20

41

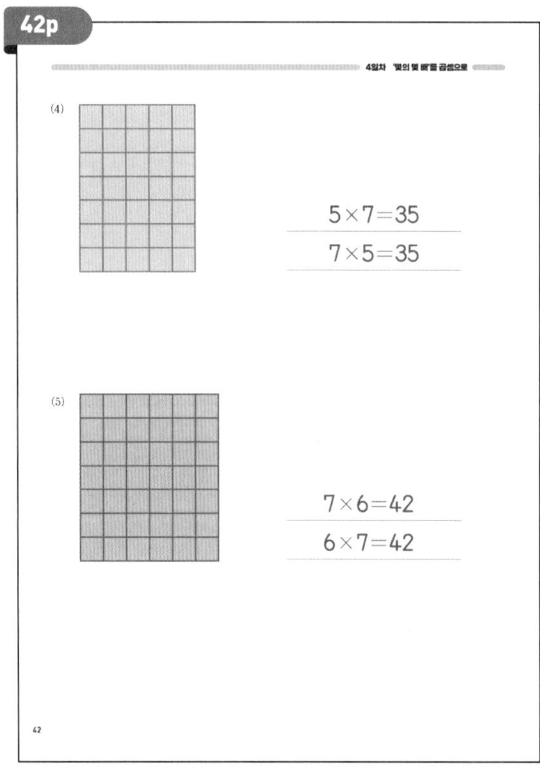
42p

4일차 '몇의 몇 배'를 곱셈으로

(4) 5×7=35
7×5=35

(5) 7×6=42
6×7=42

42

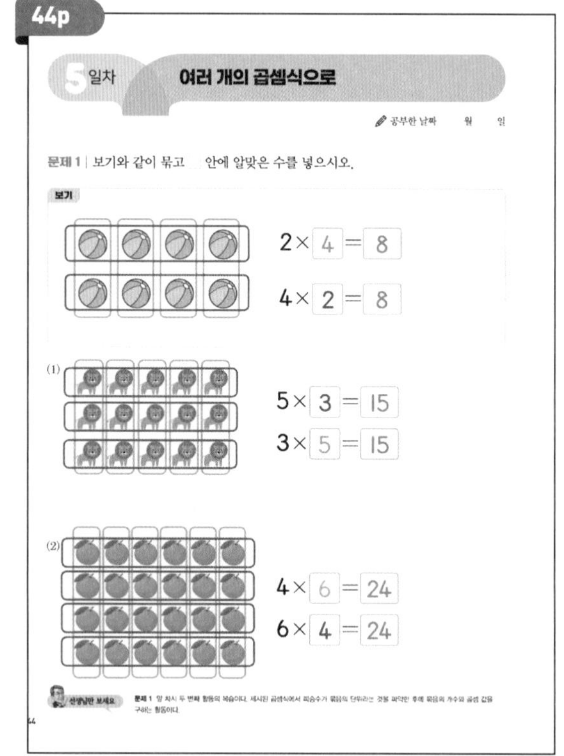
44p

5일차 여러 개의 곱셈식으로

공부한 날짜 월 일

문제 1 | 보기와 같이 묶고 안에 알맞은 수를 넣으시오.

보기
2× 4 = 8
4× 2 = 8

(1) 5× 3 = 15
3× 5 = 15

(2) 4× 6 = 24
6× 4 = 24

44

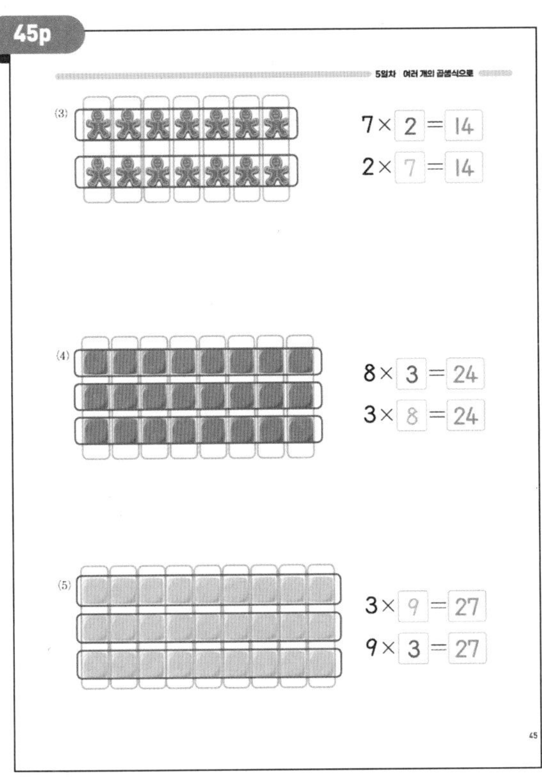

45p

5일차 여러 개의 곱셈식으로

(3) $7\times\boxed{2}=\boxed{14}$

$2\times\boxed{7}=\boxed{14}$

(4) $8\times\boxed{3}=\boxed{24}$

$3\times\boxed{8}=\boxed{24}$

(5) $3\times\boxed{9}=\boxed{27}$

$9\times\boxed{3}=\boxed{27}$

45

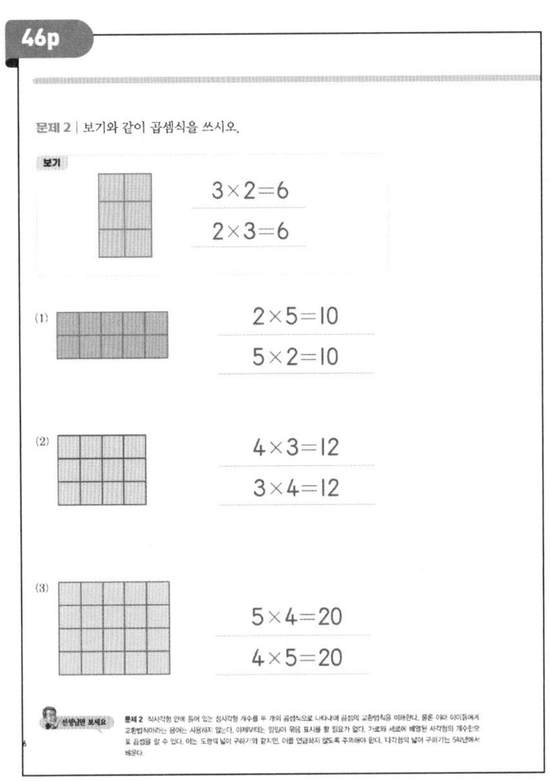

46p

문제 2 | 보기와 같이 곱셈식을 쓰시오.

보기

$3\times2=6$

$2\times3=6$

(1) $2\times5=10$

$5\times2=10$

(2) $4\times3=12$

$3\times4=12$

(3) $5\times4=20$

$4\times5=20$

선생님만 보세요

문제 2 직사각형 안에 들어 있는 정사각형 개수를 두 개의 곱셈식으로 나타내며 곱셈의 교환법칙을 이해한다. 물론 이때 아이들에게 교환법칙이라는 용어는 사용하지 않는다. 이제부터는 일일이 묶음 표시를 할 필요가 없다. 가로와 세로에 배열된 사각형의 개수만으로 곱셈을 할 수 있다. 이는 도형의 넓이 구하기와 같지만, 이를 언급하지 않도록 주의해야 한다. 다각형의 넓이 구하기는 5학년에서 배운다.

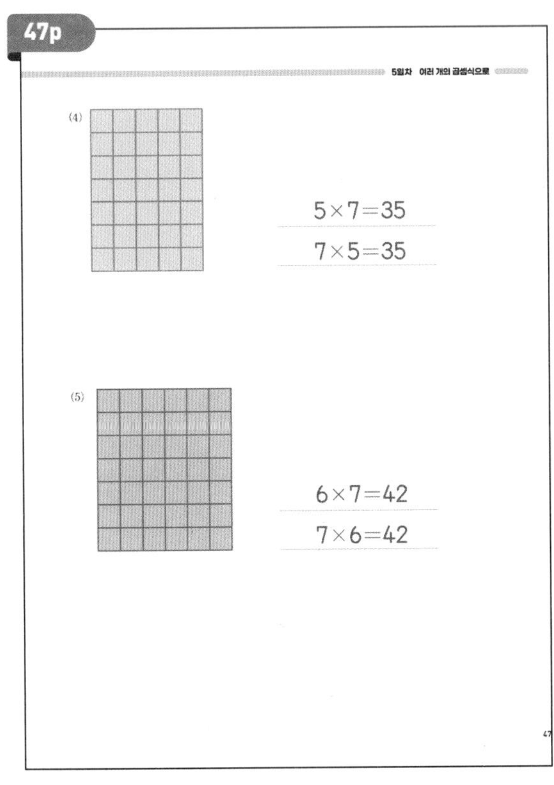

47p

5일차 여러 개의 곱셈식으로

(4) $5\times7=35$

$7\times5=35$

(5) $6\times7=42$

$7\times6=42$

47

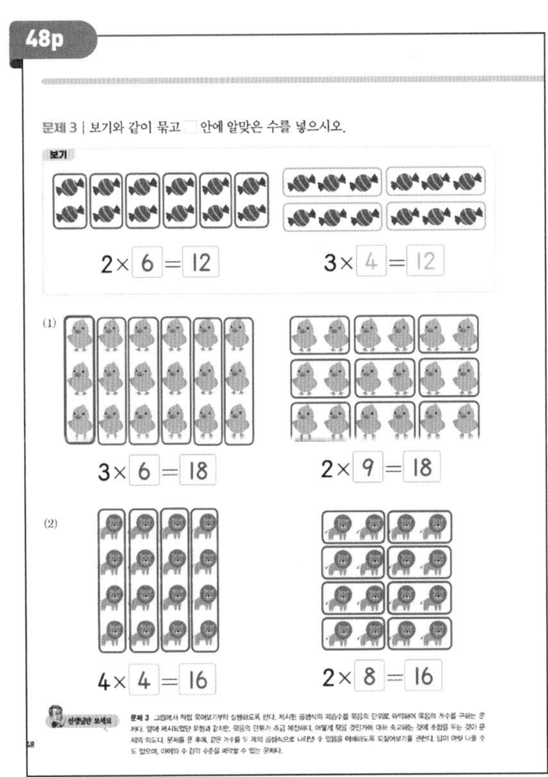

48p

문제 3 | 보기와 같이 묶고 □ 안에 알맞은 수를 넣으시오.

보기

$2\times\boxed{6}=\boxed{12}$ $3\times\boxed{4}=\boxed{12}$

(1) $3\times\boxed{6}=\boxed{18}$ $2\times\boxed{9}=\boxed{18}$

(2) $4\times\boxed{4}=\boxed{16}$ $2\times\boxed{8}=\boxed{16}$

선생님만 보세요

문제 3 그림에서 직접 묶어보기부터 실행하도록 한다. 제시된 곱셈식의 피승수를 묶음의 단위로 파악하여 묶음의 개수를 구하는 문제다. 앞에 제시되었던 유형과 같지만, 묶음의 단위가 조금 복잡하다. 어떻게 묶을 것인가에 대해 숙고하는 것에 초점을 두는 것이 문제의 의도다. 문제를 푼 후에, 같은 개수를 두 개의 곱셈식으로 나타낼 수 있음을 이해하도록 되짚어보기를 권한다. 답이 여럿 나올 수도 있으며, 아이의 수 감각 수준을 파악할 수 있는 문제다.

48

+ 정답 ÷

49p

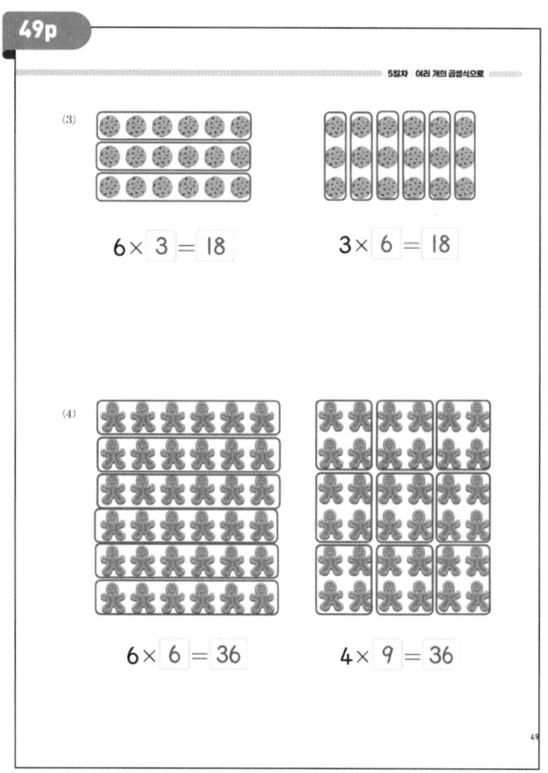

5일차 여러 개의 곱셈식으로

(3)

6× 3 = 18　　3× 6 = 18

(4)

6× 6 = 36　　4× 9 = 36

49

50p

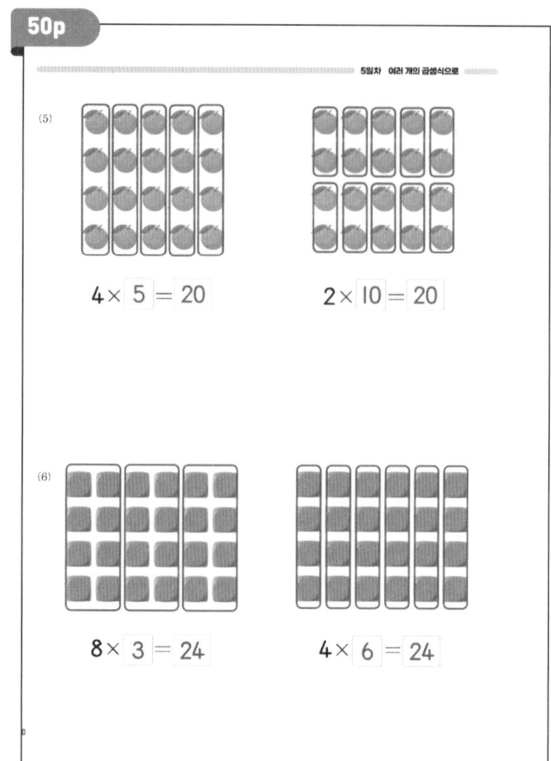

5일차 여러 개의 곱셈식으로

(5)

4× 5 = 20　　2× 10 = 20

(6)

8× 3 = 24　　4× 6 = 24

51p

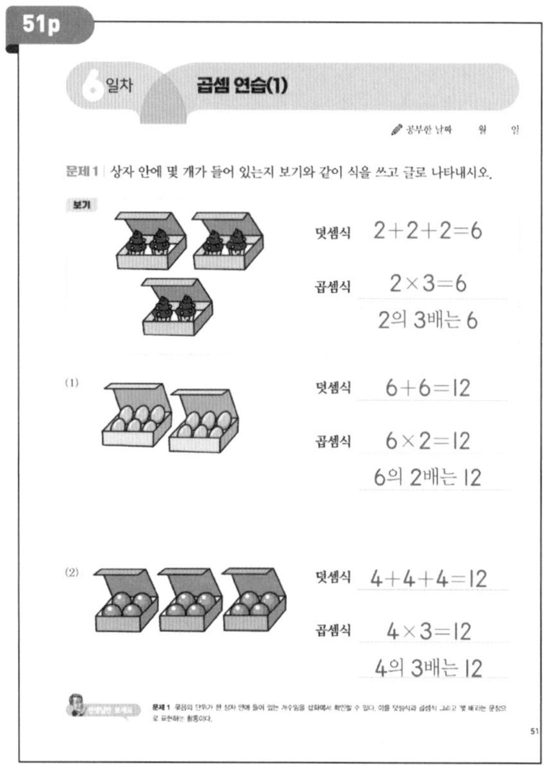

6일차 곱셈 연습(1)

공부한 날짜 월 일

문제 1 | 상자 안에 몇 개가 들어 있는지 보기와 같이 식을 쓰고 글로 나타내시오.

보기

덧셈식 2+2+2=6

곱셈식 2×3=6

2의 3배는 6

(1)

덧셈식 6+6=12

곱셈식 6×2=12

6의 2배는 12

(2)

덧셈식 4+4+4=12

곱셈식 4×3=12

4의 3배는 12

51

52p

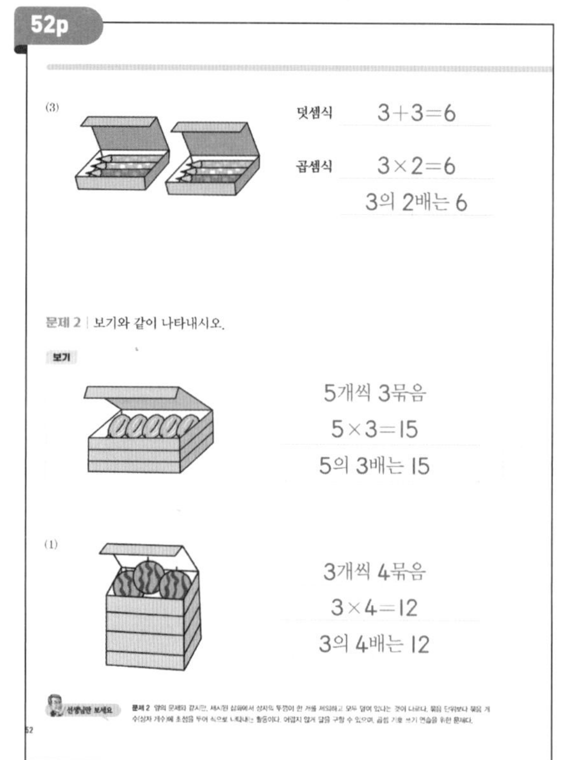

(3)

덧셈식 3+3=6

곱셈식 3×2=6

3의 2배는 6

문제 2 | 보기와 같이 나타내시오.

보기

5개씩 3묶음

5×3=15

5의 3배는 15

(1)

3개씩 4묶음

3×4=12

3의 4배는 12

52

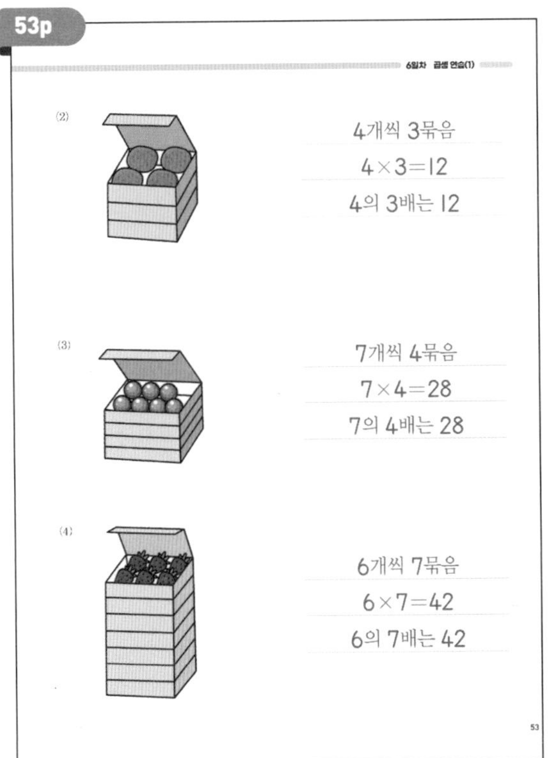

53p

6일차 곱셈 연습(1)

(2)
4개씩 3묶음
4×3=12
4의 3배는 12

(3)
7개씩 4묶음
7×4=28
7의 4배는 28

(4)
6개씩 7묶음
6×7=42
6의 7배는 42

53

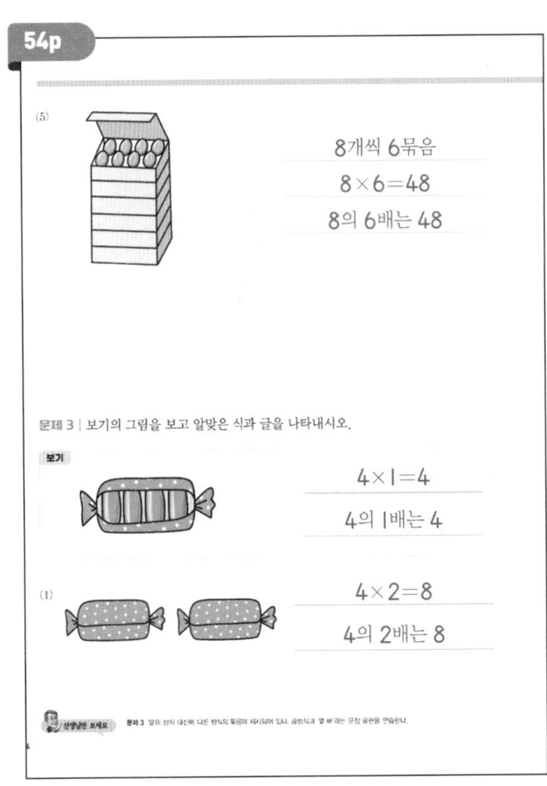

54p

(5)
8개씩 6묶음
8×6=48
8의 6배는 48

문제 3 | 보기의 그림을 보고 알맞은 식과 글을 나타내시오.

보기
4×1=4
4의 1배는 4

(1)
4×2=8
4의 2배는 8

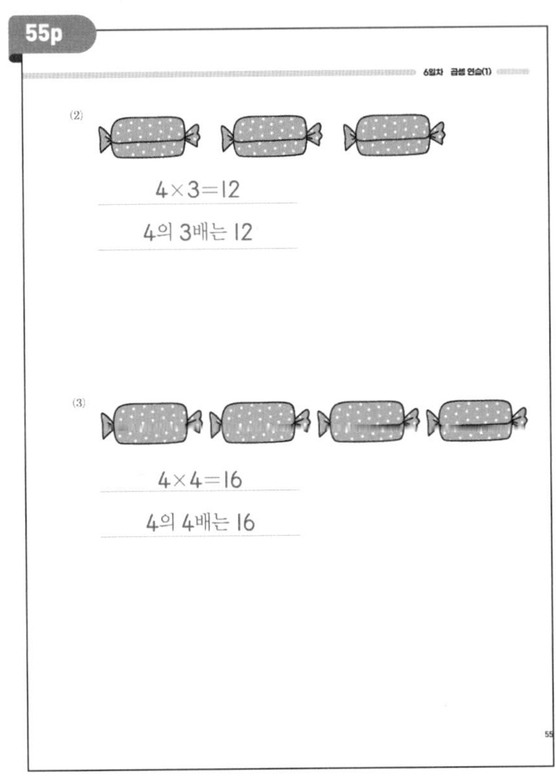

55p

6일차 곱셈 연습(1)

(2)
4×3=12
4의 3배는 12

(3)
4×4=16
4의 4배는 16

55

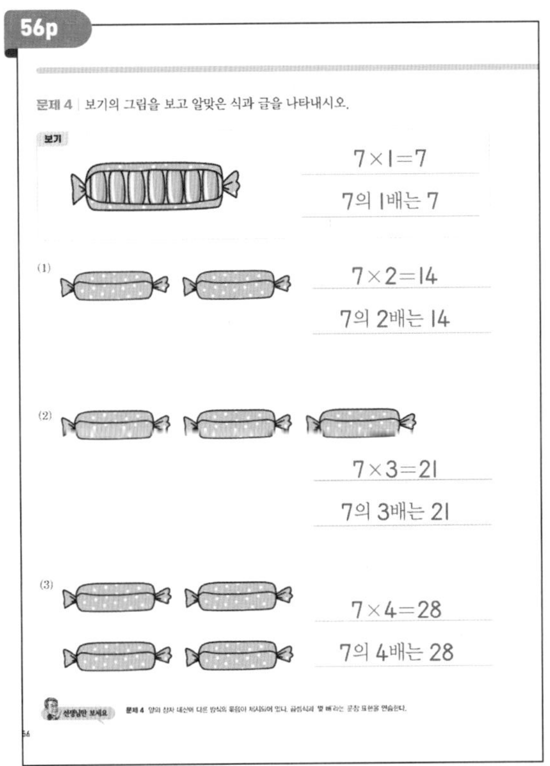

56p

문제 4 | 보기의 그림을 보고 알맞은 식과 글을 나타내시오.

보기
7×1=7
7의 1배는 7

(1)
7×2=14
7의 2배는 14

(2)
7×3=21
7의 3배는 21

(3)
7×4=28
7의 4배는 28

선생님판 보세요 문제 4 앞의 상자 대신에 다른 방식의 물건이 제시되어 있다. 곱셈식과 말 배 라는 문장 표현을 연습한다.

56

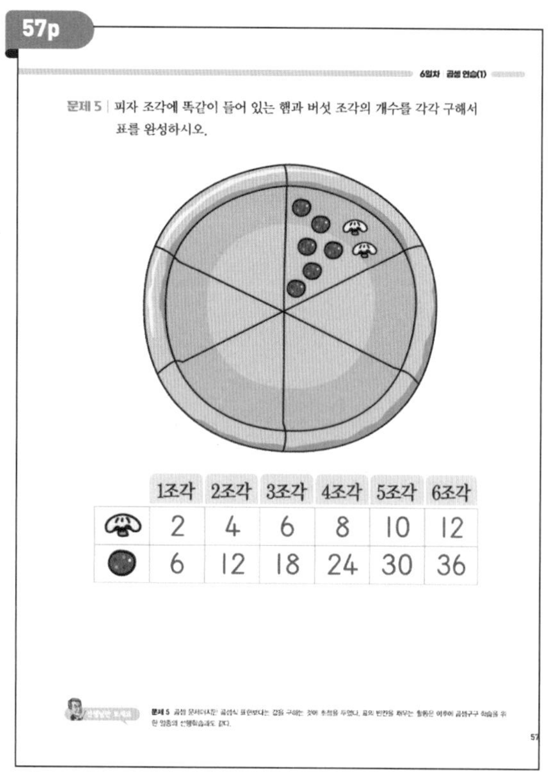

6일차 곱셈 연습(1)

문제 5 | 피자 조각에 똑같이 들어 있는 햄과 버섯 조각의 개수를 각각 구해서
표를 완성하시오.

	1조각	2조각	3조각	4조각	5조각	6조각
🍄	2	4	6	8	10	12
●	6	12	18	24	30	36

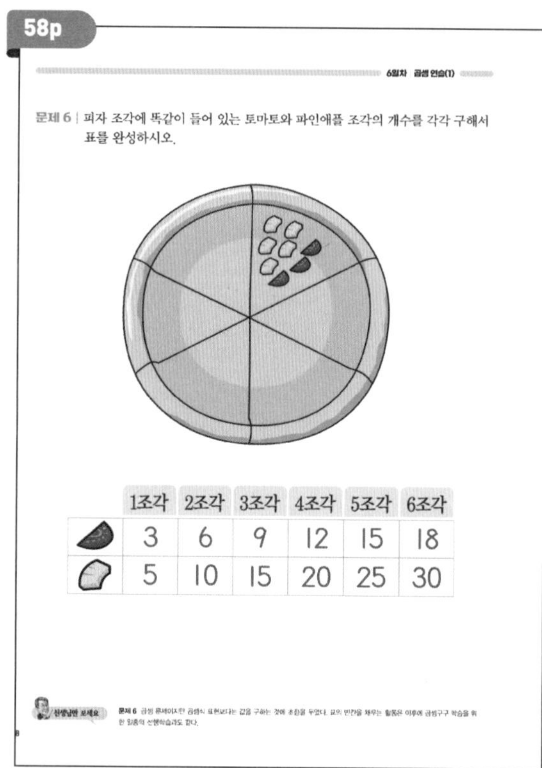

문제 5 곱셈 문제이지만 곱셈식 표현보다는 값을 구하는 것에 초점을 두었다. 표의 빈칸을 채우는 활동이 이후에 곱셈구구 학습을 위한 밑줄이 선행학습으로도 좋다.

57

6일차 곱셈 연습(1)

문제 6 | 피자 조각에 똑같이 들어 있는 토마토와 파인애플 조각의 개수를 각각 구해서
표를 완성하시오.

	1조각	2조각	3조각	4조각	5조각	6조각

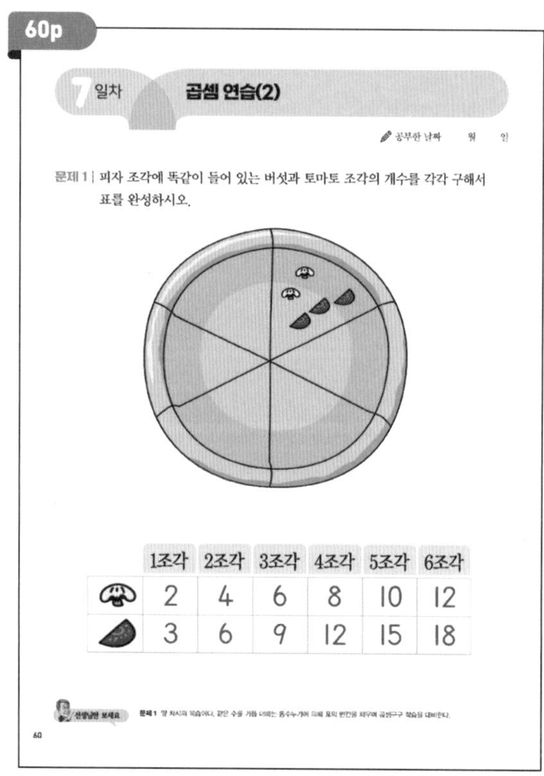

🍅	3	6	9	12	15	18
🍍	5	10	15	20	25	30

문제 6 곱셈 문제이지만 곱셈식 표현보다는 값을 구하는 것에 초점을 두었다. 표의 빈칸을 채우는 활동이 이후에 곱셈구구 학습을 위한 밑줄이 선행학습으로도 좋다.

8

7 일차 곱셈 연습(2)

✏️ 공부한 날짜 월 일

문제 1 | 피자 조각에 똑같이 들어 있는 버섯과 토마토 조각의 개수를 각각 구해서
표를 완성하시오.

	1조각	2조각	3조각	4조각	5조각	6조각

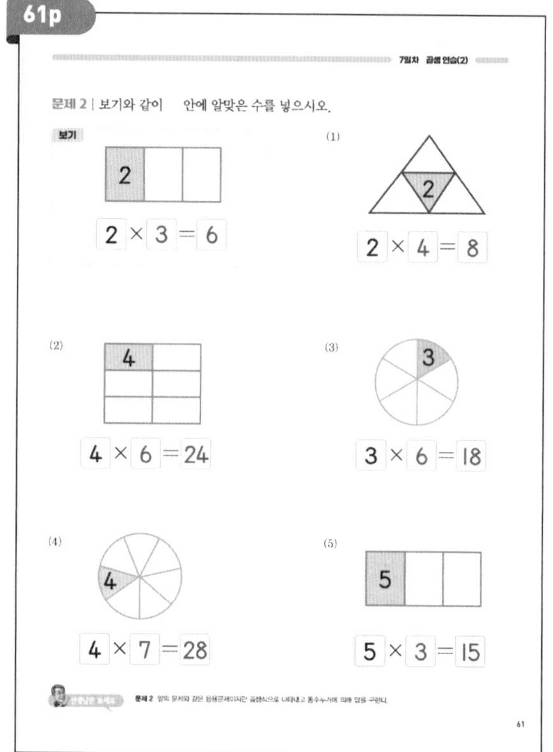

🍄	2	4	6	8	10	12
🍉	3	6	9	12	15	18

문제 1 앞 차시의 학습이다. 같은 수를 거듭 더하는 동수누개에 의해 표의 빈칸을 채우며 곱셈구구 학습을 대비한다.

60

7일차 곱셈 연습(2)

문제 2 | 보기와 같이 안에 알맞은 수를 넣으시오.

보기

| 2 | | |

$2 \times 3 = 6$

(1)

$2 \times 4 = 8$

(2)

$4 \times 6 = 24$

(3)

$3 \times 6 = 18$

(4)

$4 \times 7 = 28$

(5)

$5 \times 3 = 15$

문제 2 앞의 문제와 같은 동수누개이다. 곱셈으로 나타내고 동수누개에 의해 답을 구한다.

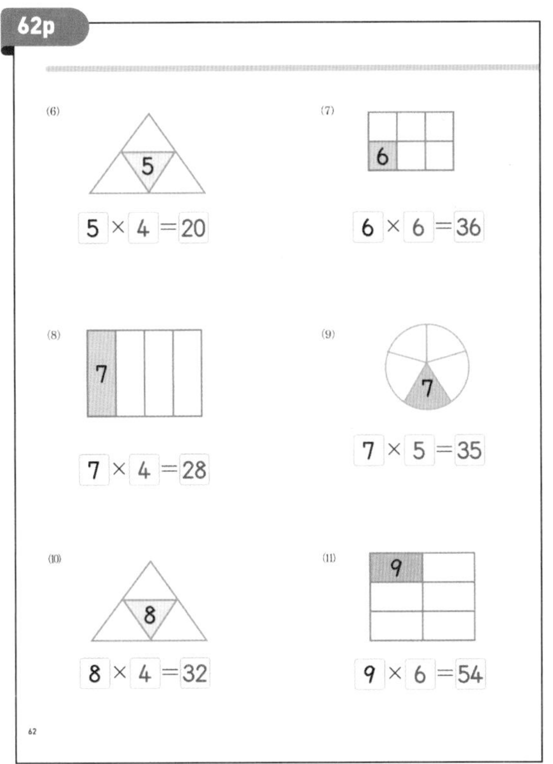

62p

(6) 5 × 4 = 20

(7) 6 × 6 = 36

(8) 7 × 4 = 28

(9) 7 × 5 = 35

(10) 8 × 4 = 32

(11) 9 × 6 = 54

62

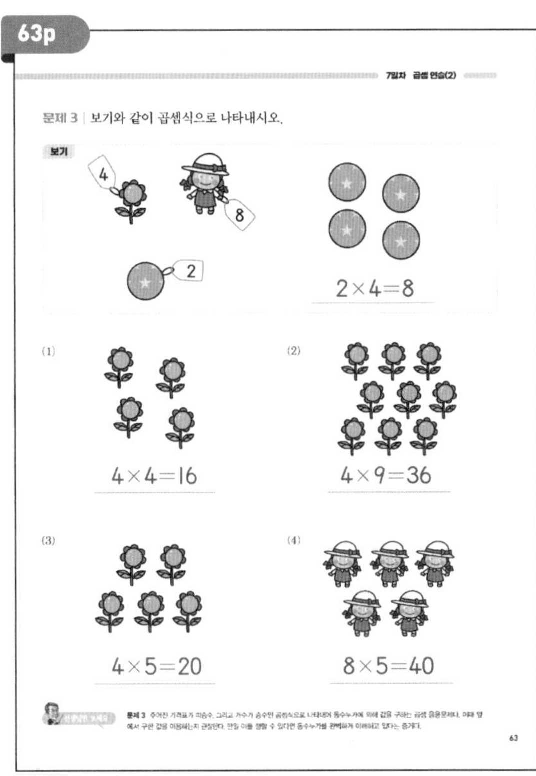

63p

7일차 곱셈 연습(2)

문제 3 | 보기와 같이 곱셈식으로 나타내시오.

보기

2×4=8

(1) 4×4=16

(2) 4×9=36

(3) 4×5=20

(4) 8×5=40

문제 3 주어진 그림들과 꽃송이, 그리고 카드가 곱셈식으로 나타내어 동수누가에 의해 값을 구하는 곱셈 응용문제다. 이와 같이 여러 양에서 구한 같은 동수를에서(=)규칙한다. 만들 수 있다면 동수누가별 완벽하게 이해되고 있다는 증거다.

63

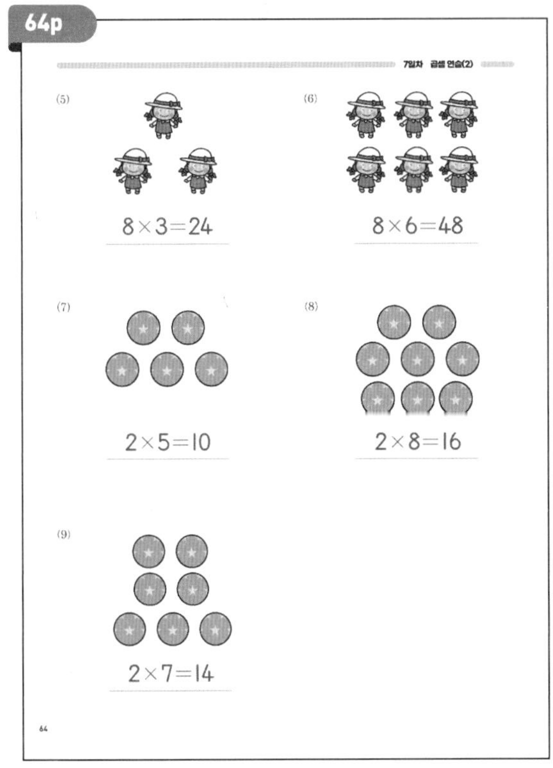

64p

7일차 곱셈 연습(2)

(5) 8×3=24

(6) 8×6=48

(7) 2×5=10

(8) 2×8=16

(9) 2×7=14

64

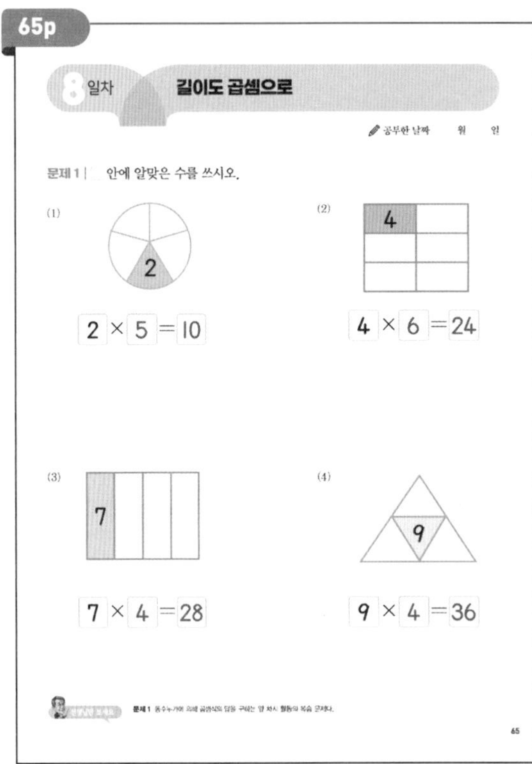

65p

8일차 길이도 곱셈으로

공부한 날짜 월 일

문제 1 | 안에 알맞은 수를 쓰시오.

(1) 2 × 5 = 10

(2) 4 × 6 = 24

(3) 7 × 4 = 28

(4) 9 × 4 = 36

문제 1 동수누가에 의해 곱셈식의 답을 구하는 양 쪽시 활동의 복습 문제다.

65

+ 정답 ÷

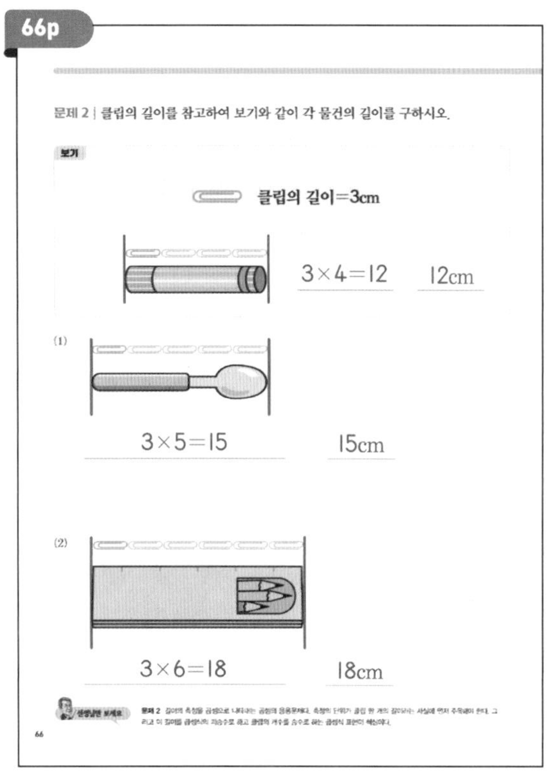
66p
문제 2 | 클립의 길이를 참고하여 보기와 같이 각 물건의 길이를 구하시오.
보기
클립의 길이=3cm
3×4=12
12cm
(1)
3×5=15
15cm
(2)
3×6=18
18cm
66

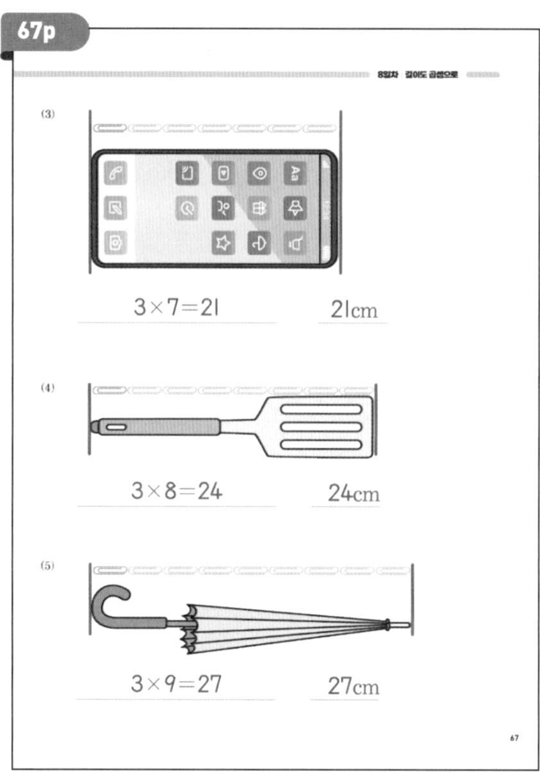
67p
(3)
3×7=21
21cm
(4)
3×8=24
24cm
(5)
3×9=27
27cm
67

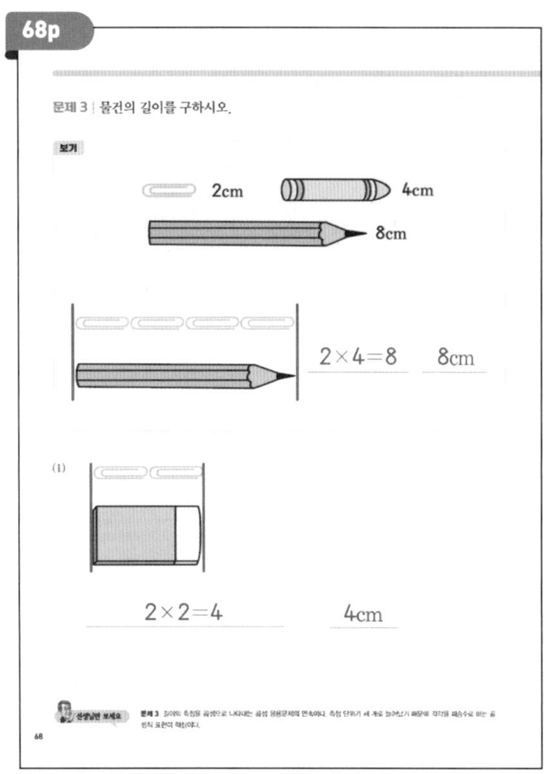
68p
문제 3 | 물건의 길이를 구하시오.
보기
2cm
4cm
8cm
2×4=8
8cm
(1)
2×2=4
4cm
68

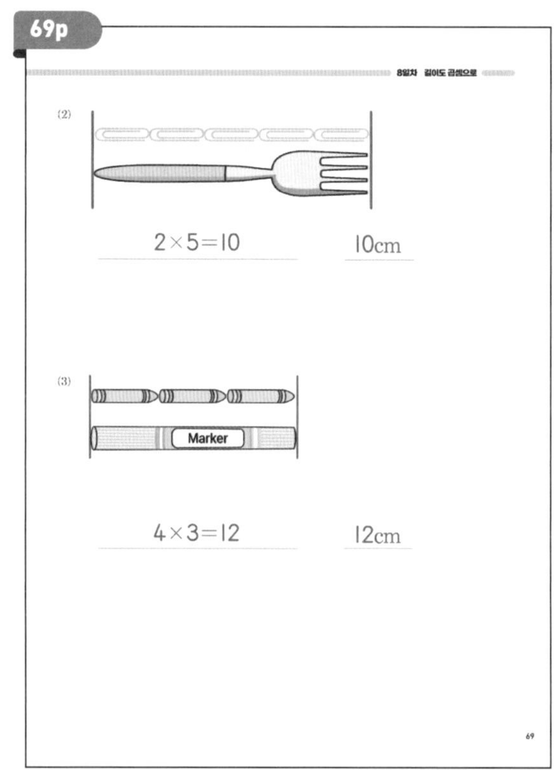
69p
(2)
2×5=10
10cm
(3)
Marker
4×3=12
12cm
69

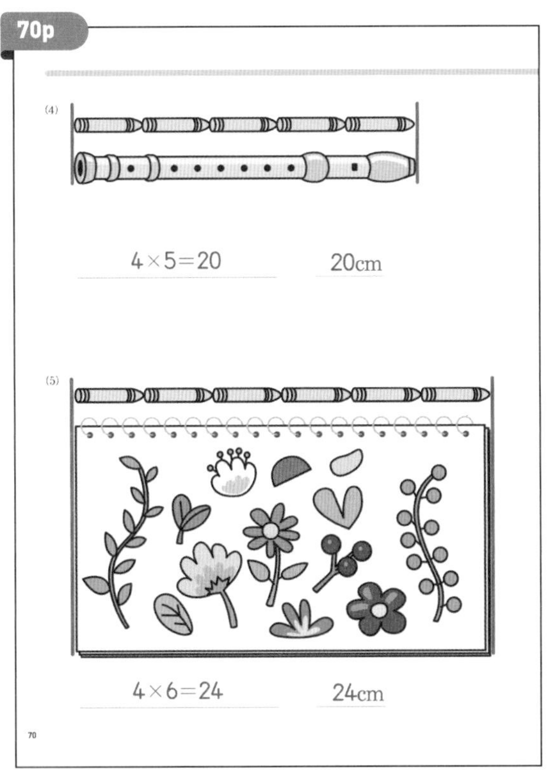
70p

(4)

$4 \times 5 = 20$ 20cm

(5)

$4 \times 6 = 24$ 24cm

70

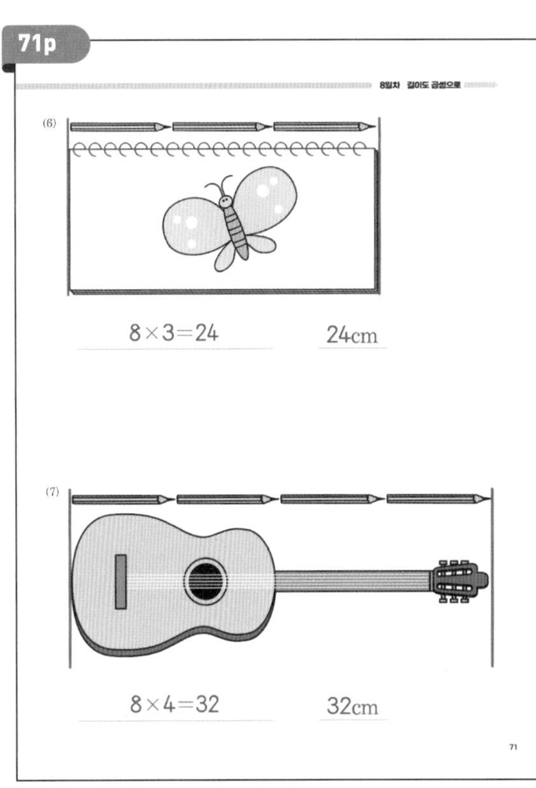
71p

8일차 길이도 곱셈으로

(6)

$8 \times 3 = 24$ 24cm

(7)

$8 \times 4 = 32$ 32cm

71

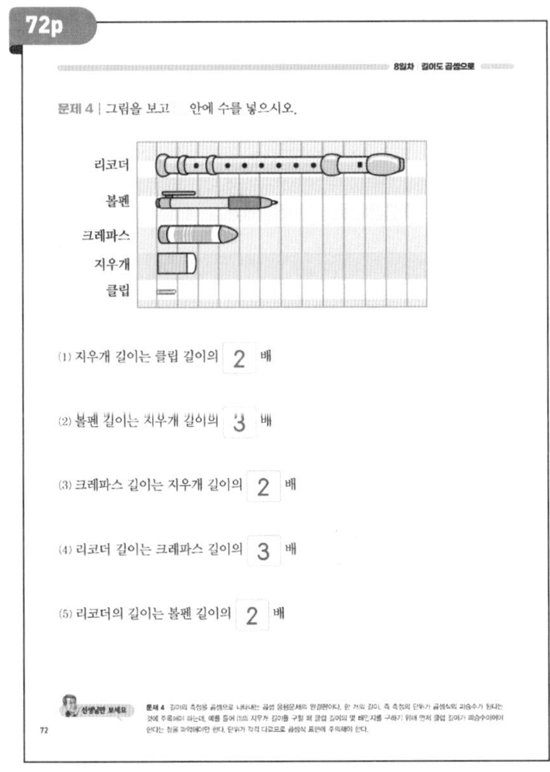
72p

8일차 길이도 곱셈으로

문제 4 | 그림을 보고 안에 수를 넣으시오.

(1) 지우개 길이는 클립 길이의 2 배

(2) 볼펜 길이는 지우개 길이의 3 배

(3) 크레파스 길이는 지우개 길이의 2 배

(4) 리코더 길이는 크레파스 길이의 3 배

(5) 리코더의 길이는 볼펜 길이의 2 배

72

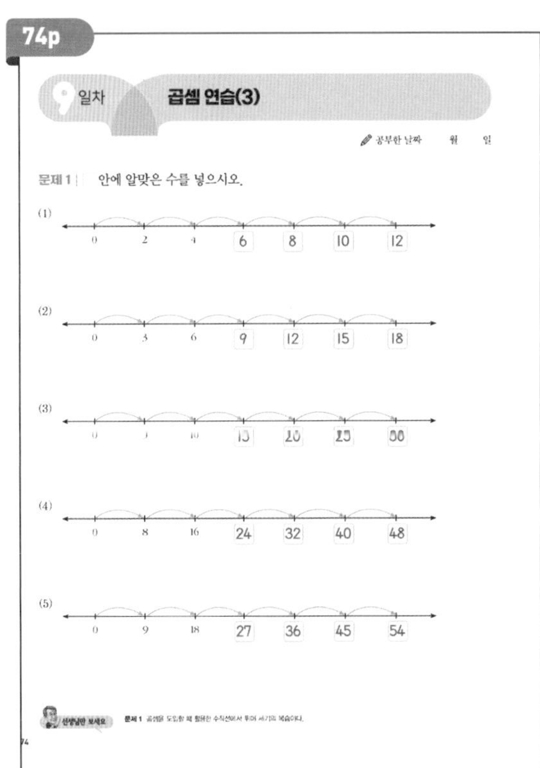
74p

9일차 곱셈 연습(3)

공부한 날짜 월 일

문제 1 | 안에 알맞은 수를 넣으시오.

(1) 0, 2, 4, 6, 8, 10, 12

(2) 0, 3, 6, 9, 12, 15, 18

(3) 0, 5, 10, 15, 20, 25, 30

(4) 0, 8, 16, 24, 32, 40, 48

(5) 0, 9, 18, 27, 36, 45, 54

선생님한 보세요 문제 1 곱셈을 도입할 때 활용한 수직선에서 뛰어 세기의 복습이다.

74

+ 정답 ÷

75p

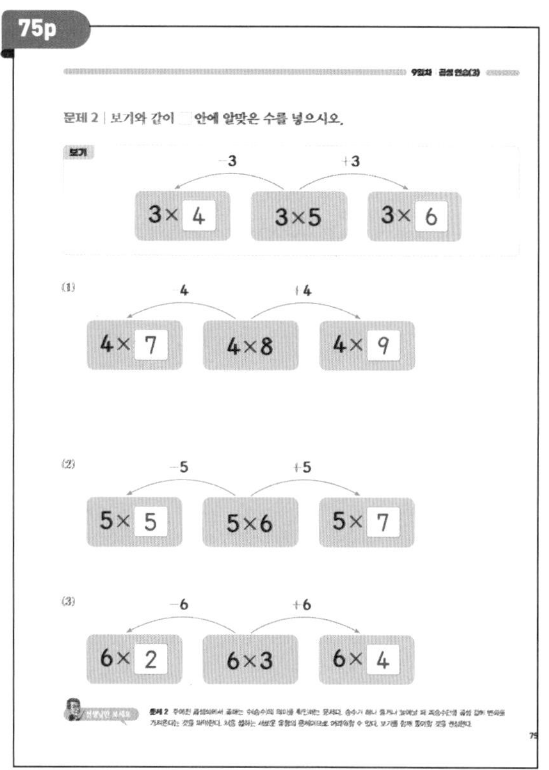

9일차 곱셈 연습(3)

문제 2 | 보기와 같이 ☐ 안에 알맞은 수를 넣으시오.

보기

−3, +3: 3× 4, 3×5, 3× 6

(1) −4, +4: 4× 7, 4×8, 4× 9

(2) −5, +5: 5× 5, 5×6, 5× 7

(3) −6, +6: 6× 2, 6×3, 6× 4

76p

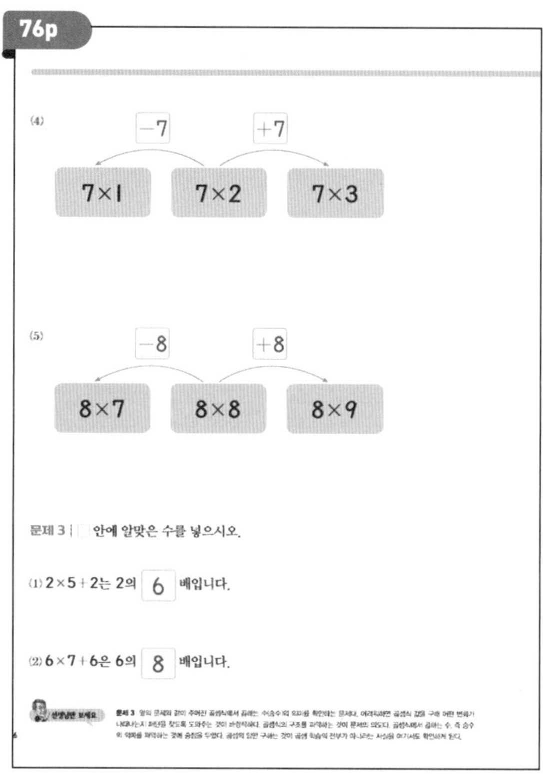

(4) −7, +7: 7×1, 7×2, 7×3

(5) −8, +8: 8×7, 8×8, 8×9

문제 3 | ☐ 안에 알맞은 수를 넣으시오.

(1) 2×5+2는 2의 6 배입니다.

(2) 6×7+6은 6의 8 배입니다.

77p

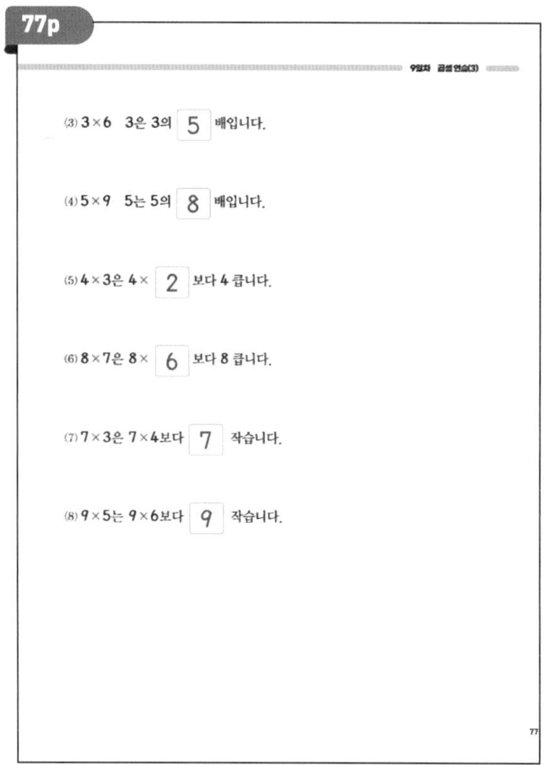

9일차 곱셈 연습(3)

(3) 3×6 3은 3의 5 배입니다.

(4) 5×9 5는 5의 8 배입니다.

(5) 4×3은 4× 2 보다 4 큽니다.

(6) 8×7은 8× 6 보다 8 큽니다.

(7) 7×3은 7×4보다 7 작습니다.

(8) 9×5는 9×6보다 9 작습니다.

78p

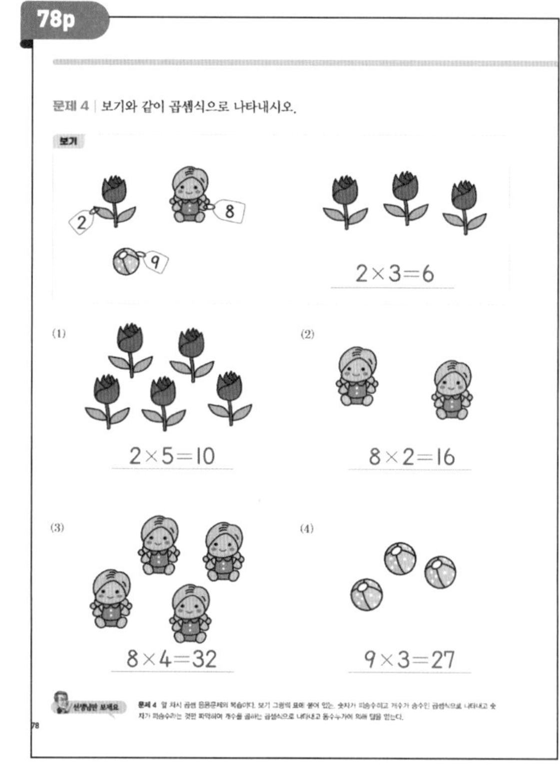

문제 4 | 보기와 같이 곱셈식으로 나타내시오.

보기

2, 8, 9

2×3=6

(1) 2×5=10

(2) 8×2=16

(3) 8×4=32

(4) 9×3=27

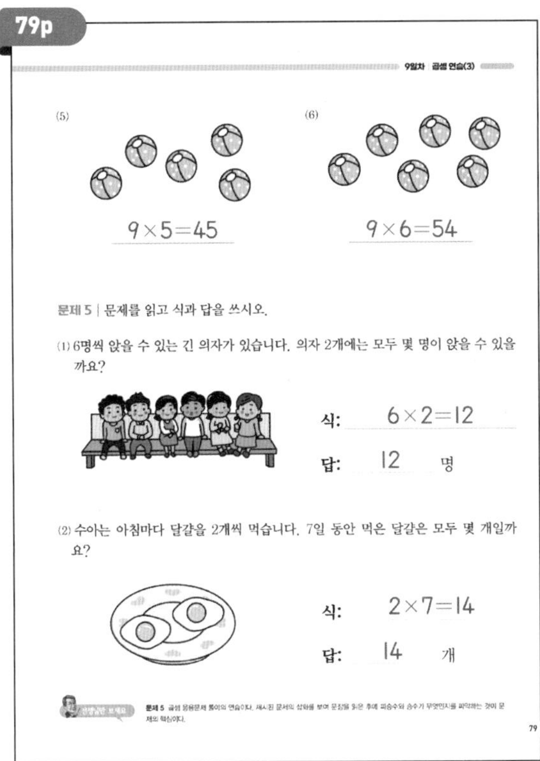

79p

9일차 곱셈 연습(3)

(5) 9×5=45

(6) 9×6=54

문제 5 | 문제를 읽고 식과 답을 쓰시오.

(1) 6명씩 앉을 수 있는 긴 의자가 있습니다. 의자 2개에는 모두 몇 명이 앉을 수 있을까요?

식: 6×2=12

답: 12 명

(2) 수아는 아침마다 달걀을 2개씩 먹습니다. 7일 동안 먹은 달걀은 모두 몇 개일까요?

식: 2×7=14

답: 14 개

79

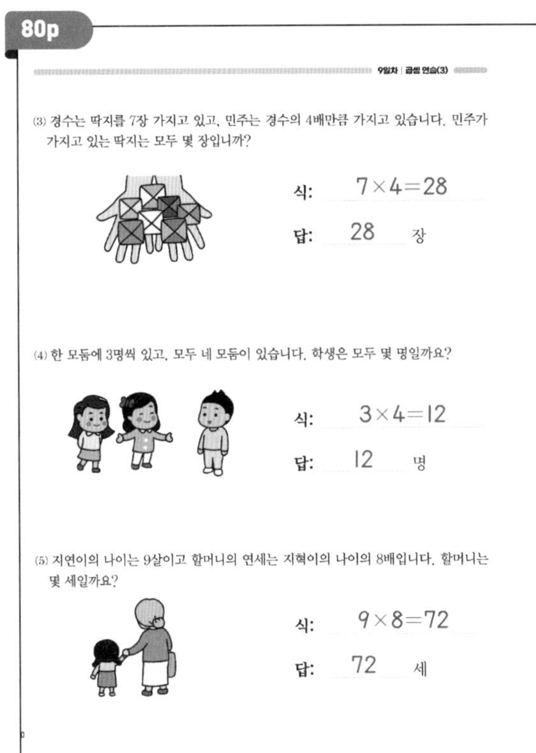

80p

9일차 곱셈 연습(3)

(3) 경수는 딱지를 7장 가지고 있고, 민주는 경수의 4배만큼 가지고 있습니다. 민주가 가지고 있는 딱지는 모두 몇 장입니까?

식: 7×4=28

답: 28 장

(4) 한 모둠에 3명씩 있고, 모두 네 모둠이 있습니다. 학생은 모두 몇 명일까요?

식: 3×4=12

답: 12 명

(5) 지연이의 나이는 9살이고 할머니의 연세는 지혜이의 나이의 8배입니다. 할머니는 몇 세일까요?

식: 9×8=72

답: 72 세

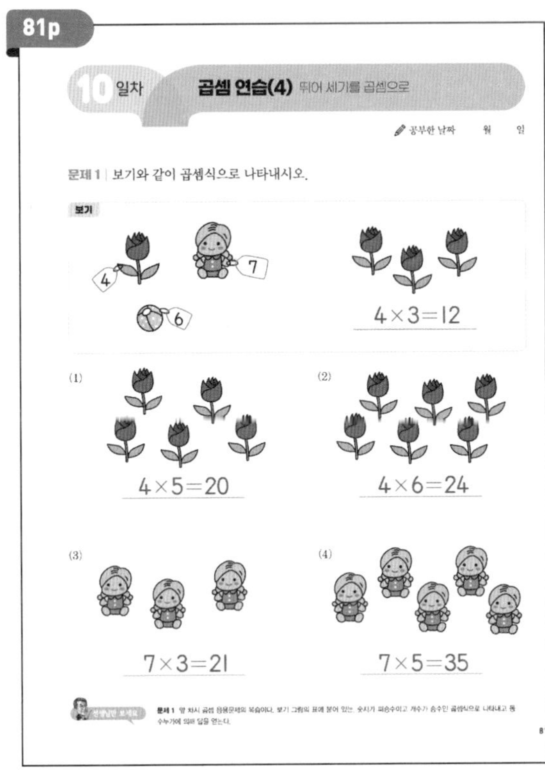

81p

10일차 곱셈 연습(4) 뛰어 세기를 곱셈으로

공부한 날짜 월 일

문제 1 | 보기와 같이 곱셈식으로 나타내시오.

보기

4×3=12

(1) 4×5=20

(2) 4×6=24

(3) 7×3=21

(4) 7×5=35

81

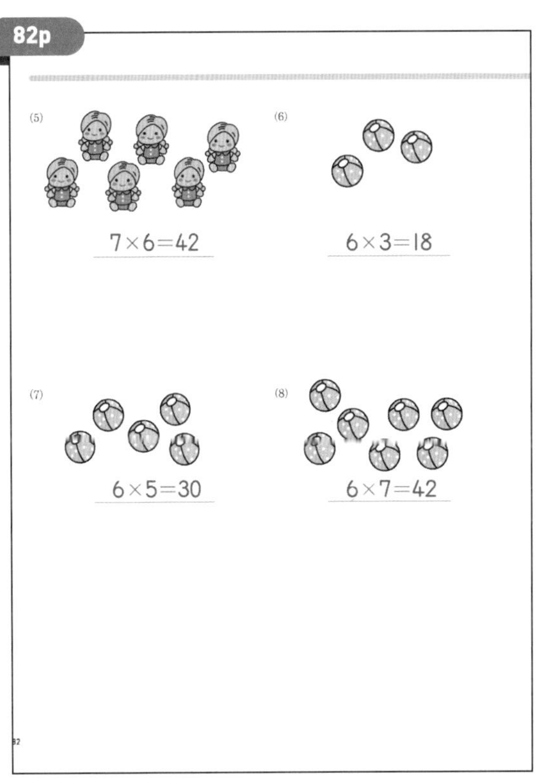

82p

(5) 7×6=42

(6) 6×3=18

(7) 6×5=30

(8) 6×7=42

82

83p

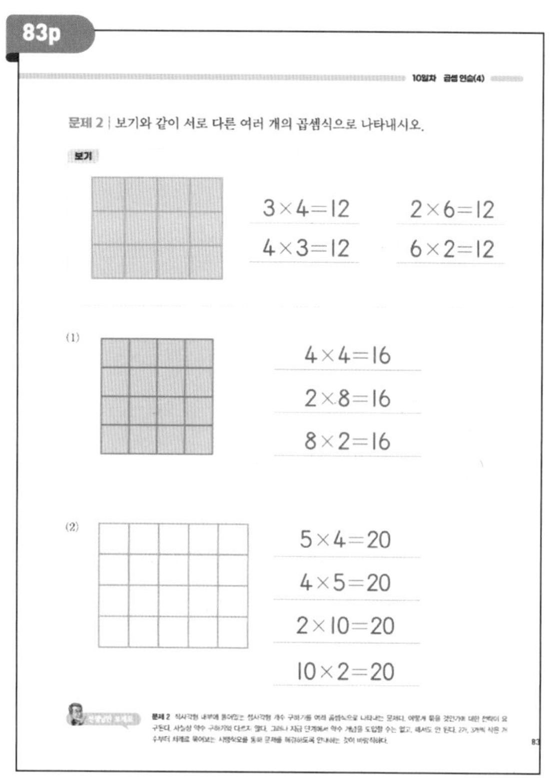

문제 2 | 보기와 같이 서로 다른 여러 개의 곱셈식으로 나타내시오.

보기

3×4=12　2×6=12

4×3=12　6×2=12

(1)

4×4=16

2×8=16

8×2=16

(2)

5×4=20

4×5=20

2×10=20

10×2=20

84p

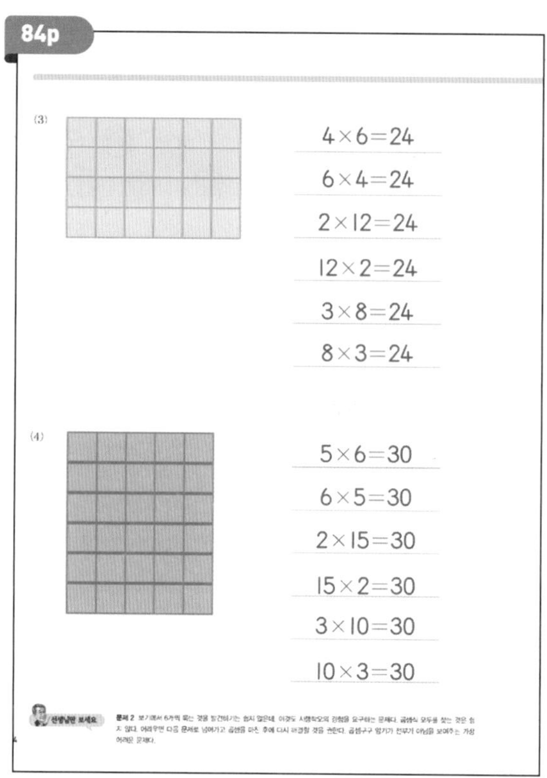

(3)

4×6=24

6×4=24

2×12=24

12×2=24

3×8=24

8×3=24

(4)

5×6=30

6×5=30

2×15=30

15×2=30

3×10=30

10×3=30

85p

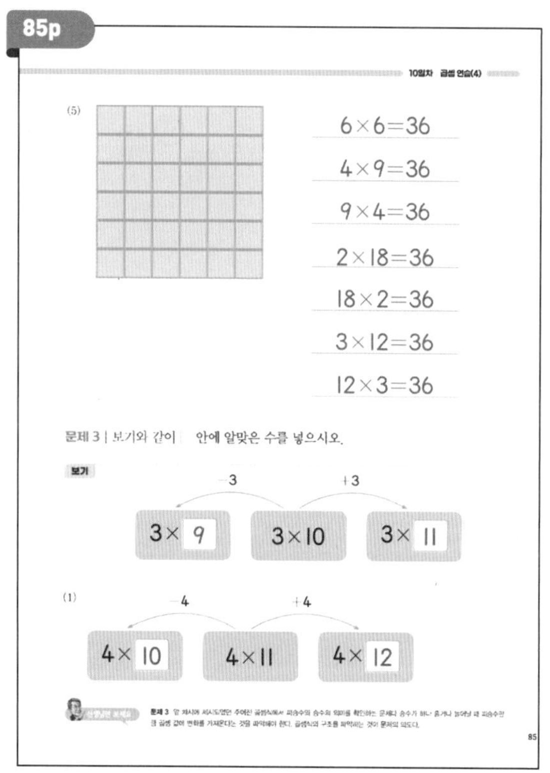

(5)

6×6=36

4×9=36

9×4=36

2×18=36

18×2=36

3×12=36

12×3=36

문제 3 | 보기와 같이 □ 안에 알맞은 수를 넣으시오.

보기

−3　+3

3× 9　3×10　3× 11

(1)

−4　+4

4× 10　4×11　4× 12

86p

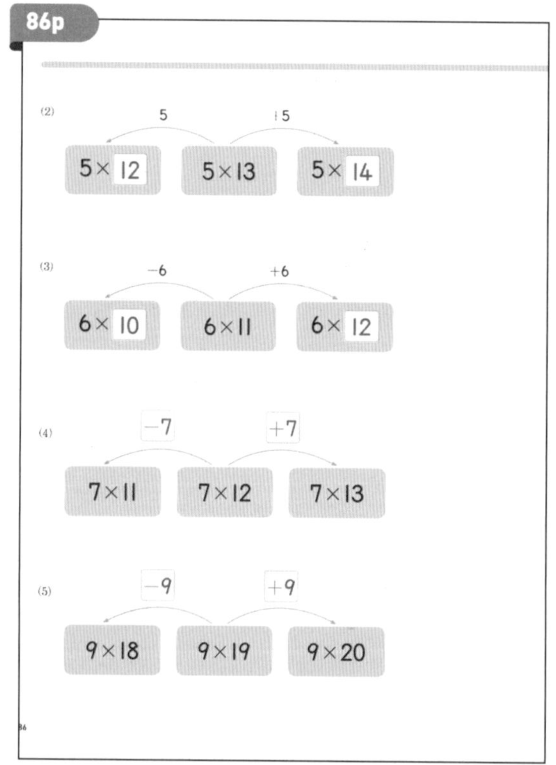

(2)

−5　+5

5× 12　5×13　5× 14

(3)

−6　+6

6× 10　6×11　6× 12

(4)

−7　+7

7×11　7×12　7×13

(5)

−9　+9

9×18　9×19　9×20

87p

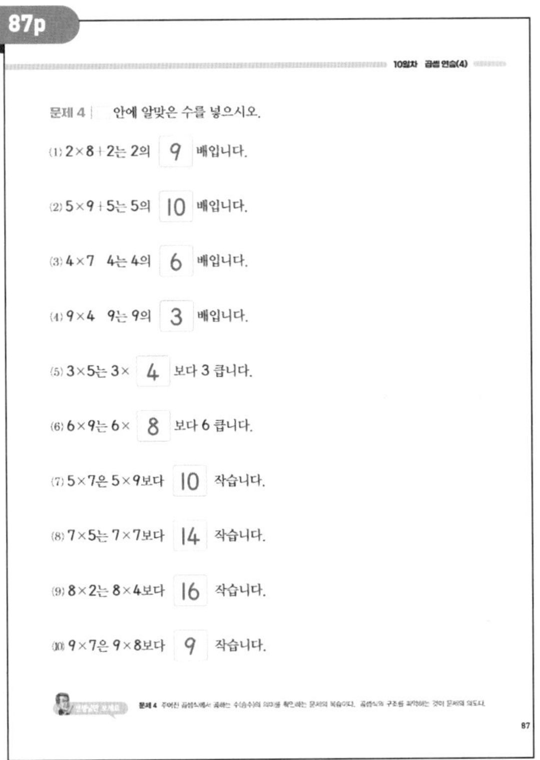

10일차 곱셈 연습(4)

문제 4 | □ 안에 알맞은 수를 넣으시오.

(1) 2×8+2는 2의 9 배입니다.

(2) 5×9+5는 5의 10 배입니다.

(3) 4×7 4는 4의 6 배입니다.

(4) 9×4 9는 9의 3 배입니다.

(5) 3×5는 3× 4 보다 3 큽니다.

(6) 6×9는 6× 8 보다 6 큽니다.

(7) 5×7은 5×9보다 10 작습니다.

(8) 7×5는 7×7보다 14 작습니다.

(9) 8×2는 8×4보다 16 작습니다.

(10) 9×7은 9×8보다 9 작습니다.

선생님만 보세요 **문제 4** 주어진 곱셈식에서 곱하는 수(승수)의 의미를 확인하는 문제의 복습이다. 곱셈식의 구조를 파악하는 것이 문제의 의도다.

87

2 곱셈 구구

90p

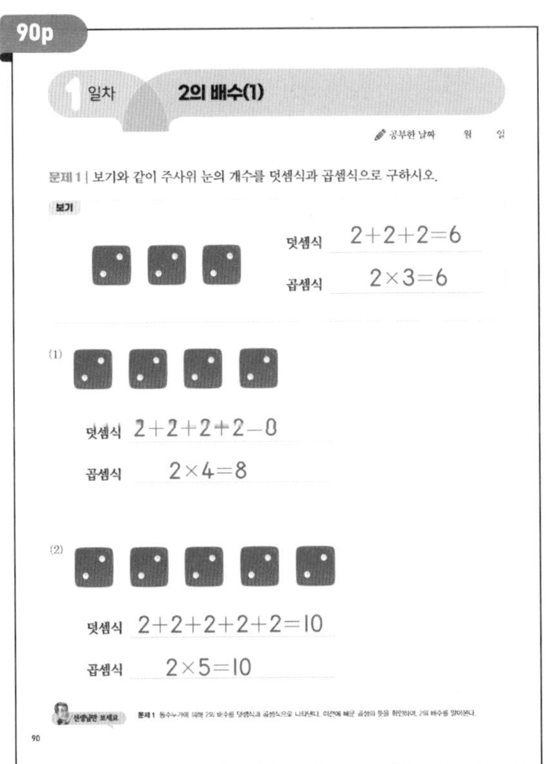

1일차 **2의 배수(1)**

공부한 날짜 월 일

문제 1 | 보기와 같이 주사위 눈의 개수를 덧셈식과 곱셈식으로 구하시오.

보기

덧셈식 2+2+2=6

곱셈식 2×3=6

(1)

덧셈식 2+2+2+2=8

곱셈식 2×4=8

(2)

덧셈식 2+2+2+2+2=10

곱셈식 2×5=10

선생님만 보세요 **문제 1** 동수누가에 의해 2의 배수를 덧셈식과 곱셈식으로 나타낸다. 이전에 배운 곱셈의 뜻을 확인하여, 2의 배수를 알아본다.

90

91p

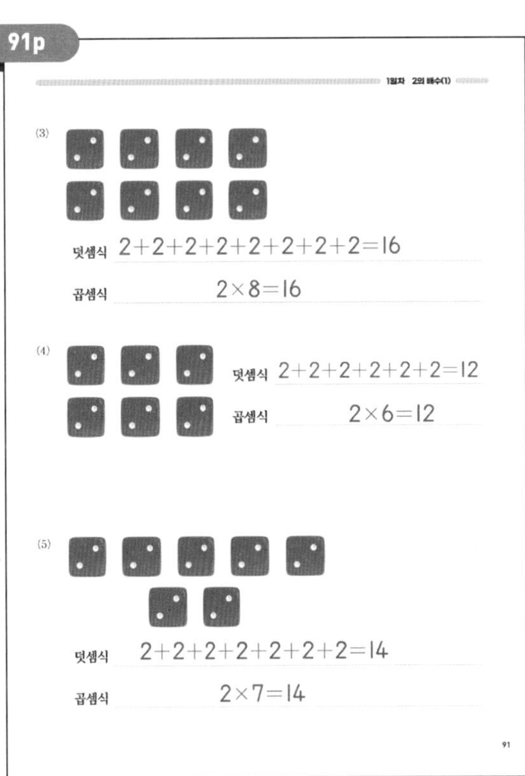

1일차 2의 배수(1)

(3)

덧셈식 2+2+2+2+2+2+2+2=16

곱셈식 2×8=16

(4)

덧셈식 2+2+2+2+2+2=12

곱셈식 2×6=12

(5)

덧셈식 2+2+2+2+2+2+2=14

곱셈식 2×7=14

91

+ 정답 ÷

92p

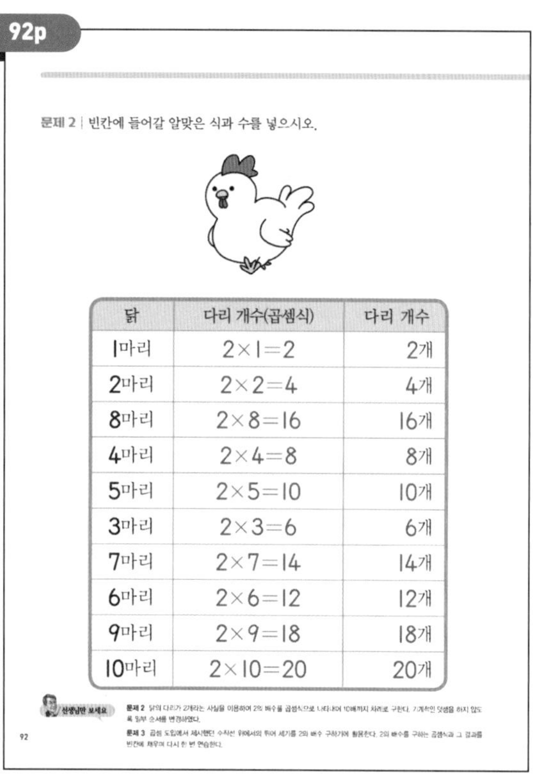

문제 2 | 빈칸에 들어갈 알맞은 식과 수를 넣으시오.

닭	다리 개수(곱셈식)	다리 개수
1마리	2×1=2	2개
2마리	2×2=4	4개
8마리	2×8=16	16개
4마리	2×4=8	8개
5마리	2×5=10	10개
3마리	2×3=6	6개
7마리	2×7=14	14개
6마리	2×6=12	12개
9마리	2×9=18	18개
10마리	2×10=20	20개

93p

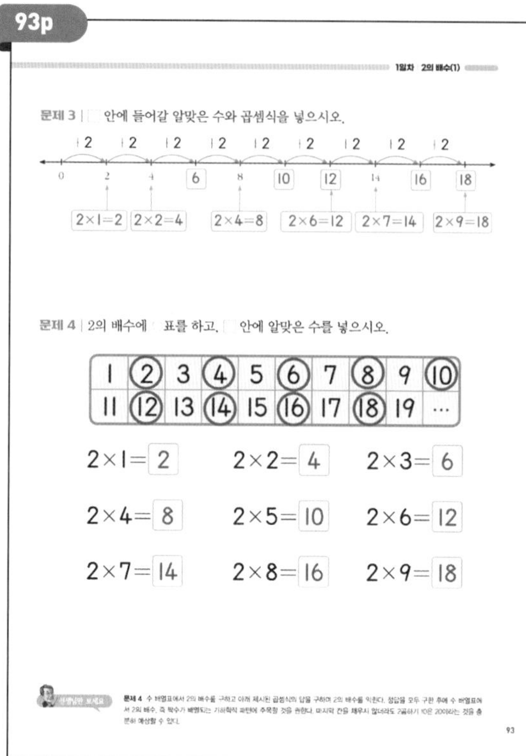

1일차 2의 배수(1)

문제 3 | □ 안에 들어갈 알맞은 수와 곱셈식을 넣으시오.

+2 +2 +2 +2 +2 +2 +2 +2 +2

0 2 4 6 8 10 12 14 16 18

2×1=2 2×2=4 2×4=8 2×6=12 2×7=14 2×9=18

문제 4 | 2의 배수에 ○표를 하고, □ 안에 알맞은 수를 넣으시오.

1	(2)	3	(4)	5	(6)	7	(8)	9	(10)
11	(12)	13	(14)	15	(16)	17	(18)	19	…

2×1=2　2×2=4　2×3=6

2×4=8　2×5=10　2×6=12

2×7=14　2×8=16　2×9=18

94p

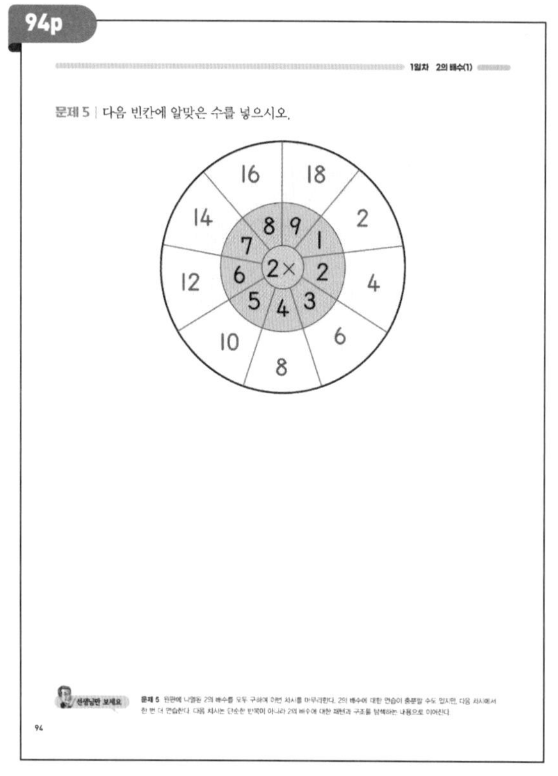

1일차 2의 배수(1)

문제 5 | 다음 빈칸에 알맞은 수를 넣으시오.

95p

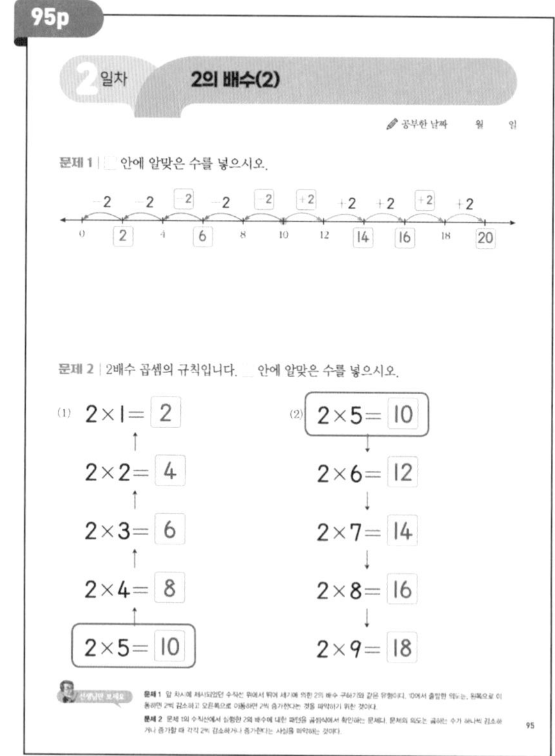

2일차 2의 배수(2)

공부한 날짜 월 일

문제 1 | □ 안에 알맞은 수를 넣으시오.

+2 +2 +2 +2 +2 +2 +2 +2 +2 +2

0 2 4 6 8 10 12 14 16 18 20

문제 2 | 2배수 곱셈의 규칙입니다. □ 안에 알맞은 수를 넣으시오.

(1) 2×1=2 ↑ 2×2=4 ↑ 2×3=6 ↑ 2×4=8 ↑ 2×5=10

(2) 2×5=10 ↓ 2×6=12 ↓ 2×7=14 ↓ 2×8=16 ↓ 2×9=18

96p

문제 3 | 다음 곱셈구구표의 빈칸에 2의 배수를 넣으시오.

	1	2	3	4	5	6	7	8	9
1		2							
2	2	4	6	8	10	12	14	16	18
3		6							
4		8							
5		10							
6		12							
7		14							
8		16							
9		18							

96

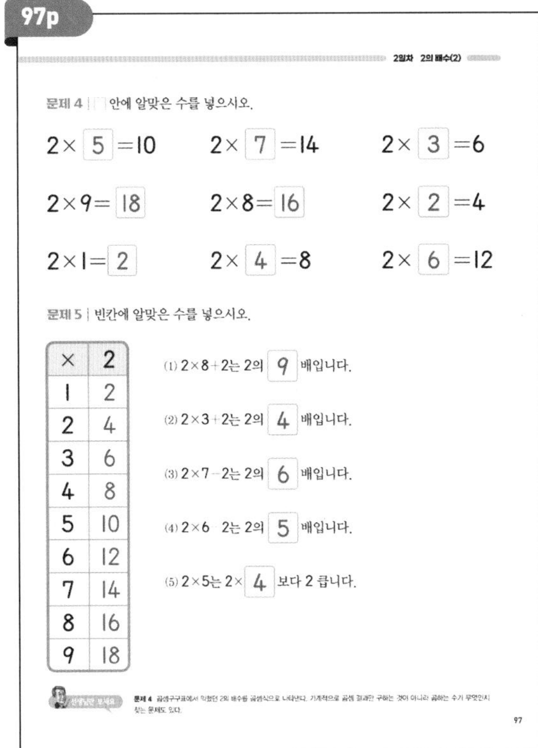

97p

2일차 2의 배수(2)

문제 4 | □ 안에 알맞은 수를 넣으시오.

2× 5 =10　　2× 7 =14　　2× 3 =6

2×9= 18　　2×8= 16　　2× 2 =4

2×1= 2　　2× 4 =8　　2× 6 =12

문제 5 | 빈칸에 알맞은 수를 넣으시오.

×	2
1	2
2	4
3	6
4	8
5	10
6	12
7	14
8	16
9	18

(1) 2×8+2는 2의 9 배입니다.

(2) 2×3+2는 2의 4 배입니다.

(3) 2×7−2는 2의 6 배입니다.

(4) 2×6−2는 2의 5 배입니다.

(5) 2×5는 2× 4 보다 2 큽니다.

97

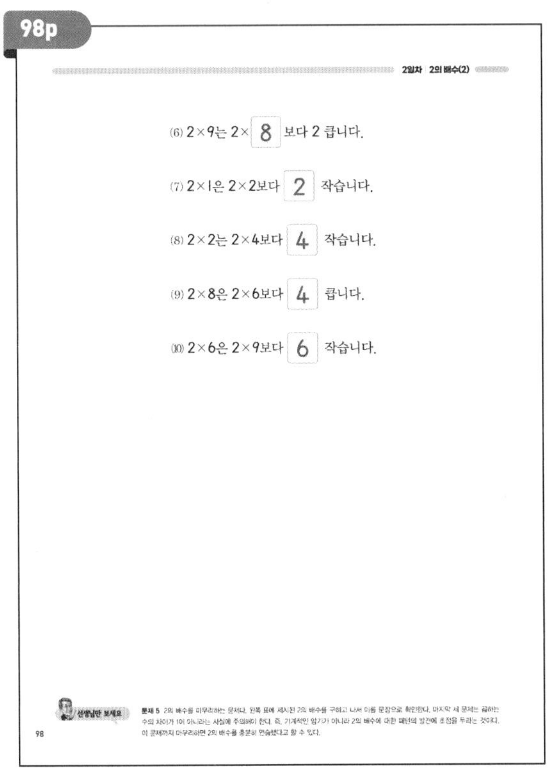

98p

2일차 2의 배수(2)

(6) 2×9는 2× 8 보다 2 큽니다.

(7) 2×1은 2×2보다 2 작습니다.

(8) 2×2는 2×4보다 4 작습니다.

(9) 2×8은 2×6보다 4 큽니다.

(10) 2×6은 2×9보다 6 작습니다.

98

100p

3일차 4의 배수(1)

공부한 날짜 월 일

문제 1 | 다음 곱셈구구표의 흰색 빈칸을 채우시오.

	1	2	3	4	5	6	7	8	9
1		2							
2	2	4	6	8	10	12	14	16	18
3		6							
4		8							
5		10							
6		12							
7		14							
8		16							
9		18							

100

정답

101p

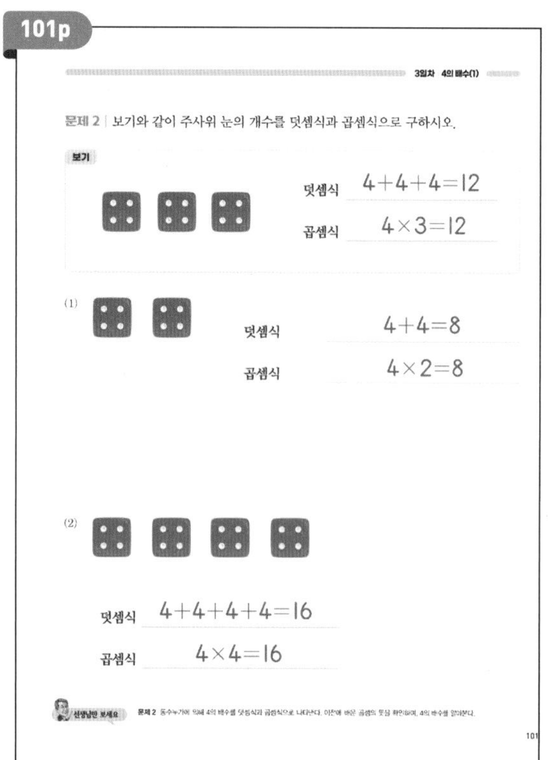
3일차 4의 배수(1)

문제 2 | 보기와 같이 주사위 눈의 개수를 덧셈식과 곱셈식으로 구하시오.

보기

덧셈식 4+4+4=12

곱셈식 4×3=12

(1)

덧셈식 4+4=8

곱셈식 4×2=8

(2)

덧셈식 4+4+4+4=16

곱셈식 4×4=16

102p

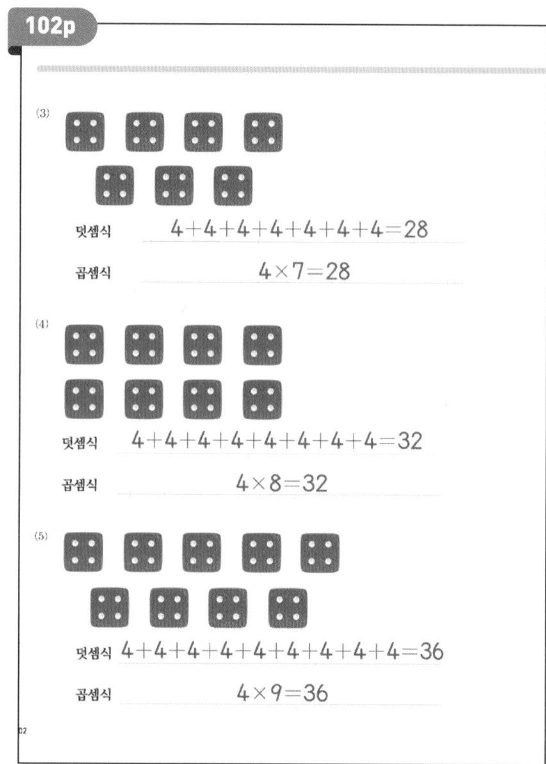
(3)

덧셈식 4+4+4+4+4+4+4=28

곱셈식 4×7=28

(4)

덧셈식 4+4+4+4+4+4+4+4=32

곱셈식 4×8=32

(5)

덧셈식 4+4+4+4+4+4+4+4+4=36

곱셈식 4×9=36

103p

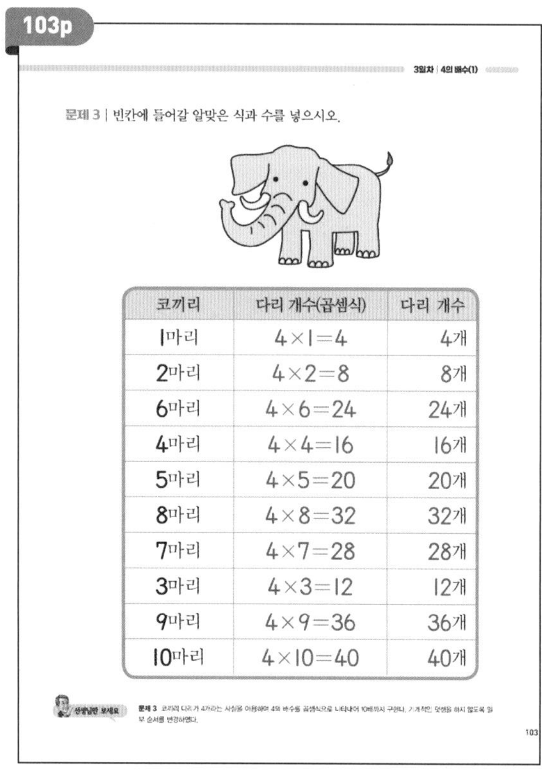
3일차 4의 배수(1)

문제 3 | 빈칸에 들어갈 알맞은 식과 수를 넣으시오.

코끼리	다리 개수(곱셈식)	다리 개수
1마리	4×1=4	4개
2마리	4×2=8	8개
6마리	4×6=24	24개
4마리	4×4=16	16개
5마리	4×5=20	20개
8마리	4×8=32	32개
7마리	4×7=28	28개
3마리	4×3=12	12개
9마리	4×9=36	36개
10마리	4×10=40	40개

104p

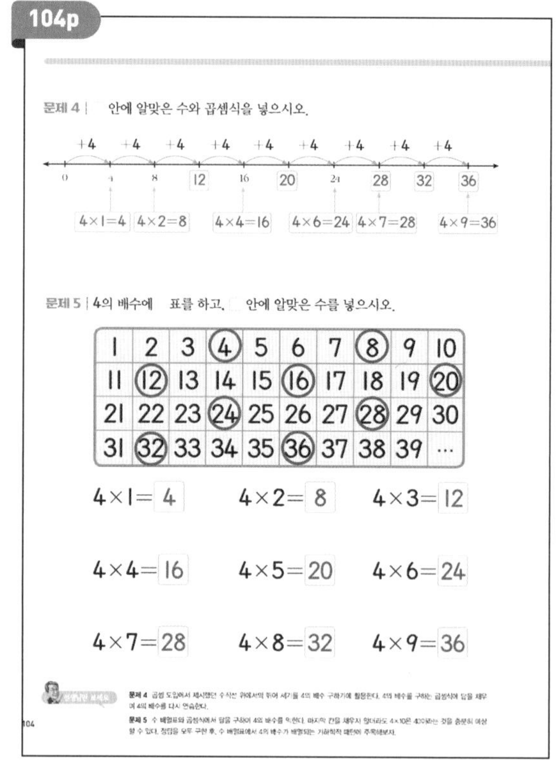
문제 4 | 안에 알맞은 수와 곱셈식을 넣으시오.

+4 +4 +4 +4 +4 +4 +4 +4 +4

0 4 8 12 16 20 24 28 32 36

4×1=4 4×2=8 4×4=16 4×6=24 4×7=28 4×9=36

문제 5 | 4의 배수에 ○표를 하고, 안에 알맞은 수를 넣으시오.

1	2	3	(4)	5	6	7	(8)	9	10
11	(12)	13	14	15	(16)	17	18	19	(20)
21	22	23	(24)	25	26	27	(28)	29	30
31	(32)	33	34	35	(36)	37	38	39	…

4×1=4 4×2=8 4×3=12

4×4=16 4×5=20 4×6=24

4×7=28 4×8=32 4×9=36

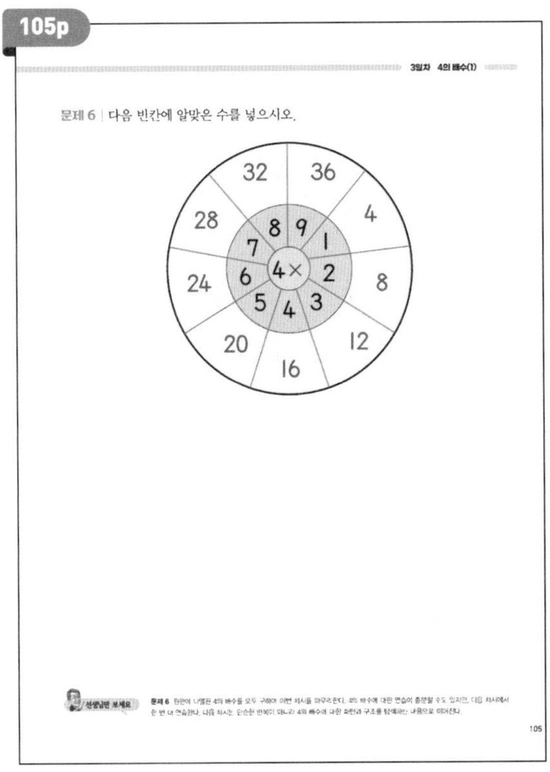

105p

3일차 4의 배수(1)

문제 6 | 다음 빈칸에 알맞은 수를 넣으시오.

105

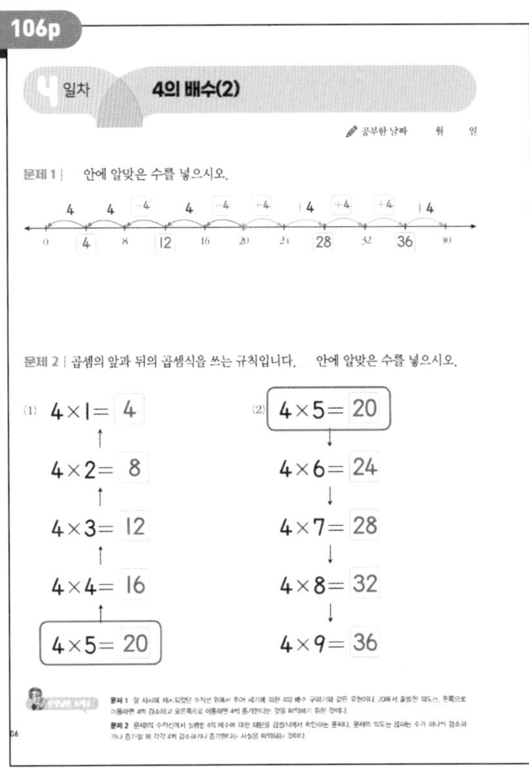

106p

4일차 4의 배수(2)

공부한 날짜 월 일

문제 1 | 안에 알맞은 수를 넣으시오.

문제 2 | 곱셈의 앞과 뒤의 곱셈식을 쓰는 규칙입니다. 안에 알맞은 수를 넣으시오.

(1)
4×1= 4
↑
4×2= 8
↑
4×3= 12
↑
4×4= 16
↑
4×5= 20

(2)
4×5= 20
↓
4×6= 24
↓
4×7= 28
↓
4×8= 32
↓
4×9= 36

106

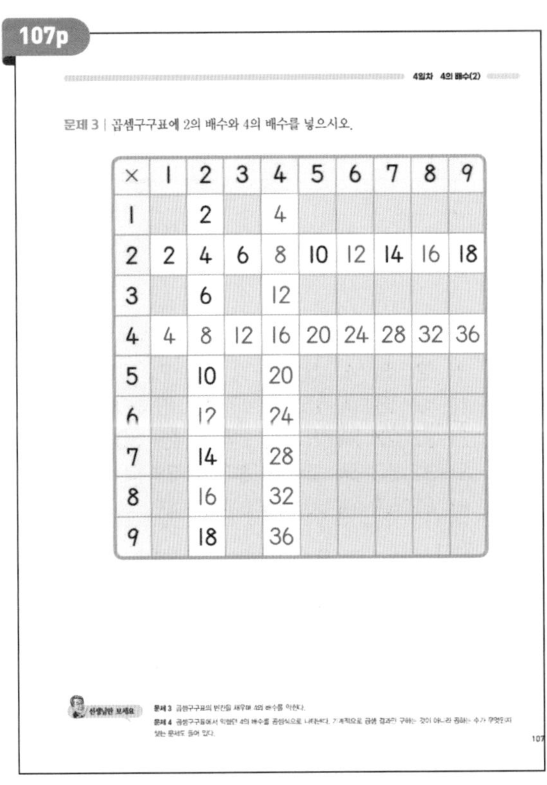

107p

4일차 4의 배수(2)

문제 3 | 곱셈구구표에 2의 배수와 4의 배수를 넣으시오.

×	1	2	3	4	5	6	7	8	9
1		2		4					
2	2	4	6	8	10	12	14	16	18
3		6		12					
4	4	8	12	16	20	24	28	32	36
5		10		20					
6		12		24					
7		14		28					
8		16		32					
9		18		36					

107

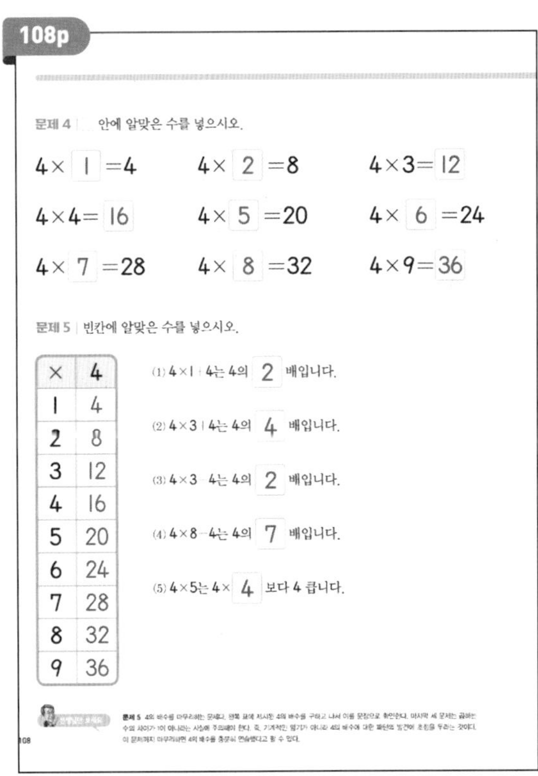

108p

문제 4 | 안에 알맞은 수를 넣으시오.

4× 1 =4　　4× 2 =8　　4×3= 12

4×4= 16　　4× 5 =20　　4× 6 =24

4× 7 =28　　4× 8 =32　　4×9= 36

문제 5 | 빈칸에 알맞은 수를 넣으시오.

×	4
1	4
2	8
3	12
4	16
5	20
6	24
7	28
8	32
9	36

(1) 4×1은 4의 2 배입니다.

(2) 4×3은 4의 4 배입니다.

(3) 4×3은 4의 2 배입니다.

(4) 4×8은 4의 7 배입니다.

(5) 4×5는 4× 4 보다 4 큽니다.

108

+ 정답 ÷

109p

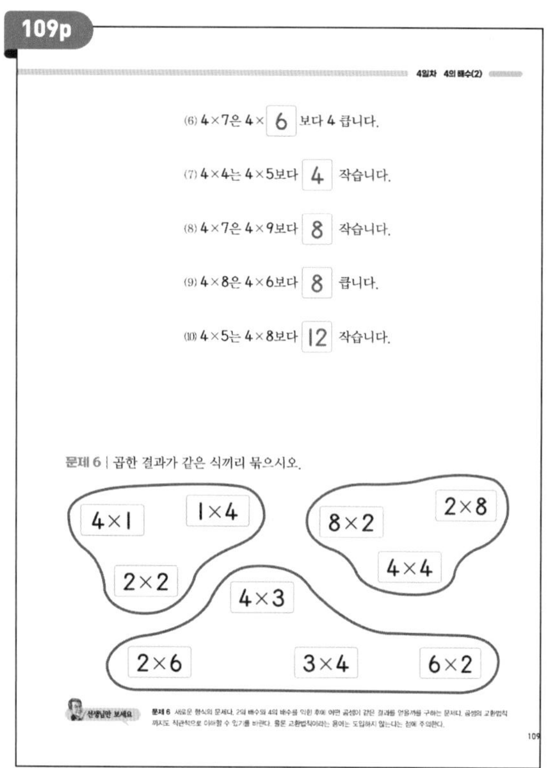

(6) 4×7은 4× 6 보다 4 큽니다.

(7) 4×4는 4×5보다 4 작습니다.

(8) 4×7은 4×9보다 8 작습니다.

(9) 4×8은 4×6보다 8 큽니다.

(10) 4×5는 4×8보다 12 작습니다.

문제 6 | 곱한 결과가 같은 식끼리 묶으시오.

선생님만 보세요 **문제 6** 새로운 형식의 문제다. 2의 배수와 4의 배수를 익힌 후에 어떤 곱셈이 같은 결과를 언용가를 구하는 문제다. 곱셈의 교환법칙까지도 직관적으로 이해할 수 있기를 바란다. 물론 교환법칙이라는 용어는 도입하지 않는다는 점에 주의한다.

110p

5일차 5의 배수(1)

공부한 날짜 월 일

문제 1 | 다음 곱셈구구표의 빈칸을 채우시오.

×	1	2	3	4	5	6	7	8	9
1		2		4					
2	2	4	6	8	10	12	14	16	18
3		6		12					
4	4	8	12	16	20	24	28	32	36
5		10		20					
6		12		24					
7		14		28					
8		16		32					
9		18		36					

선생님만 보세요 **문제 1** 곱셈구구표의 빈칸을 채우며 앞 차시에 익혔던 2의 배수와 4의 배수 구하기를 복습한다.

111p

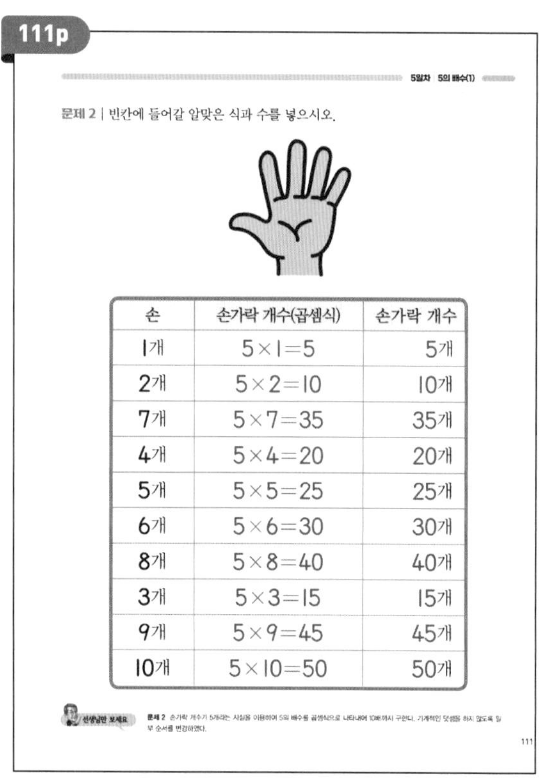

문제 2 | 빈칸에 들어갈 알맞은 식과 수를 넣으시오.

손	손가락 개수(곱셈식)	손가락 개수
1개	5×1=5	5개
2개	5×2=10	10개
7개	5×7=35	35개
4개	5×4=20	20개
5개	5×5=25	25개
6개	5×6=30	30개
8개	5×8=40	40개
3개	5×3=15	15개
9개	5×9=45	45개
10개	5×10=50	50개

선생님만 보세요 **문제 2** 손가락 개수가 5개라는 사실을 이용하여 5의 배수를 곱셈식으로 나타내어 10배까지 구한다. 기계적인 덧셈을 하지 않도록 일부 순서를 변경하였다.

112p

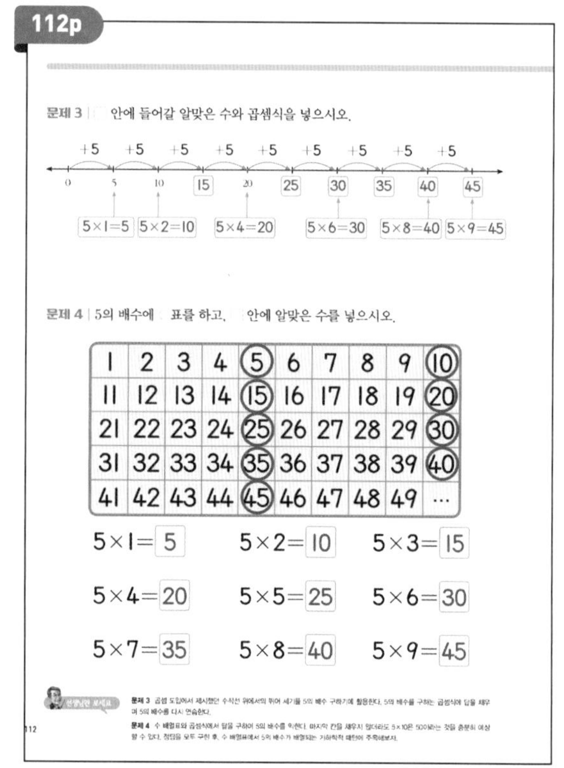

문제 3 | ☐ 안에 들어갈 알맞은 수와 곱셈식을 넣으시오.

문제 4 | 5의 배수에 ○표를 하고, ☐ 안에 알맞은 수를 넣으시오.

1	2	3	4	(5)	6	7	8	9	(10)
11	12	13	14	(15)	16	17	18	19	(20)
21	22	23	24	(25)	26	27	28	29	(30)
31	32	33	34	(35)	36	37	38	39	(40)
41	42	43	44	(45)	46	47	48	49	…

5×1= 5 5×2= 10 5×3= 15

5×4= 20 5×5= 25 5×6= 30

5×7= 35 5×8= 40 5×9= 45

선생님만 보세요 **문제 3** 곱셈 도입에서 제시했던 수직선 위에서의 뛰어 세기를 5의 배수 구하기에 활용한다. 5의 배수를 구하는 곱셈식에 답을 채우며 5의 배수를 다시 연습한다.

문제 4 수 배열표와 곱셈식에서 답을 구하여 5의 배수를 익힌다. 마지막 칸을 채우지 않더라도 5×10은 50이라는 것을 충분히 예상할 수 있다. 정답을 모두 구한 후, 수 배열표에서 5의 배수가 배열되는 기하학적 패턴에 주목해보자.

113p

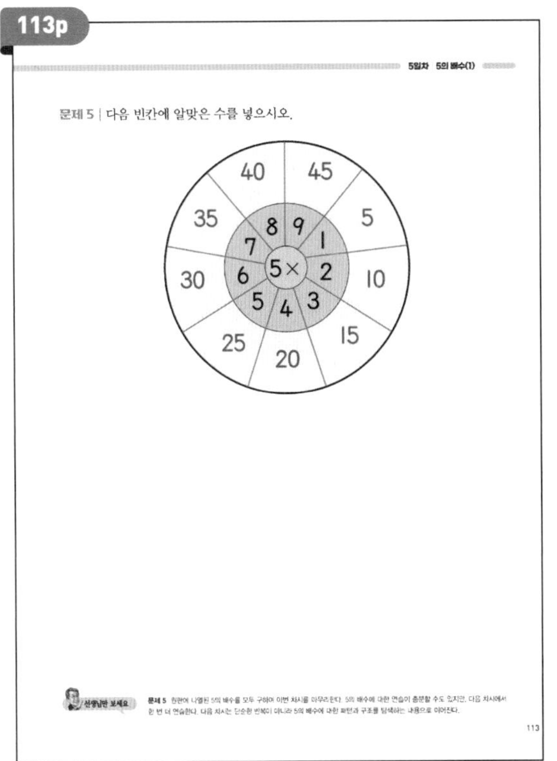

114p

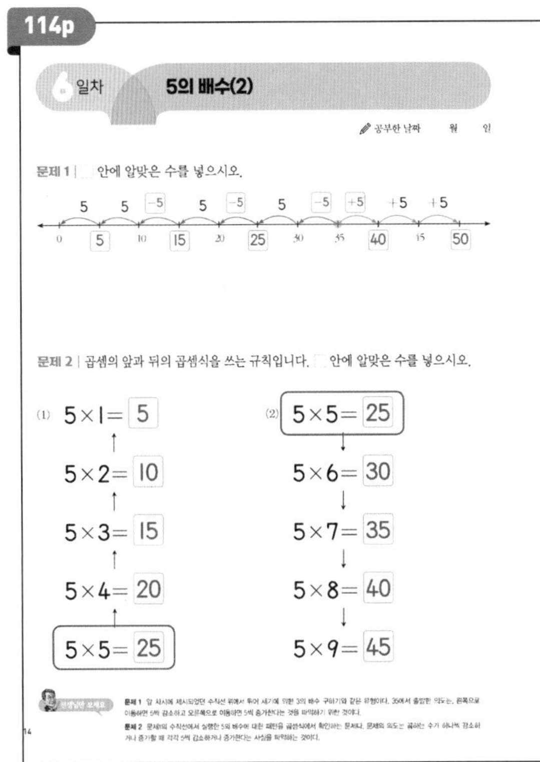

115p

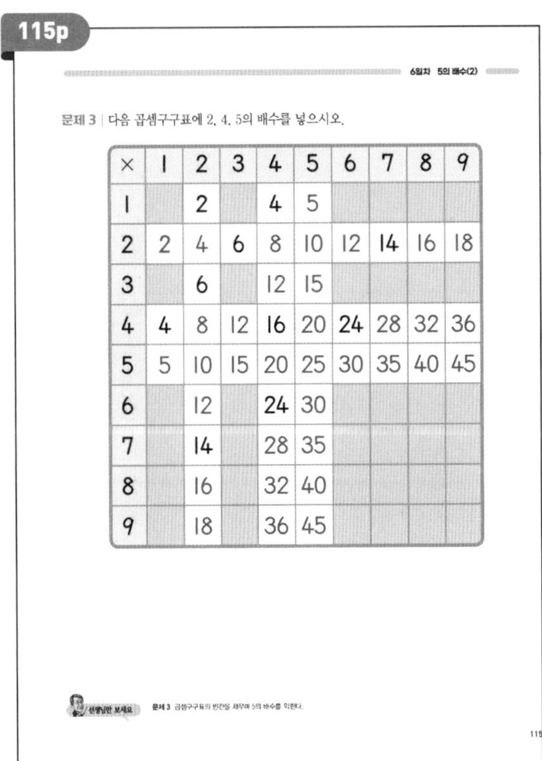

116p

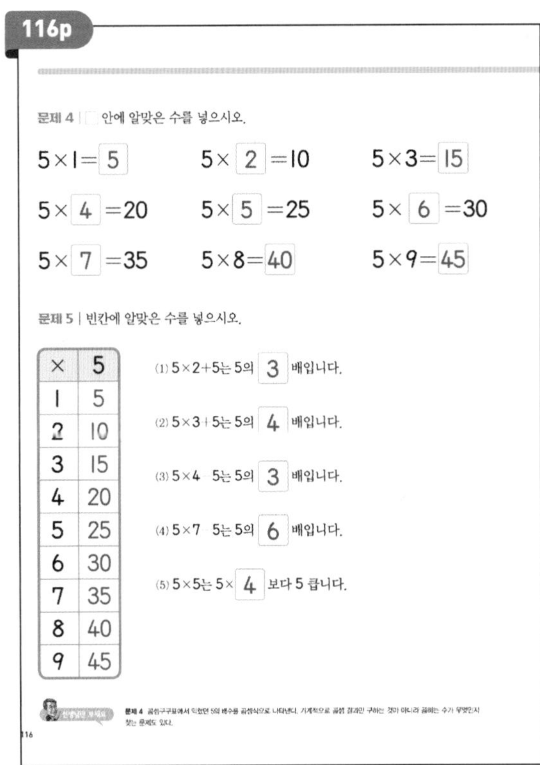

+ 정답 ÷

117p

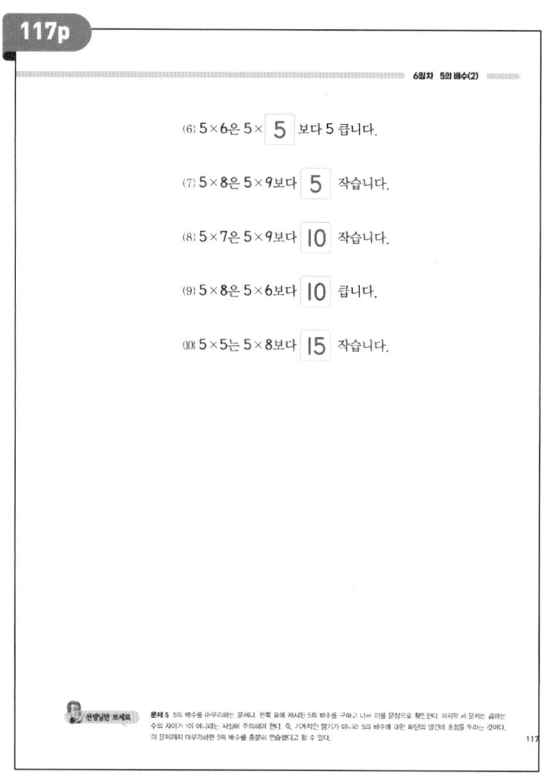

(6) 5×6은 5× 5 보다 5 큽니다.

(7) 5×8은 5×9보다 5 작습니다.

(8) 5×7은 5×9보다 10 작습니다.

(9) 5×8은 5×6보다 10 큽니다.

(10) 5×5는 5×8보다 15 작습니다.

118p

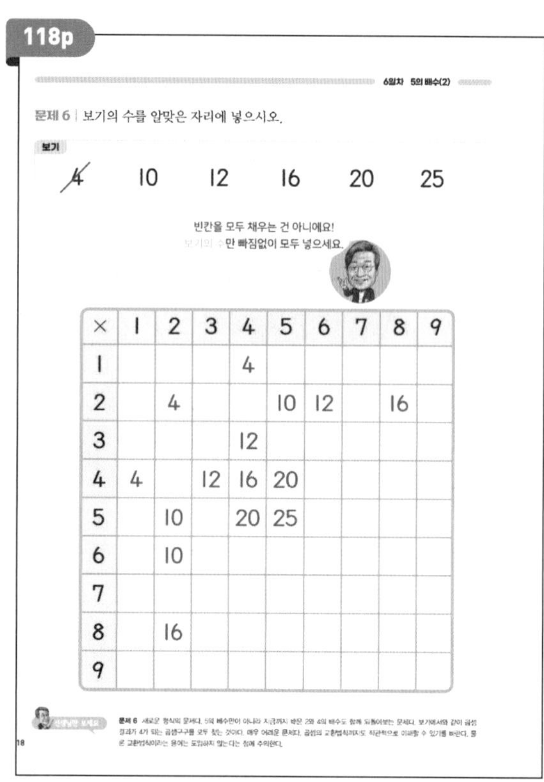

문제 6 | 보기의 수를 알맞은 자리에 넣으시오.

보기

~~4~~ 10 12 16 20 25

빈칸을 모두 채우는 건 아니에요!
보기의 수만 빠짐없이 모두 넣으세요.

×	1	2	3	4	5	6	7	8	9
1				4					
2		4			10	12		16	
3				12					
4	4		12	16	20				
5		10		20	25				
6		10							
7									
8		16							
9									

문제 6 새로운 형식의 문제다. 5의 배수만이 아니라 지금까지 배운 2와 4의 배수도 함께 되돌아보는 문제다. 보기에서와 같이 곱셈 결과가 4가 되는 곱셈구구를 모두 찾는 것이다. 매우 어려운 문제다. 곱셈의 교환법칙까지도 직관적으로 이해할 수 있기를 바란다. 물론 교환법칙이라는 용어는 도입하지 않는다는 점에 주의한다.

119p

7 일차 3의 배수(1)

공부한 날짜 월 일

문제 1 | 흰색 빈칸에 알맞은 수를 넣으시오.

×	1	2	3	4	5	6	7	8	9
1		2		4	4				
2	2	4	6	8	10	12	14	16	18
3		6		12	15				
4	4	8	12	16	20	24	28	32	36
5		10		20	25	30	35	40	45
6		12		24	30				
7		14		28	35				
8		16		32	40				
9		18		36	45				

120p

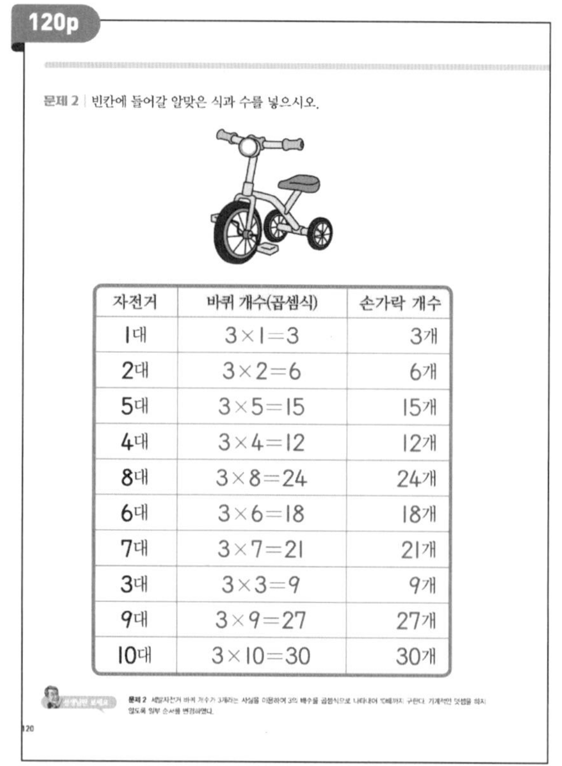

문제 2 | 빈칸에 들어갈 알맞은 식과 수를 넣으시오.

자전거	바퀴 개수(곱셈식)	손가락 개수
1대	3×1=3	3개
2대	3×2=6	6개
5대	3×5=15	15개
4대	3×4=12	12개
8대	3×8=24	24개
6대	3×6=18	18개
7대	3×7=21	21개
3대	3×3=9	9개
9대	3×9=27	27개
10대	3×10=30	30개

121p

문제 3 | 안에 들어갈 알맞은 수와 곱셈식을 넣으시오.

+3 +3 +3 +3 +3 +3 +3 +3 +3

0 3 6 9 12 15 18 21 24 27

3×1=3 3×2=6 3×4=12 3×5=15 3×6=18 3×8=24 3×9=27

문제 4 | 3의 배수에 ○표를 하고, 안에 알맞은 수를 넣으시오.

1	2	(3)	4	5	(6)	7	8	(9)	10
11	(12)	13	14	(15)	16	17	(18)	19	20
(21)	22	23	(24)	25	26	(27)	28	29	…

3×1= 3　3×2= 6　3×3= 9

3×4= 12　3×5= 15　3×6= 18

3×7= 21　3×8= 24　3×9= 27

선생님만 보세요

문제 3 곱셈 도입에서 제시했던 수직선 위에서의 뛰어 세기를 3의 배수 구하기에 활용한다. 3의 배수를 구하는 곱셈식과 그 결과를 빈칸에 채우며 3의 배수를 다시 한 번 연습한다.

문제 4 수 배열표에서 3의 배수를 구하고 아래 제시된 곱셈식의 답을 구하며 3의 배수를 익힌다. 정답을 모두 구한 후에 수 배열표에서 3의 배수가 배열되는 기하학적 패턴에 주목할 것을 권한다.

122p

문제 5 | 다음 빈칸에 알맞은 수를 넣으시오.

문제 5 원판에 나열된 3의 배수를 모두 구하며 이번 차시를 마무리한다. 3의 배수에 대한 연습이 충분할 수도 있지만, 다음 차시에서 한 번 더 연습한다. 다음 차시는 단순한 반복이 아니라 3의 배수에 대한 패턴과 구조를 탐색하는 내용으로 이어진다.

123p

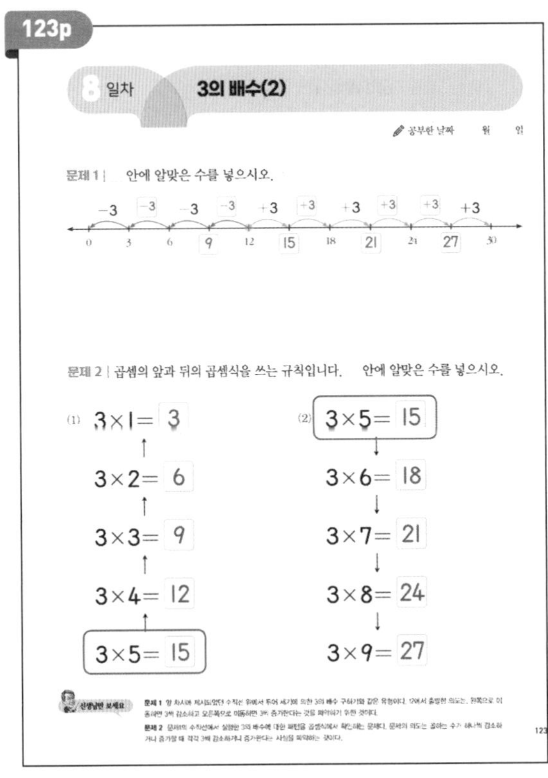

8일차 3의 배수(2)

공부한 날짜 월 일

문제 1 | 안에 알맞은 수를 넣으시오.

−3 −3 −3 −3 +3 +3 +3 +3 +3 +3

0 3 6 9 12 15 18 21 24 27 30

문제 2 | 곱셈의 앞과 뒤의 곱셈식을 쓰는 규칙입니다. 안에 알맞은 수를 넣으시오.

(1)
3×1= 3
↑
3×2= 6
↑
3×3= 9
↑
3×4= 12
↑
3×5= 15

(2)
3×5= 15
↓
3×6= 18
↓
3×7= 21
↓
3×8= 24
↓
3×9= 27

선생님만 보세요

문제 1 앞 차시에 제시되었던 수직선 위에서 뛰어 세기에 의한 3의 배수 구하기와 같은 유형이다. 12에서 출발한 의도는, 왼쪽으로 이동하면 3씩 감소하고 오른쪽으로 이동하면 3씩 증가한다는 것을 파악하기 위한 것이다.

문제 2 문제1의 수직선에서 살펴본 3의 배수에 대한 패턴을 곱셈식에서 확인하는 문제다. 문제의 의도는 곱하는 수가 하나씩 감소하거나 증가할 때 각각 3씩 감소하거나 증가한다는 사실을 파악하는 것이다.

124p

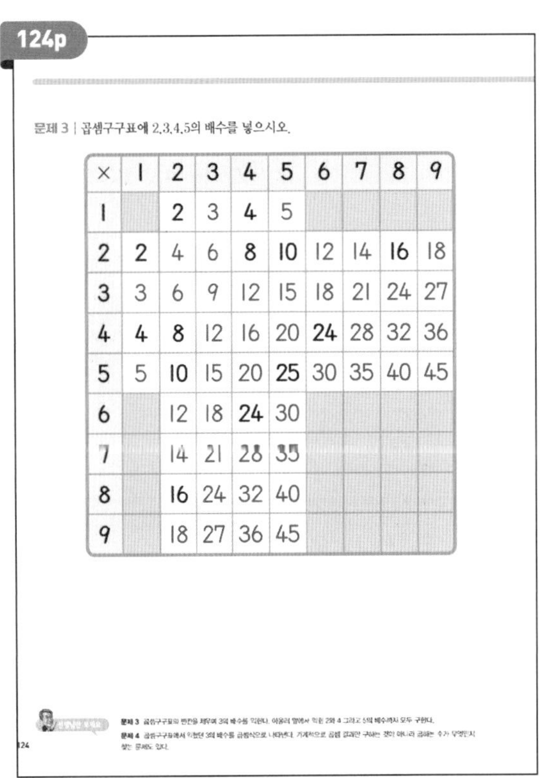

문제 3 | 곱셈구구표에 2,3,4,5의 배수를 넣으시오.

×	1	2	3	4	5	6	7	8	9
1		2	3	4	5				
2	2	4	6	8	10	12	14	16	18
3	3	6	9	12	15	18	21	24	27
4	4	8	12	16	20	24	28	32	36
5	5	10	15	20	25	30	35	40	45
6		12	18	24	30				
7		14	21	28	35				
8		16	24	32	40				
9		18	27	36	45				

문제 3 곱셈구구표의 빈칸을 채우며 3의 배수를 익힌다. 아울러 앞에서 익힌 2와 4 그리고 5의 배수까지 모두 구한다.

문제 4 곱셈구구표에서 익혔던 3의 배수를 곱셈식으로 나타낸다. 기계적으로 곱셈 결과만 구하는 것이 아니라 곱하는 수가 무엇인지 찾는 문제도 있다.

+ 정답 ÷

125p

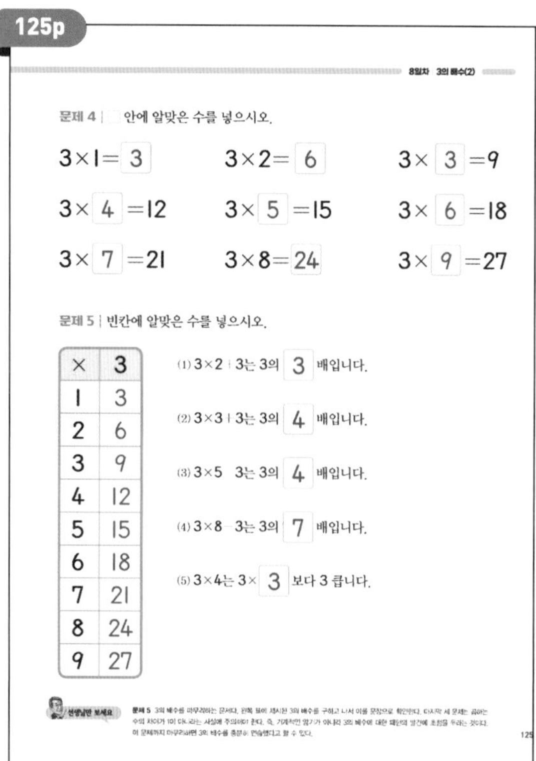

문제 4 | ☐ 안에 알맞은 수를 넣으시오.

3×1= 3 　 3×2= 6 　 3× 3 =9

3× 4 =12 　 3× 5 =15 　 3× 6 =18

3× 7 =21 　 3×8= 24 　 3× 9 =27

문제 5 | 빈칸에 알맞은 수를 넣으시오.

×	3
1	3
2	6
3	9
4	12
5	15
6	18
7	21
8	24
9	27

(1) 3×2는 3의 3 배입니다.

(2) 3×3은 3의 4 배입니다.

(3) 3×5는 3의 4 배입니다.

(4) 3×8은 3의 7 배입니다.

(5) 3×4는 3× 3 보다 3 큽니다.

선생님의 한마디

126p

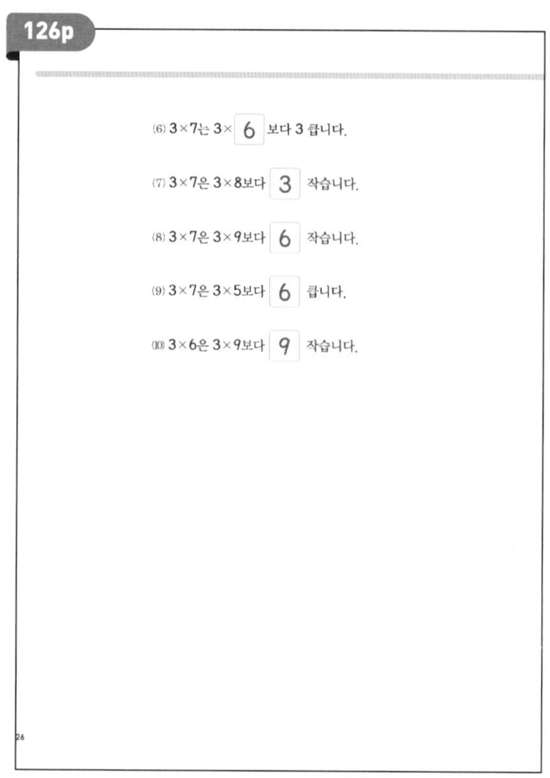

(6) 3×7는 3× 6 보다 3 큽니다.

(7) 3×7은 3×8보다 3 작습니다.

(8) 3×7은 3×9보다 6 작습니다.

(9) 3×7은 3×5보다 6 큽니다.

(10) 3×6은 3×9보다 9 작습니다.

127p

문제 6 | 보기의 수를 알맞은 자리에 넣으시오.

보기

~~2~~ 3 4 6 8 15 16 18 21 24

×	1	2	3	4	5	6	7	8	9
1		2	3	4		6		8	
2	2	4	6	8				16	18
3	3	6			15	18	21	24	
4	4	8		16		24			
5			15						
6	6		18	24					
7			21						
8	8	16	24						
9		18							

빈칸을 모두 채우는 건 아니에요!
보기의 수만 빠짐없이 모두 넣으세요.

선생님의 한마디

128p

9 일차 6의 배수(1)

공부한 날짜 월 일

문제 1 | 곱셈구구표에서 흰색 빈칸을 완성해 봅시다.

×	1	2	3	4	5	6	7	8	9
1		2	3	4	5				
2	2	4	6	8	10	12	14	16	18
3	3	6	9	12	15	18	21	24	27
4	4	8	12	16	20	24	28	32	36
5	5	10	15	20	25	30	35	40	45
6		12	18	24	30				
7		14	21	28	35				
8		16	24	32	40				
9		18	27	36	45				

선생님의 한마디

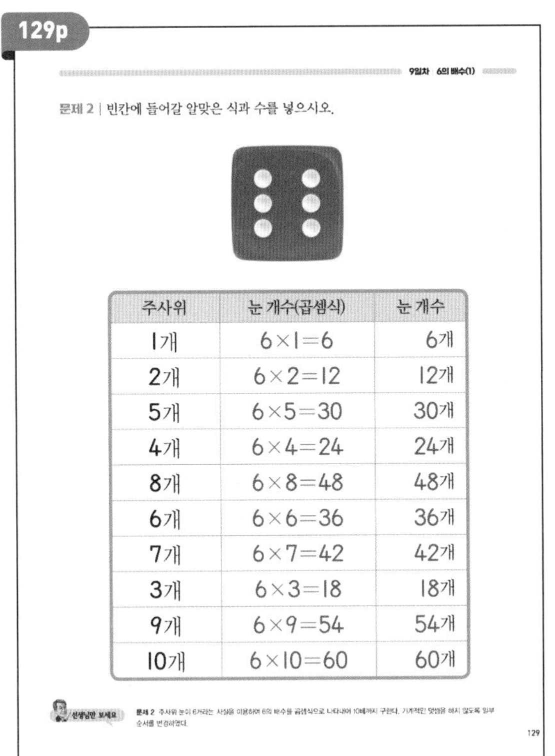

129p

9일차 6의 배수(1)

문제 2 | 빈칸에 들어갈 알맞은 식과 수를 넣으시오.

주사위	눈 개수(곱셈식)	눈 개수
1개	6×1=6	6개
2개	6×2=12	12개
5개	6×5=30	30개
4개	6×4=24	24개
8개	6×8=48	48개
6개	6×6=36	36개
7개	6×7=42	42개
3개	6×3=18	18개
9개	6×9=54	54개
10개	6×10=60	60개

선생님만 보세요

문제 2 주사위 눈이 6개라는 사실을 이용하여 6의 배수를 곱셈식으로 나타내어 10배까지 구한다. 기계적인 덧셈을 하지 않도록 일부 순서를 변경하였다.

129

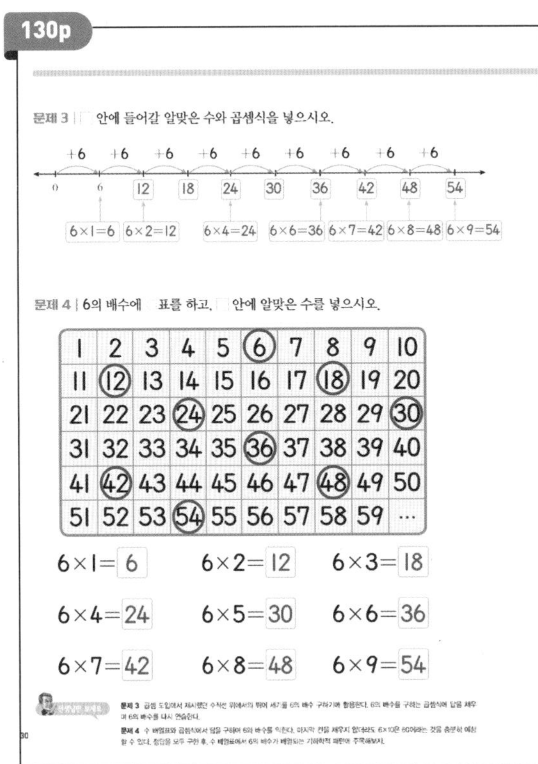

130p

문제 3 | □ 안에 들어갈 알맞은 수와 곱셈식을 넣으시오.

+6 +6 +6 +6 +6 +6 +6 +6 +6

0 6 12 18 24 30 36 42 48 54

6×1=6 6×2=12 6×4=24 6×6=36 6×7=42 6×8=48 6×9=54

문제 4 | 6의 배수에 ○표를 하고, □ 안에 알맞은 수를 넣으시오.

1	2	3	4	5	(6)	7	8	9	10
11	(12)	13	14	15	16	17	(18)	19	20
21	22	23	(24)	25	26	27	28	29	(30)
31	32	33	34	35	(36)	37	38	39	40
41	(42)	43	44	45	46	47	(48)	49	50
51	52	53	(54)	55	56	57	58	59	…

6×1=6 6×2=12 6×3=18

6×4=24 6×5=30 6×6=36

6×7=42 6×8=48 6×9=54

선생님만 보세요

문제 3 곱셈 도입에서 제시했던 수직선 위에서의 뛰어 세기를 6의 배수 구하기에 활용한다. 6의 배수를 구하는 곱셈식에 답을 채우며 6의 배수를 다시 연습한다.

문제 4 수 배열표와 곱셈식에서 답을 구하여 6의 배수를 익힌다. 마지막 칸을 채우지 않더라도 6×10은 60이라는 것을 충분히 예상할 수 있다. 정답을 모두 구한 후, 수 배열표에서 6의 배수가 배열되는 기하학적 패턴에 주목해보자.

130

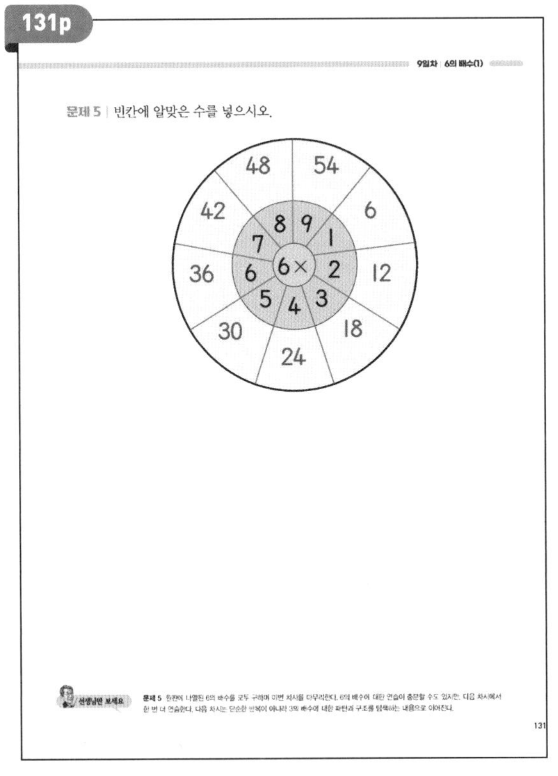

131p

9일차 6의 배수(1)

문제 5 | 빈칸에 알맞은 수를 넣으시오.

선생님만 보세요

문제 5 원판에 나열된 6의 배수를 모두 구하며 이번 차시를 마무리한다. 6의 배수에 대한 연습이 충분할 수도 있지만, 다음 차시에서 한 번 더 연습한다. 다음 차시는 단순한 반복이 아니라 3의 배수에 대한 패턴과 구조를 탐색하는 내용으로 이어진다.

131

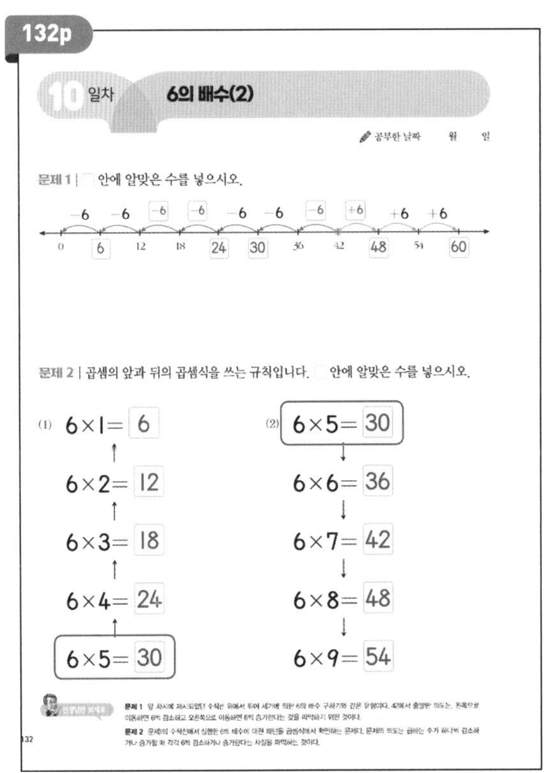

132p

10일차 6의 배수(2)

공부한 날짜 월 일

문제 1 | □ 안에 알맞은 수를 넣으시오.

−6 −6 −6 −6 −6 −6 −6 +6 +6 +6

0 6 12 18 24 30 36 42 48 54 60

문제 2 | 곱셈의 앞과 뒤의 곱셈식을 쓰는 규칙입니다. □ 안에 알맞은 수를 넣으시오.

(1) 6×1=6 ↑ 6×2=12 ↑ 6×3=18 ↑ 6×4=24 ↑ 6×5=30

(2) 6×5=30 ↓ 6×6=36 ↓ 6×7=42 ↓ 6×8=48 ↓ 6×9=54

선생님만 보세요

문제 1 앞 차시에 제시되었던 수직선 위에서 뛰어 세기에 의한 6의 배수 구하기와 같은 유형이다. 42에서 출발한 의도는, 왼쪽으로 이동하면 6씩 감소하고 오른쪽으로 이동하면 6씩 증가한다는 것을 파악하기 위한 것이다.

문제 2 문제1의 수직선에서 실행한 6의 배수에 대한 패턴을 곱셈식에서 확인하는 문제다. 문제의 의도는 곱하는 수가 하나씩 감소하거나 증가할 때 각각 6씩 감소하거나 증가한다는 사실을 파악하는 것이다.

132

+ 정답 ÷

133p

문제 3 | 곱셈구구표에 3의 배수와 6의 배수를 넣으시오.

×	1	2	3	4	5	6	7	8	9
1		2	3	4	5	6			
2	2	4	6	8	10	12	14	16	18
3	3	6	9	12	15	18	21	24	27
4	4	8	12	16	20	24	28	32	36
5	5	10	15	20	25	30	35	40	45
6	6	12	18	24	30	36	42	48	54
7		14	21	28	35	42			
8		16	24	32	40	48			
9		18	27	36	45	54			

선생님께 보세요 | 문제 3

133

134p

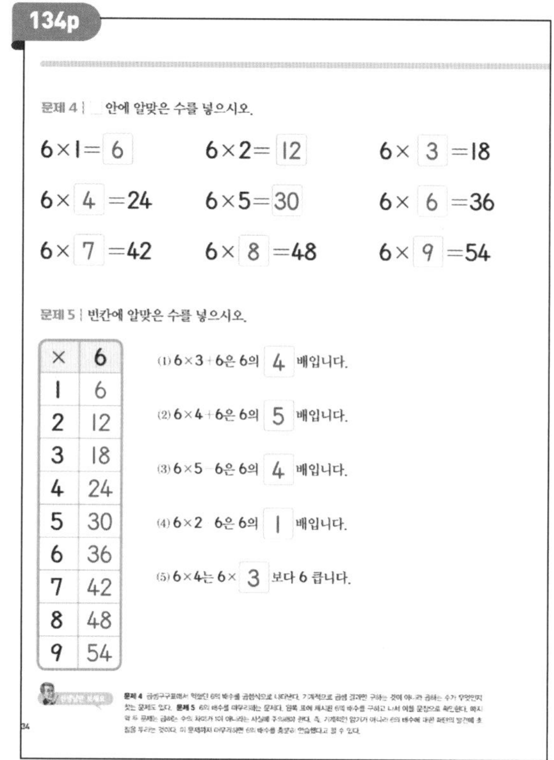

문제 4 | □ 안에 알맞은 수를 넣으시오.

6×1= 6　　6×2= 12　　6× 3 =18

6× 4 =24　　6×5= 30　　6× 6 =36

6× 7 =42　　6× 8 =48　　6× 9 =54

문제 5 | 빈칸에 알맞은 수를 넣으시오.

×	6
1	6
2	12
3	18
4	24
5	30
6	36
7	42
8	48
9	54

(1) 6×3+6은 6의 4 배입니다.

(2) 6×4+6은 6의 5 배입니다.

(3) 6×5−6은 6의 4 배입니다.

(4) 6×2−6은 6의 1 배입니다.

(5) 6×4는 6× 3 보다 6 큽니다.

선생님께 보세요 | 문제 4 ... 문제 5

134

135p

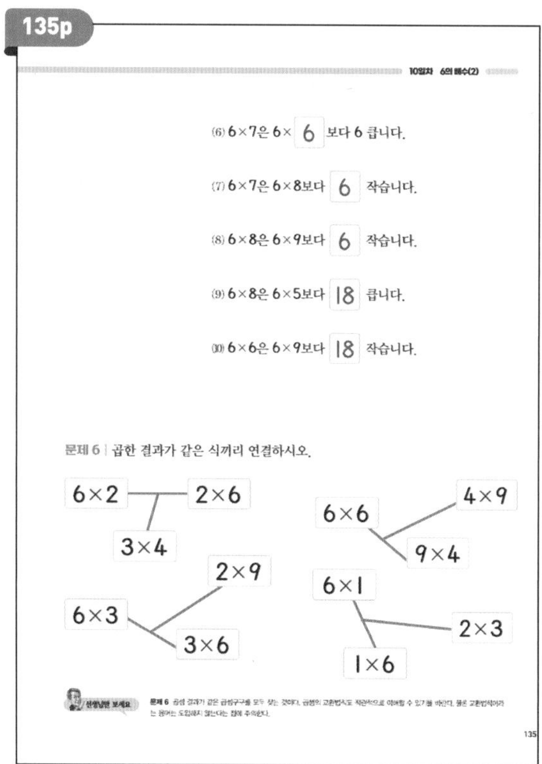

(6) 6×7은 6× 6 보다 6 큽니다.

(7) 6×7은 6×8보다 6 작습니다.

(8) 6×8은 6×9보다 6 작습니다.

(9) 6×8은 6×5보다 18 큽니다.

(10) 6×6은 6×9보다 18 작습니다.

문제 6 | 곱한 결과가 같은 식끼리 연결하시오.

136p

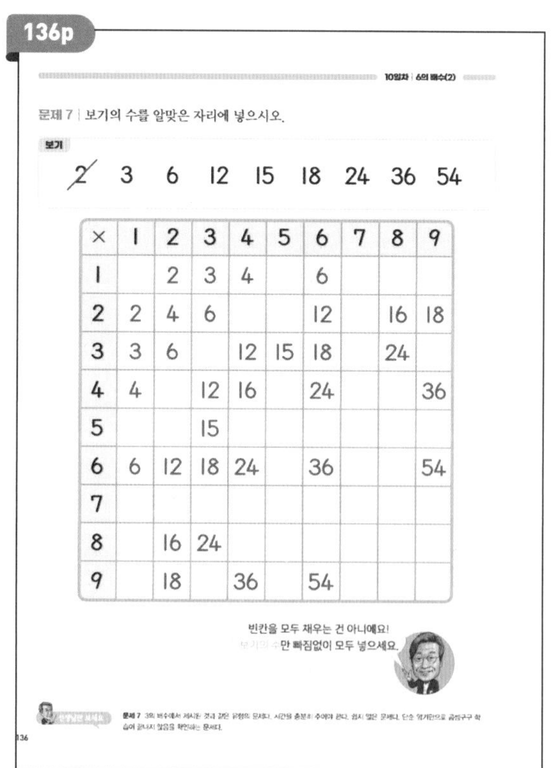

문제 7 | 보기의 수를 알맞은 자리에 넣으시오.

보기

~~2~~ 3 6 12 15 18 24 36 54

×	1	2	3	4	5	6	7	8	9
1		2	3	4		6			
2	2	4	6			12		16	18
3	3	6		12	15	18		24	
4	4		12	16		24			36
5			15						
6	6	12	18	24		36			54
7									
8		16	24						
9		18		36		54			

137p

11일차 9의 배수(1)

공부한 날짜 월 일

문제 1 | 흰색 빈칸에 알맞은 수를 넣으시오.

×	1	2	3	4	5	6	7	8	9
1		2	3	4	5	6			
2	2	4	6	8	10	12	14	16	18
3	3	6	9	12	15	18	21	24	27
4	4	8	12	16	20	24	28	32	36
5	5	10	15	20	25	30	35	40	45
6	6	12	18	24	30	36	42	48	54
7		14	21	28	35	42			
8		16	24	32	40	48			
9		18	27	36	45	54			

138p

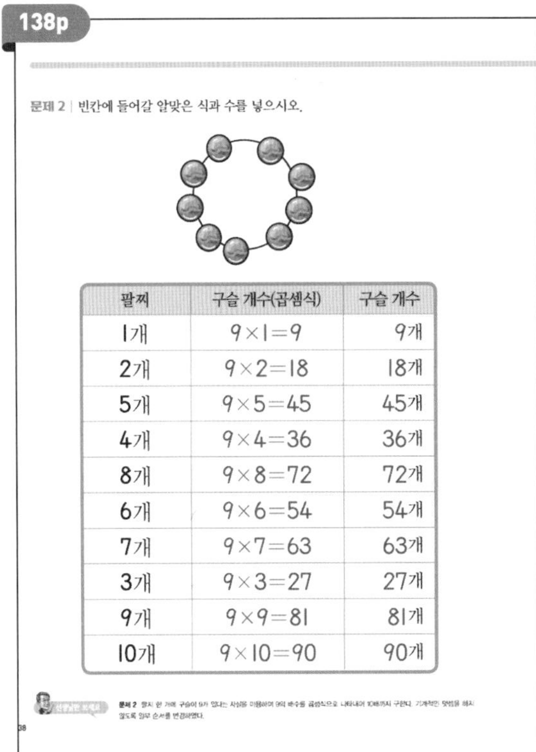

문제 2 | 빈칸에 들어갈 알맞은 식과 수를 넣으시오.

팔찌	구슬 개수(곱셈식)	구슬 개수
1개	9×1=9	9개
2개	9×2=18	18개
5개	9×5=45	45개
4개	9×4=36	36개
8개	9×8=72	72개
6개	9×6=54	54개
7개	9×7=63	63개
3개	9×3=27	27개
9개	9×9=81	81개
10개	9×10=90	90개

139p

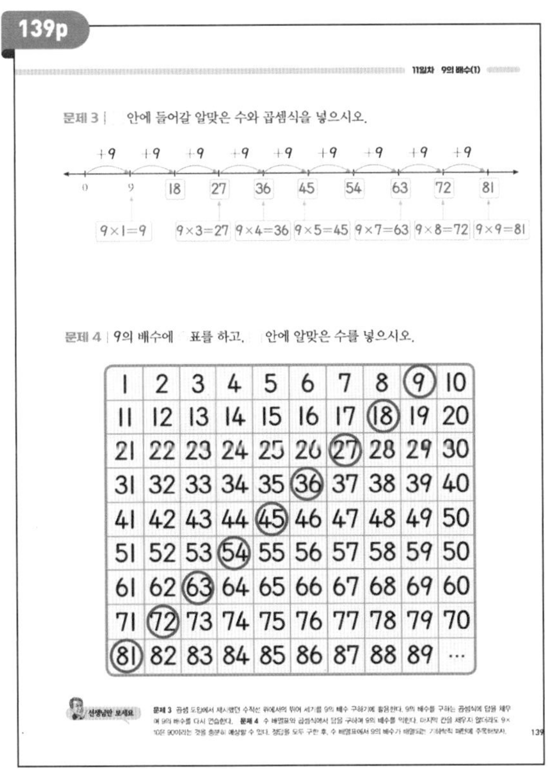

문제 3 | ☐ 안에 들어갈 알맞은 수와 곱셈식을 넣으시오.

문제 4 | 9의 배수에 ○표를 하고, ☐안에 알맞은 수를 넣으시오.

1	2	3	4	5	6	7	8	(9)	10
11	12	13	14	15	16	17	(18)	19	20
21	22	23	24	25	26	(27)	28	29	30
31	32	33	34	35	(36)	37	38	39	40
41	42	43	44	(45)	46	47	48	49	50
51	52	53	(54)	55	56	57	58	59	50
61	62	(63)	64	65	66	67	68	69	60
71	(72)	73	74	75	76	77	78	79	70
(81)	82	83	84	85	86	87	88	89	…

140p

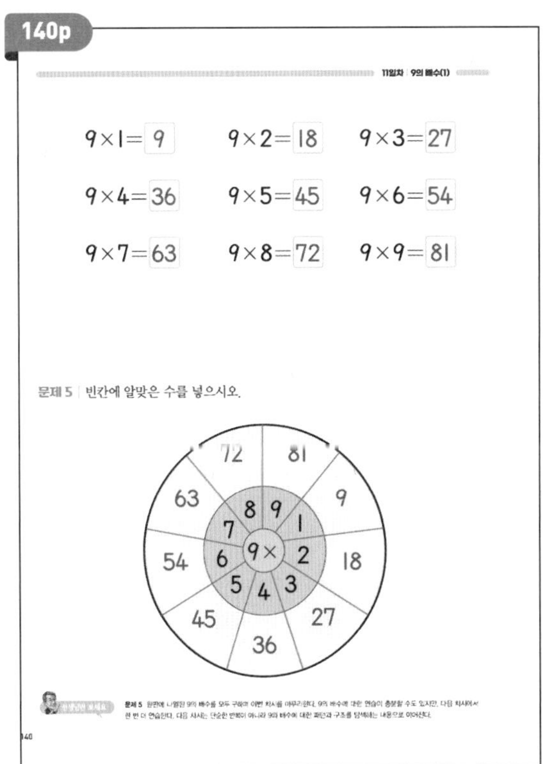

9×1=9 9×2=18 9×3=27

9×4=36 9×5=45 9×6=54

9×7=63 9×8=72 9×9=81

문제 5 | 빈칸에 알맞은 수를 넣으시오.

정답

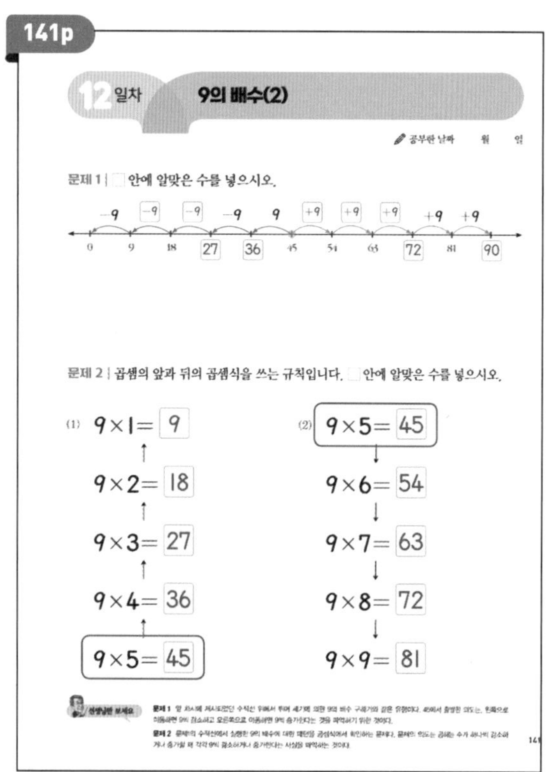
141p

12일차 9의 배수(2)

공부한 날짜 월 일

문제 1 | □ 안에 알맞은 수를 넣으시오.

−9 −9 −9 −9 9 +9 +9 +9 +9 +9

0 9 18 27 36 45 54 63 72 81 90

문제 2 | 곱셈의 앞과 뒤의 곱셈식을 쓰는 규칙입니다. □ 안에 알맞은 수를 넣으시오.

(1) $9\times1=9$ ↑ $9\times2=18$ ↑ $9\times3=27$ ↑ $9\times4=36$ ↑ $9\times5=45$

(2) $9\times5=45$ ↓ $9\times6=54$ ↓ $9\times7=63$ ↓ $9\times8=72$ ↓ $9\times9=81$

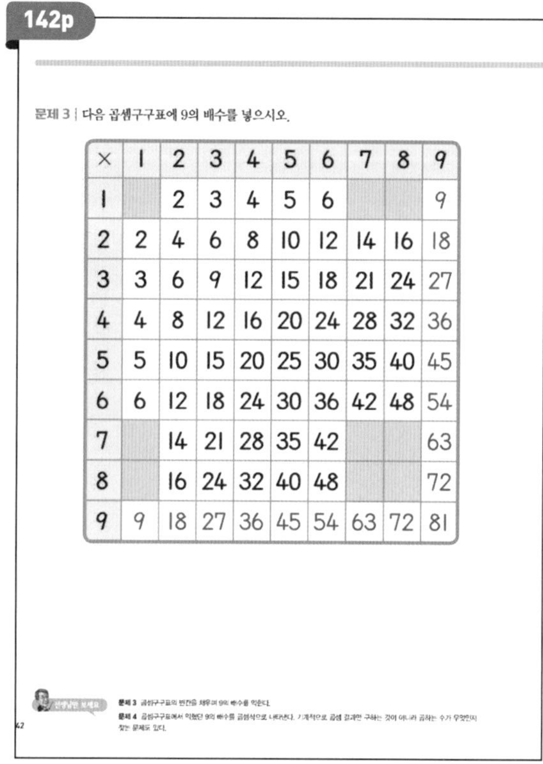
142p

문제 3 | 다음 곱셈구구표에 9의 배수를 넣으시오.

×	1	2	3	4	5	6	7	8	9
1		2	3	4	5	6			9
2	2	4	6	8	10	12	14	16	18
3	3	6	9	12	15	18	21	24	27
4	4	8	12	16	20	24	28	32	36
5	5	10	15	20	25	30	35	40	45
6	6	12	18	24	30	36	42	48	54
7		14	21	28	35	42			63
8		16	24	32	40	48			72
9	9	18	27	36	45	54	63	72	81

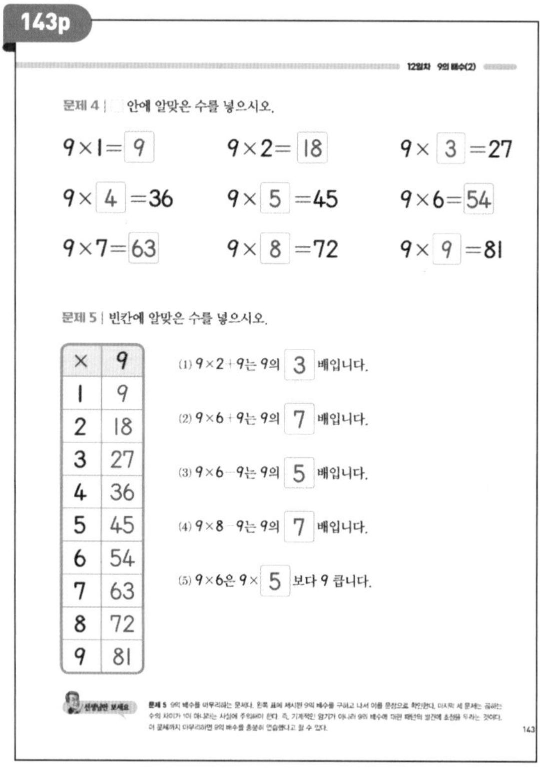
143p

문제 4 | □ 안에 알맞은 수를 넣으시오.

$9\times1=9$ $9\times2=18$ $9\times3=27$

$9\times4=36$ $9\times5=45$ $9\times6=54$

$9\times7=63$ $9\times8=72$ $9\times9=81$

문제 5 | 빈칸에 알맞은 수를 넣으시오.

×	9
1	9
2	18
3	27
4	36
5	45
6	54
7	63
8	72
9	81

(1) $9\times2+9$는 9의 3 배입니다.

(2) $9\times6+9$는 9의 7 배입니다.

(3) $9\times6-9$는 9의 5 배입니다.

(4) $9\times8-9$는 9의 7 배입니다.

(5) 9×6은 $9\times$ 5 보다 9 큽니다.

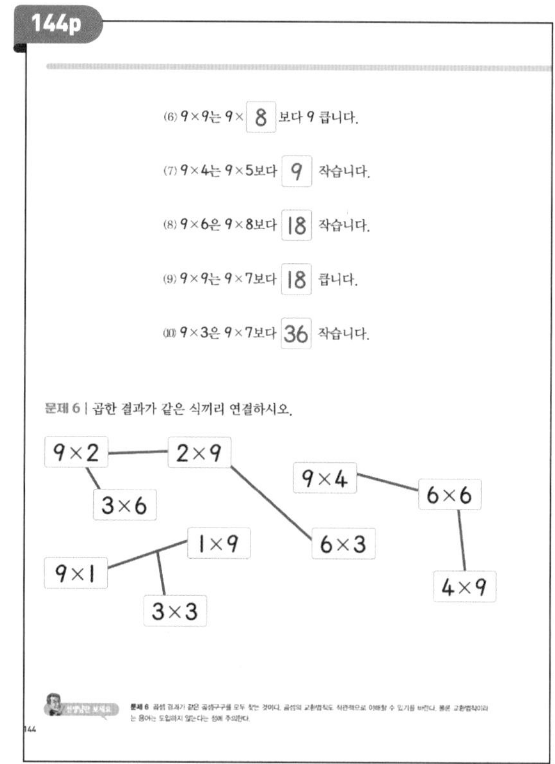
144p

(6) 9×9는 $9\times$ 8 보다 9 큽니다.

(7) 9×4는 9×5보다 9 작습니다.

(8) 9×6은 9×8보다 18 작습니다.

(9) 9×9는 9×7보다 18 큽니다.

(10) 9×3은 9×7보다 36 작습니다.

문제 6 | 곱한 결과가 같은 식끼리 연결하시오.

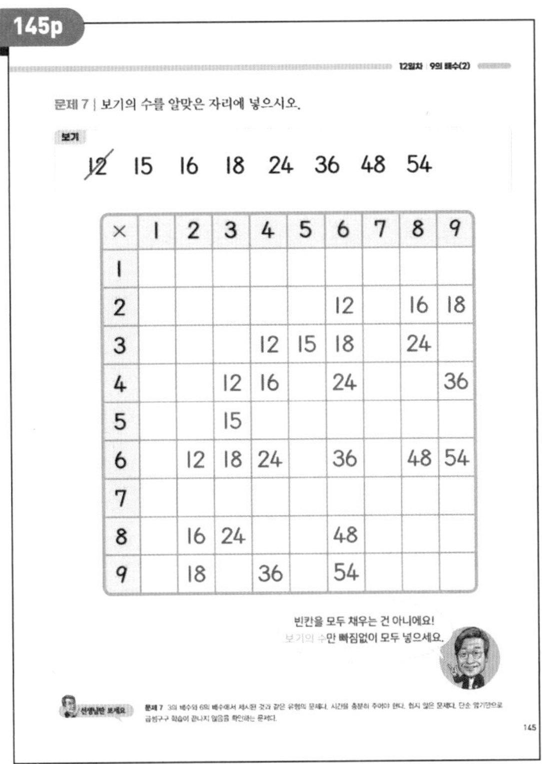

145p

12일차 9의 배수(2)

문제 7 | 보기의 수를 알맞은 자리에 넣으시오.

보기

~~12~~ 15 16 18 24 36 48 54

×	1	2	3	4	5	6	7	8	9
1									
2						12		16	18
3				12	15	18		24	
4			12	16		24			36
5			15						
6		12	18	24		36		48	54
7									
8		16	24			48			
9		18		36		54			

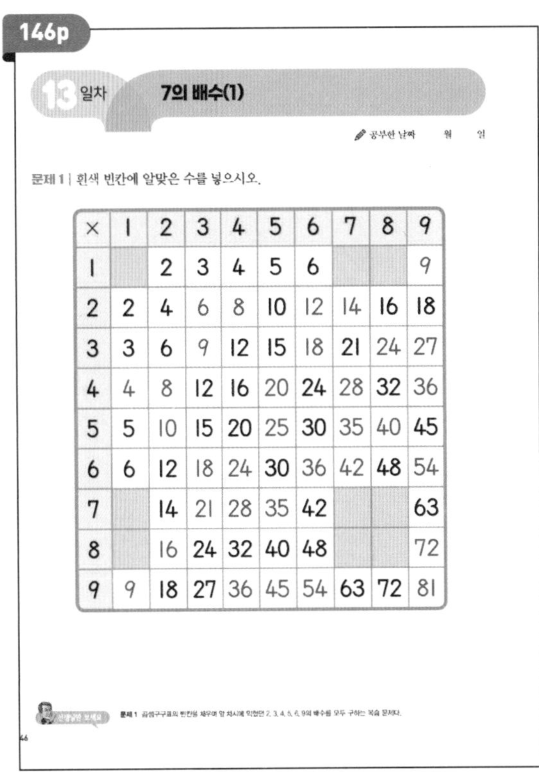

146p

13일차 7의 배수(1)

공부한 날짜 월 일

문제 1 | 흰색 빈칸에 알맞은 수를 넣으시오.

×	1	2	3	4	5	6	7	8	9
1		2	3	4	5	6			9
2	2	4	6	8	10	12	14	16	18
3	3	6	9	12	15	18	21	24	27
4	4	8	12	16	20	24	28	32	36
5	5	10	15	20	25	30	35	40	45
6	6	12	18	24	30	36	42	48	54
7		14	21	28	35	42			63
8		16	24	32	40	48			72
9	9	18	27	36	45	54	63	72	81

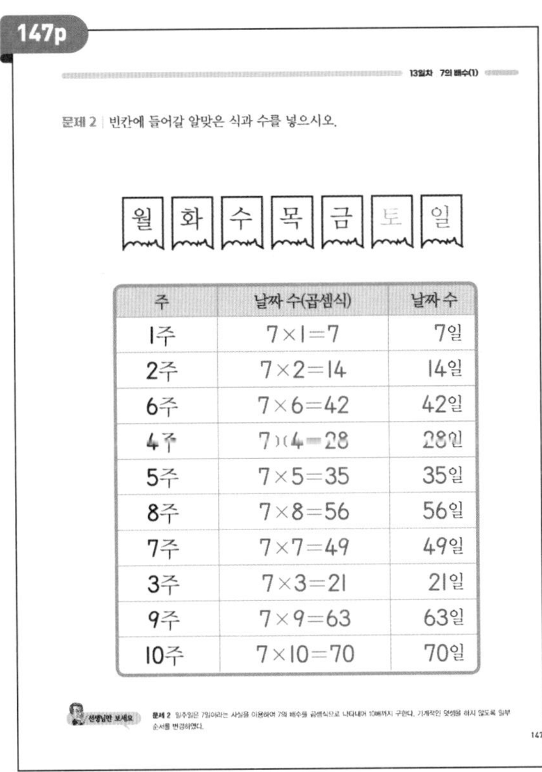

선생님만 보세요 | 문제 1 곱셈구구표의 빈칸을 채우며 앞 차시에 익혔던 2, 3, 4, 5, 6, 9의 배수를 모두 구하는 복습 문제다.

144

147p

13일차 7의 배수(1)

문제 2 | 빈칸에 들어갈 알맞은 식과 수를 넣으시오.

월 화 수 목 금 토 일

주	날짜 수(곱셈식)	날짜 수
1주	7×1=7	7일
2주	7×2=14	14일
6주	7×6=42	42일
4주	7×4=28	28일
5주	7×5=35	35일
8주	7×8=56	56일
7주	7×7=49	49일
3주	7×3=21	21일
9주	7×9=63	63일
10주	7×10=70	70일

선생님만 보세요 | 문제 2 일주일은 7일이라는 사실을 이용하여 7의 배수를 곱셈식으로 나타내서 10까지 구한다. 기계적인 덧셈을 하지 않도록 일부 순서를 변경하였다.

147

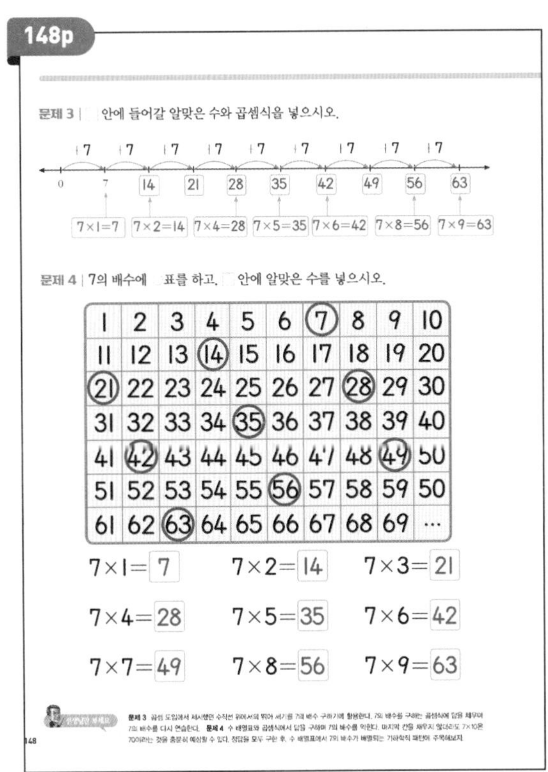

148p

문제 3 | □ 안에 들어갈 알맞은 수와 곱셈식을 넣으시오.

+7 +7 +7 +7 +7 +7 +7 +7 +7

0 7 14 21 28 35 42 49 56 63

7×1=7 7×2=14 7×4=28 7×5=35 7×6=42 7×8=56 7×9=63

문제 4 | 7의 배수에 ○표를 하고, □ 안에 알맞은 수를 넣으시오.

1	2	3	4	5	6	(7)	8	9	10
11	12	13	(14)	15	16	17	18	19	20
(21)	22	23	24	25	26	27	(28)	29	30
31	32	33	34	(35)	36	37	38	39	40
41	(42)	43	44	45	46	47	48	(49)	50
51	52	53	54	55	(56)	57	58	59	50
61	62	(63)	64	65	66	67	68	69	…

7×1=7 7×2=14 7×3=21

7×4=28 7×5=35 7×6=42

7×7=49 7×8=56 7×9=63

+ 정답 ÷

149p

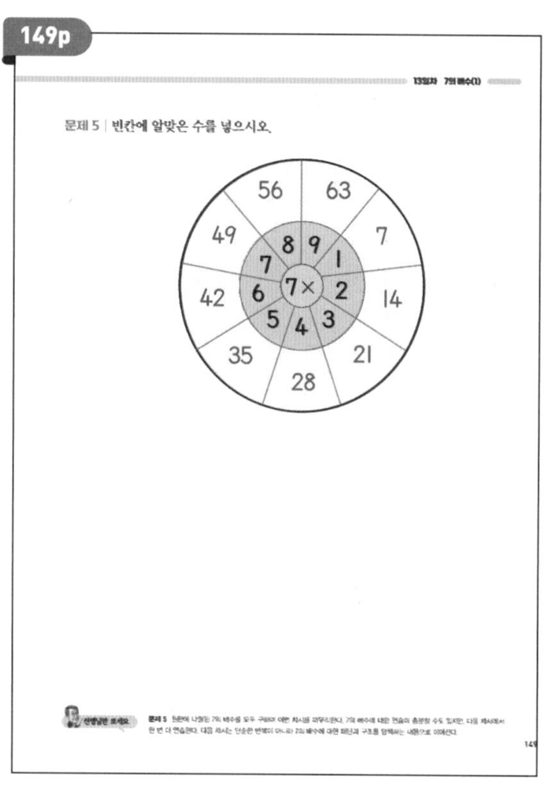

150p

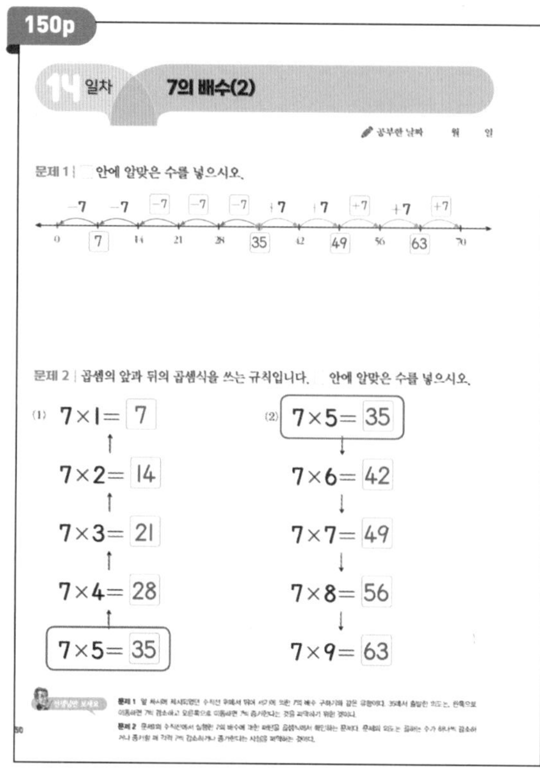
14일차 7의 배수(2)

문제 1 | □ 안에 알맞은 수를 넣으시오.

문제 2 | 곱셈의 앞과 뒤의 곱셈식을 쓰는 규칙입니다. □ 안에 알맞은 수를 넣으시오.

(1)
7×1= 7
↑
7×2= 14
↑
7×3= 21
↑
7×4= 28
↑
7×5= 35

(2)
7×5= 35
↓
7×6= 42
↓
7×7= 49
↓
7×8= 56
↓
7×9= 63

151p

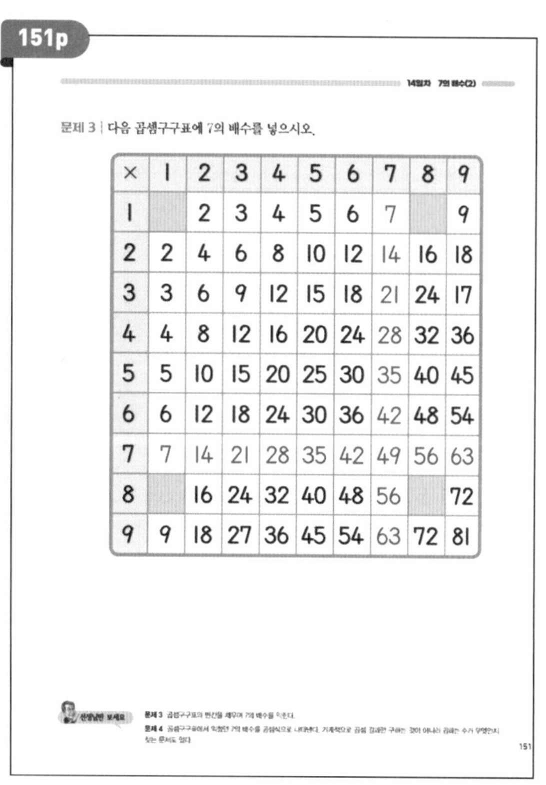
14일차 7의 배수(2)

문제 3 | 다음 곱셈구구표에 7의 배수를 넣으시오.

×	1	2	3	4	5	6	7	8	9
1		2	3	4	5	6	7		9
2	2	4	6	8	10	12	14	16	18
3	3	6	9	12	15	18	21	24	17
4	4	8	12	16	20	24	28	32	36
5	5	10	15	20	25	30	35	40	45
6	6	12	18	24	30	36	42	48	54
7	7	14	21	28	35	42	49	56	63
8		16	24	32	40	48	56		72
9	9	18	27	36	45	54	63	72	81

152p

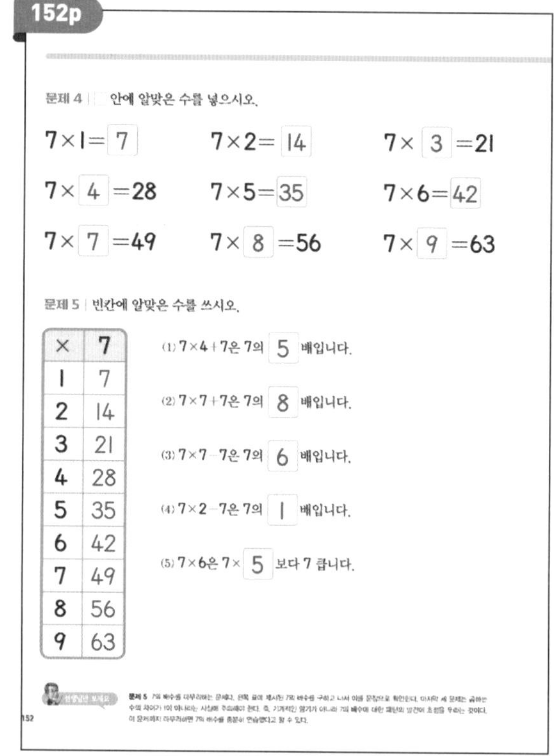
문제 4 | □ 안에 알맞은 수를 넣으시오.

7×1= 7 7×2= 14 7× 3 =21

7× 4 =28 7×5= 35 7×6= 42

7× 7 =49 7× 8 =56 7× 9 =63

문제 5 | 빈칸에 알맞은 수를 쓰시오.

×	7
1	7
2	14
3	21
4	28
5	35
6	42
7	49
8	56
9	63

(1) 7×4+7은 7의 5 배입니다.

(2) 7×7+7은 7의 8 배입니다.

(3) 7×7−7은 7의 6 배입니다.

(4) 7×2−7은 7의 1 배입니다.

(5) 7×6은 7× 5 보다 7 큽니다.

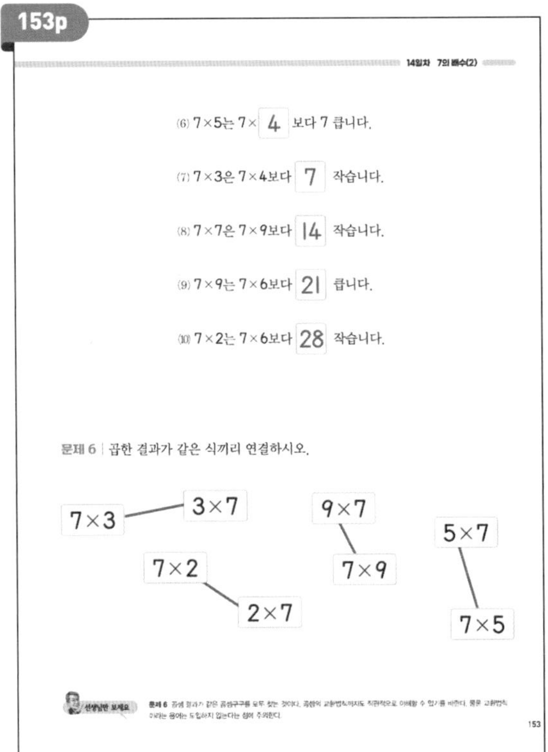

153p

(6) 7×5는 7× 4 보다 7 큽니다.

(7) 7×3은 7×4보다 7 작습니다.

(8) 7×7은 7×9보다 14 작습니다.

(9) 7×9는 7×6보다 21 큽니다.

(10) 7×2는 7×6보다 28 작습니다.

문제 6 | 곱한 결과가 같은 식끼리 연결하시오.

7×3 — 3×7

7×2 — 2×7

9×7 — 7×9

5×7 — 7×5

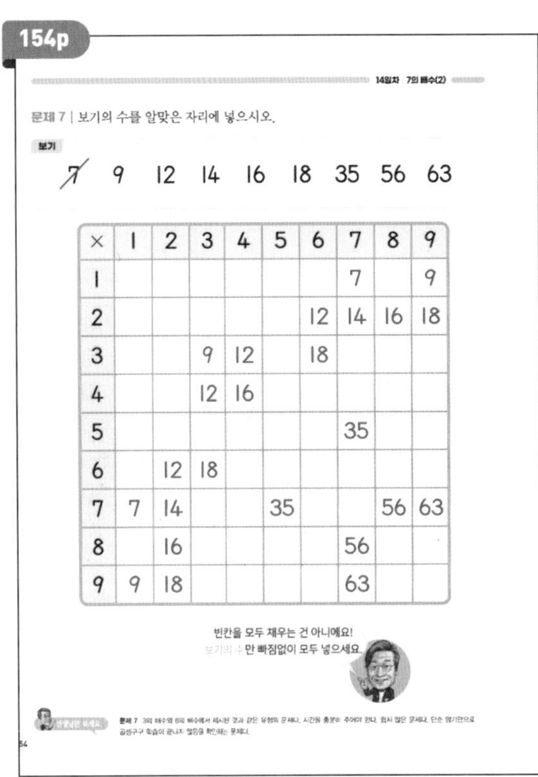

154p

문제 7 | 보기의 수를 알맞은 자리에 넣으시오.

보기

7 9 12 14 16 18 35 56 63

×	1	2	3	4	5	6	7	8	9
1							7		9
2						12	14	16	18
3			9	12		18			
4			12	16					
5							35		
6		12	18						
7	7	14			35			56	63
8		16					56		
9	9	18					63		

빈칸을 모두 채우는 건 아니에요!
보기의 수만 빠짐없이 모두 넣으세요.

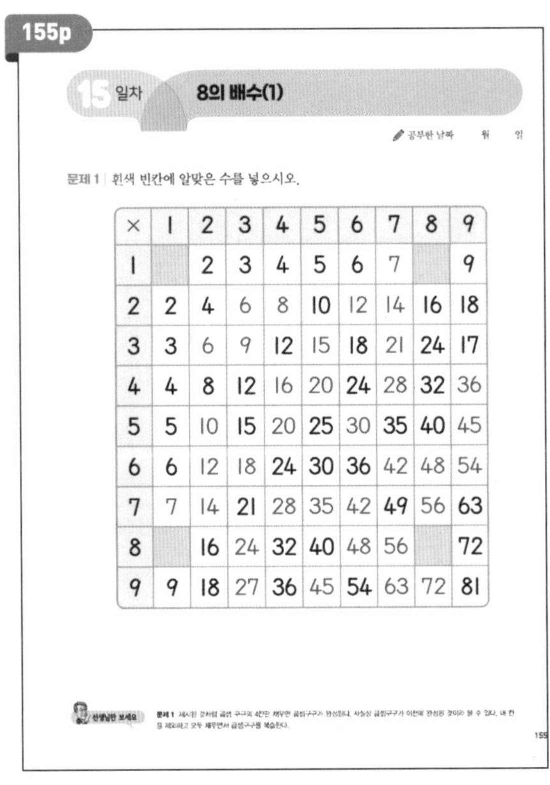

155p

15일차 8의 배수(1)

공부한 날짜 월 일

문제 1 | 흰색 빈칸에 알맞은 수를 넣으시오.

×	1	2	3	4	5	6	7	8	9
1		2	3	4	5	6	7		9
2	2	4	6	8	10	12	14	16	18
3	3	6	9	12	15	18	21	24	17
4	4	8	12	16	20	24	28	32	36
5	5	10	15	20	25	30	35	40	45
6	6	12	18	24	30	36	42	48	54
7	7	14	21	28	35	42	49	56	63
8		16	24	32	40	48	56		72
9	9	18	27	36	45	54	63	72	81

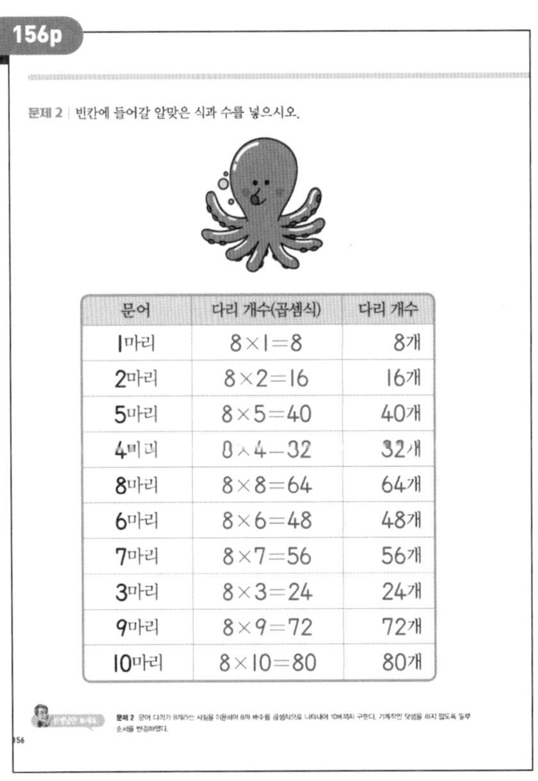

156p

문제 2 | 빈칸에 들어갈 알맞은 식과 수를 넣으시오.

문어	다리 개수(곱셈식)	다리 개수
1마리	8×1=8	8개
2마리	8×2=16	16개
5마리	8×5=40	40개
4마리	8×4=32	32개
8마리	8×8=64	64개
6마리	8×6=48	48개
7마리	8×7=56	56개
3마리	8×3=24	24개
9마리	8×9=72	72개
10마리	8×10=80	80개

+ 정답 ÷

157p

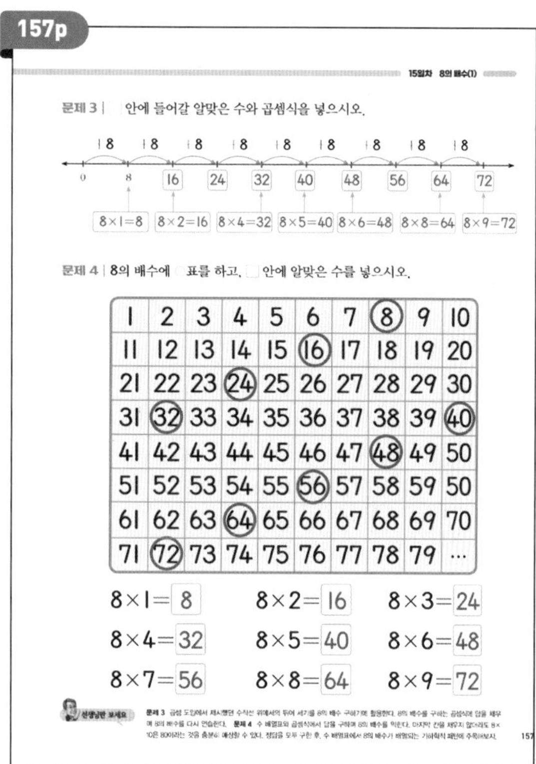

158p

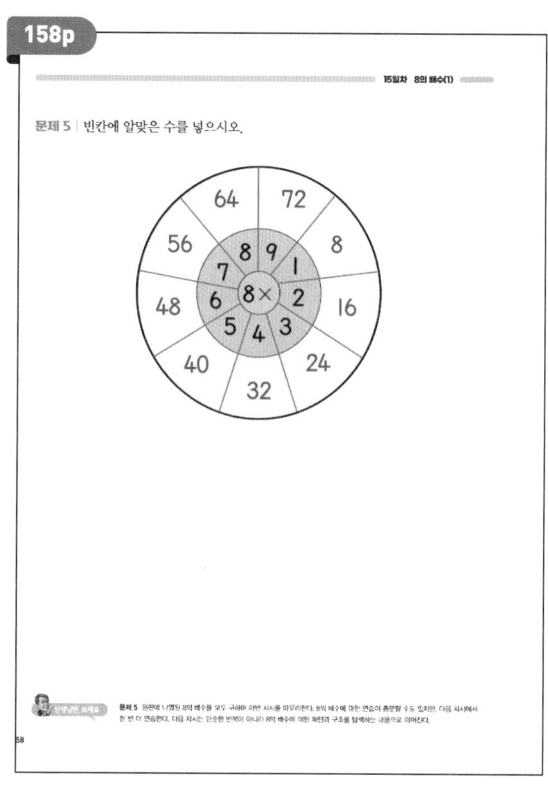

159p

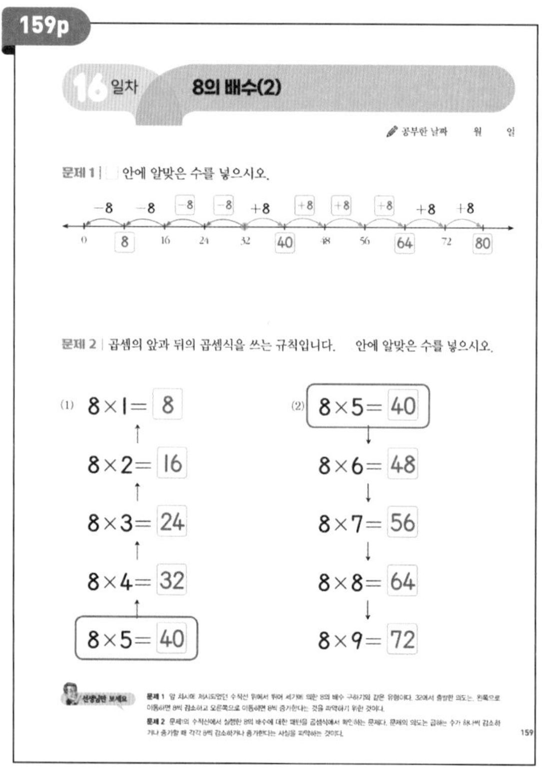

160p

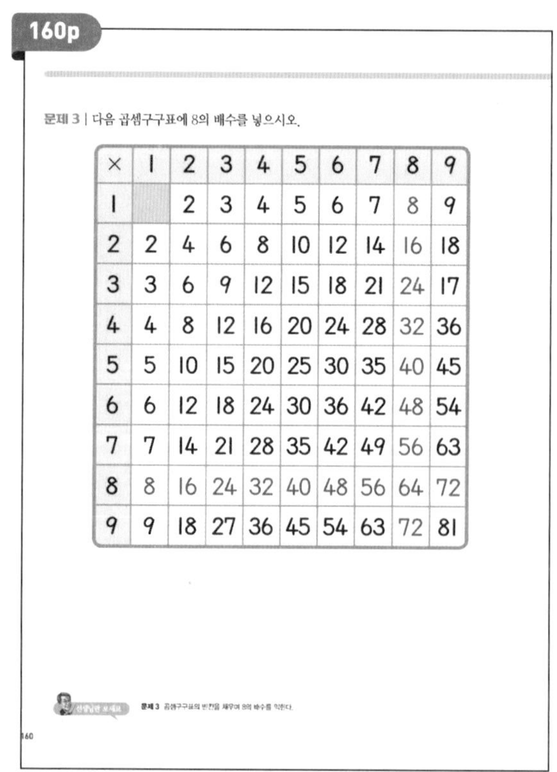

161p

문제 4 | □ 안에 알맞은 수를 넣으시오.

$8\times1=8$　　$8\times2=16$　　$8\times3=24$

$8\times4=32$　　$8\times5=40$　　$8\times6=48$

$8\times7=56$　　$8\times8=64$　　$8\times9=72$

문제 5 | 빈칸에 알맞은 수를 넣으시오.

×	8
1	8
2	16
3	24
4	32
5	40
6	48
7	56
8	64
9	72

(1) 8×2+8는 8의 3 배입니다.

(2) 8×5+8는 8의 6 배입니다.

(3) 8×6−8는 8의 5 배입니다.

(4) 8×4−8는 8의 3 배입니다.

(5) 8×5는 8×4 보다 8 큽니다.

162p

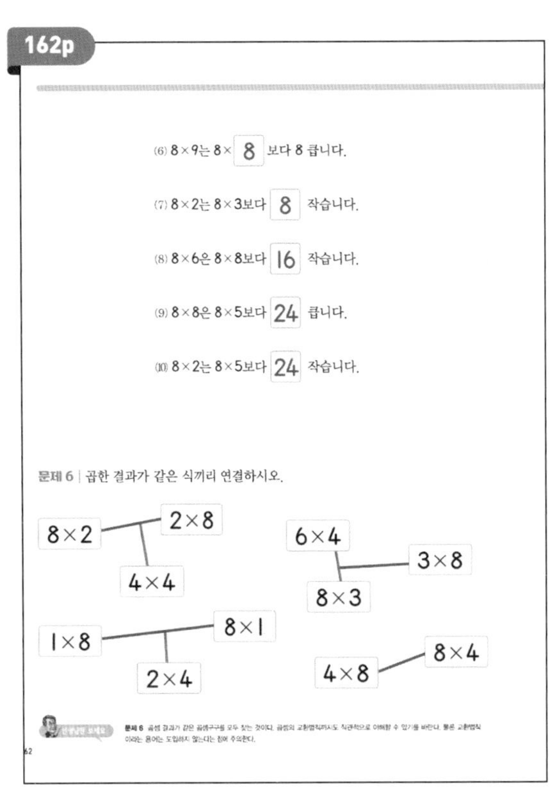

(6) 8×9는 8×8 보다 8 큽니다.

(7) 8×2는 8×3보다 8 작습니다.

(8) 8×6은 8×8보다 16 작습니다.

(9) 8×8은 8×5보다 24 큽니다.

(10) 8×2는 8×5보다 24 작습니다.

문제 6 | 곱한 결과가 같은 식끼리 연결하시오.

163p

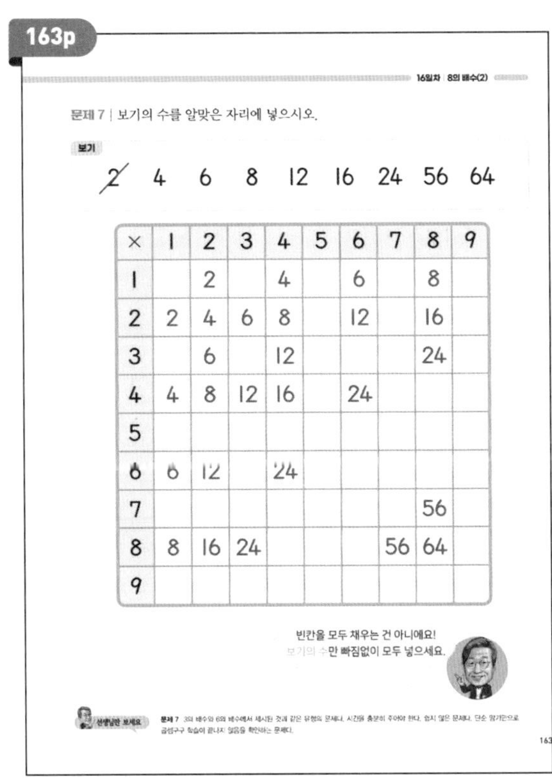

16일차 8의 배수(2)

문제 7 | 보기의 수를 알맞은 자리에 넣으시오.

보기

~~2~~ 4 6 8 12 16 24 56 64

×	1	2	3	4	5	6	7	8	9
1		2		4		6		8	
2	2	4	6	8		12		16	
3		6		12				24	
4	4	8	12	16		24			
5									
6	6	12		24					
7								56	
8	8	16	24				56	64	
9									

164p

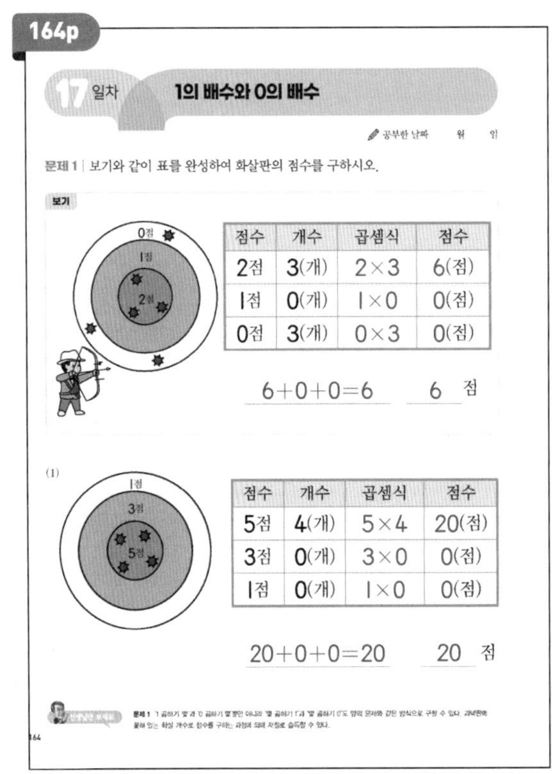

17일차 1의 배수와 0의 배수

공부한 날짜 월 일

문제 1 | 보기와 같이 표를 완성하여 화살판의 점수를 구하시오.

보기

점수	개수	곱셈식	점수
2점	3(개)	2×3	6(점)
1점	0(개)	1×0	0(점)
0점	3(개)	0×3	0(점)

6+0+0=6　　6 점

(1)

점수	개수	곱셈식	점수
5점	4(개)	5×4	20(점)
3점	0(개)	3×0	0(점)
1점	0(개)	1×0	0(점)

20+0+0=20　　20 점

+ 정답 ÷

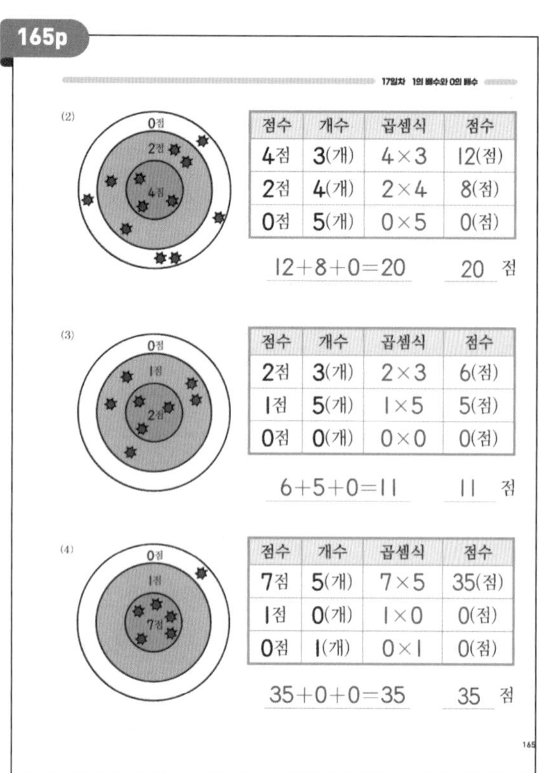
165p

17일차 1의 배수와 0의 배수

(2)

점수	개수	곱셈식	점수
4점	3(개)	4×3	12(점)
2점	4(개)	2×4	8(점)
0점	5(개)	0×5	0(점)

12+8+0=20 20 점

(3)

점수	개수	곱셈식	점수
2점	3(개)	2×3	6(점)
1점	5(개)	1×5	5(점)
0점	0(개)	0×0	0(점)

6+5+0=11 11 점

(4)

점수	개수	곱셈식	점수
7점	5(개)	7×5	35(점)
1점	0(개)	1×0	0(점)
0점	1(개)	0×1	0(점)

35+0+0=35 35 점

165

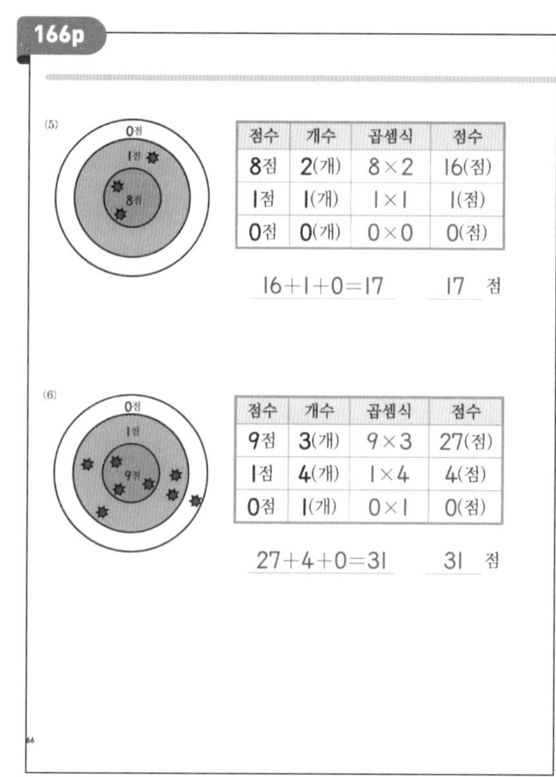
166p

(5)

점수	개수	곱셈식	점수
8점	2(개)	8×2	16(점)
1점	1(개)	1×1	1(점)
0점	0(개)	0×0	0(점)

16+1+0=17 17 점

(6)

점수	개수	곱셈식	점수
9점	3(개)	9×3	27(점)
1점	4(개)	1×4	4(점)
0점	1(개)	0×1	0(점)

27+4+0=31 31 점

166

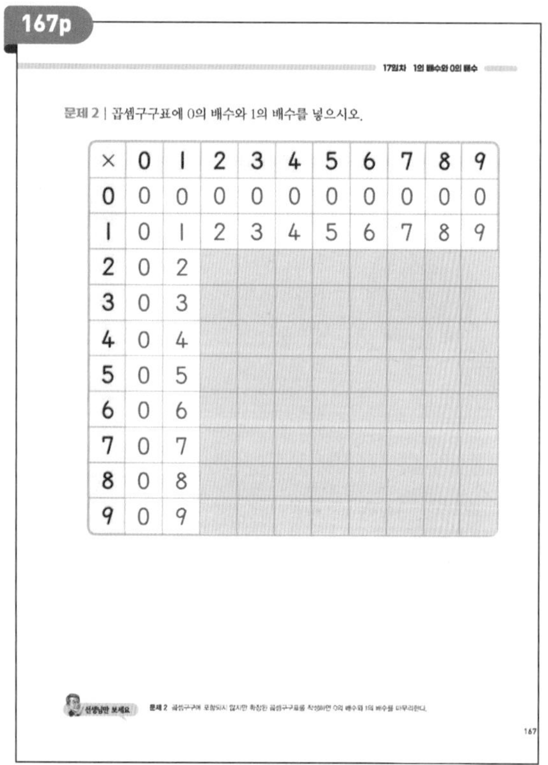
167p

17일차 1의 배수와 0의 배수

문제 2 | 곱셈구구표에 0의 배수와 1의 배수를 넣으시오.

×	0	1	2	3	4	5	6	7	8	9
0	0	0	0	0	0	0	0	0	0	0
1	0	1	2	3	4	5	6	7	8	9
2	0	2								
3	0	3								
4	0	4								
5	0	5								
6	0	6								
7	0	7								
8	0	8								
9	0	9								

167

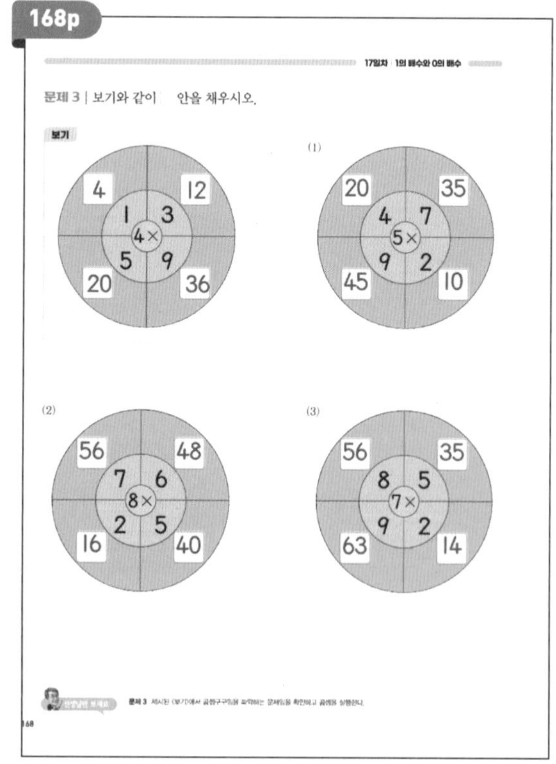
168p

17일차 1의 배수와 0의 배수

문제 3 | 보기와 같이 안을 채우시오.

168

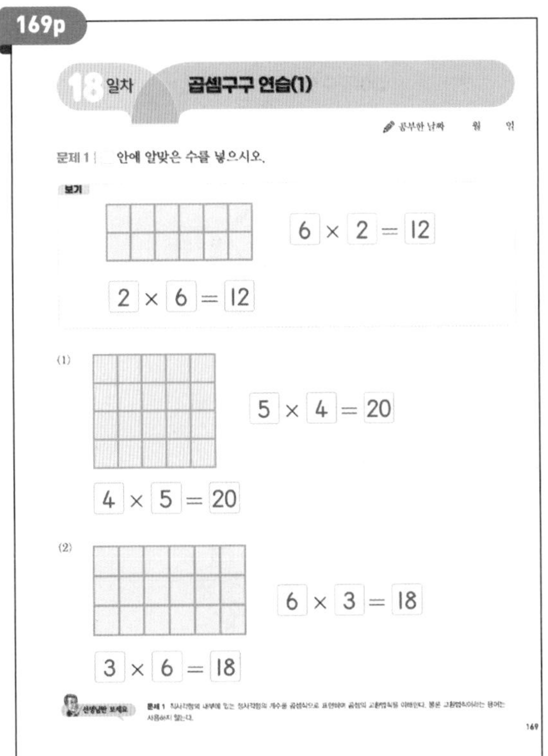

169p

18일차 곱셈구구 연습(1)

공부한 날짜 월 일

문제 1 | ☐ 안에 알맞은 수를 넣으시오.

보기

6 × 2 = 12

2 × 6 = 12

(1)

5 × 4 = 20

4 × 5 = 20

(2)

6 × 3 = 18

3 × 6 = 18

169

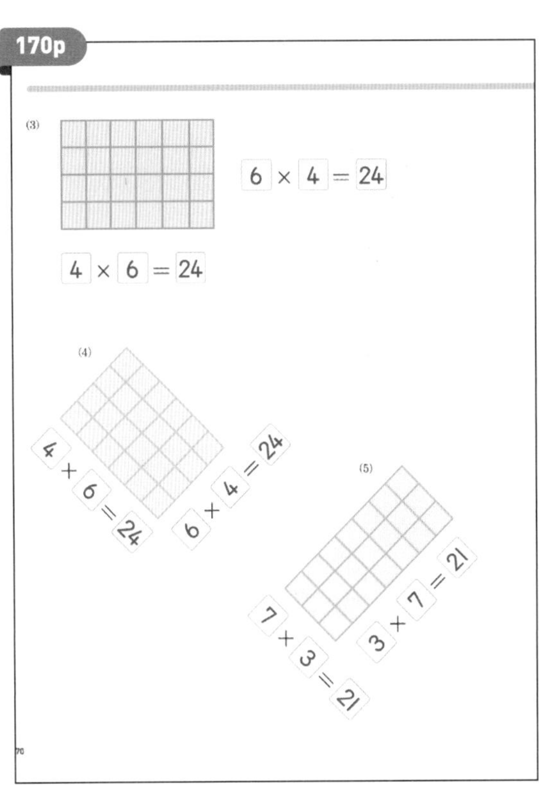

170p

(3)

6 × 4 = 24

4 × 6 = 24

(4)

4 × 6 = 24

6 × 4 = 24

(5)

7 × 3 = 21

3 × 7 = 21

170

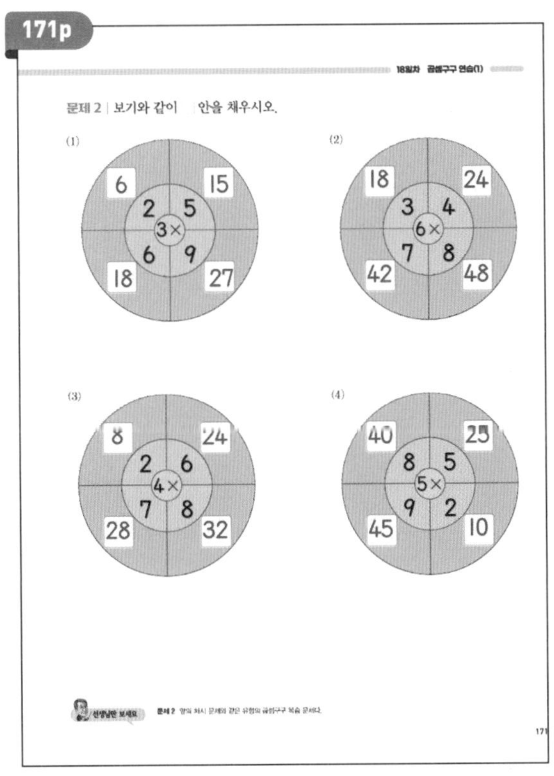

171p

18일차 곱셈구구 연습(1)

문제 2 | 보기와 같이 ☐ 안을 채우시오.

(1) 3× : 2 → 6, 5 → 15, 6 → 18, 9 → 27

(2) 6× : 3 → 18, 4 → 24, 7 → 42, 8 → 48

(3) 4× : 2 → 8, 6 → 24, 7 → 28, 8 → 32

(4) 5× : 8 → 40, 5 → 25, 9 → 45, 2 → 10

171

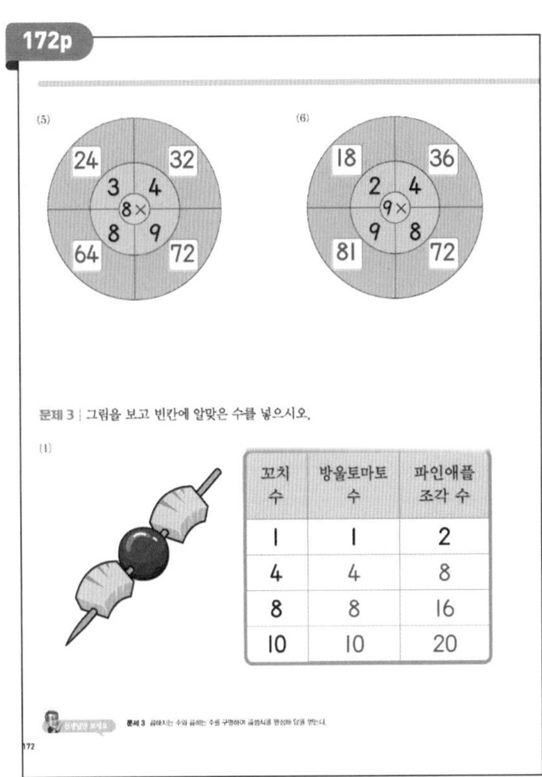

172p

(5) 8× : 3 → 24, 4 → 32, 8 → 64, 9 → 72

(6) 9× : 2 → 18, 4 → 36, 9 → 81, 8 → 72

선생님께 보세요 문제 2 앞의 문제와 같은 유형의 곱셈구구 복습 문제다.

문제 3 | 그림을 보고 빈칸에 알맞은 수를 넣으시오.

(1)

꼬치 수	방울토마토 수	파인애플 조각 수
1	1	2
4	4	8
8	8	16
10	10	20

선생님께 보세요 문제 3 곱셈식는 수의 순서는 수를 구별하여 곱셈식을 완성하여 답을 얻는다.

172

+ 정답 ÷

173p

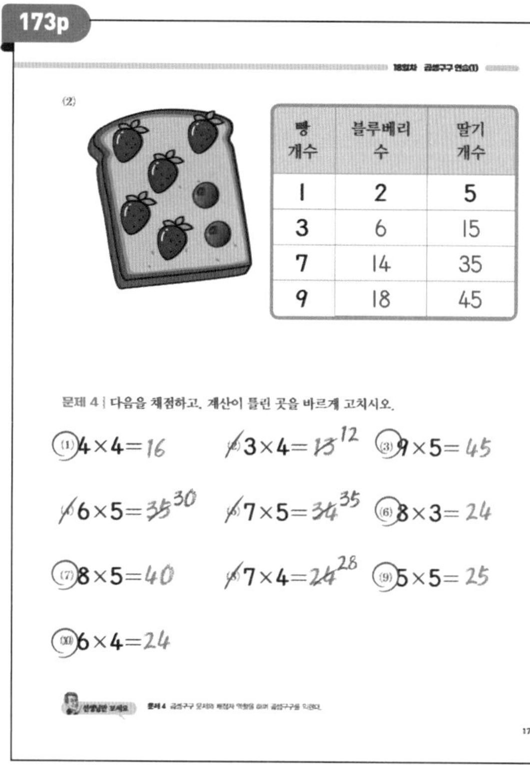

18일차 곱셈구구 연습(1)

(2)

빵 개수	블루베리 수	딸기 개수
1	2	5
3	6	15
7	14	35
9	18	45

문제 4 | 다음을 채점하고, 계산이 틀린 곳을 바르게 고치시오.

(1) 4×4=16 (2) 3×4=13 12 (3) 9×5=45

(4) 6×5=35 30 (5) 7×5=34 35 (6) 8×3=24

(7) 8×5=40 (8) 7×4=24 28 (9) 5×5=25

(10) 6×4=24

174p

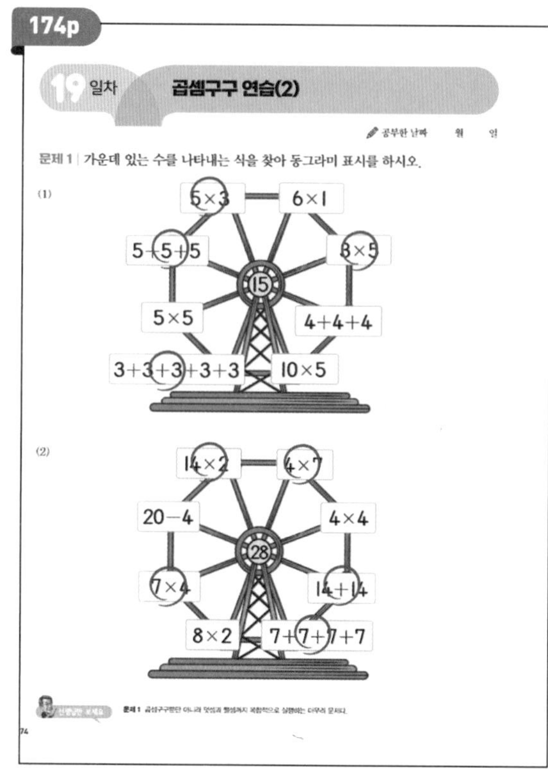

19일차 곱셈구구 연습(2)

공부한 날짜 월 일

문제 1 | 가운데 있는 수를 나타내는 식을 찾아 동그라미 표시를 하시오.

(1) 15: 5×3, 6×1, 5+5+5, 3×5, 5×5, 4+4+4, 3+3+3+3+3, 10×5

(2) 28: 14×2, 4×7, 20−4, 4×4, 7×4, 14+14, 8×2, 7+7+7+7

175p

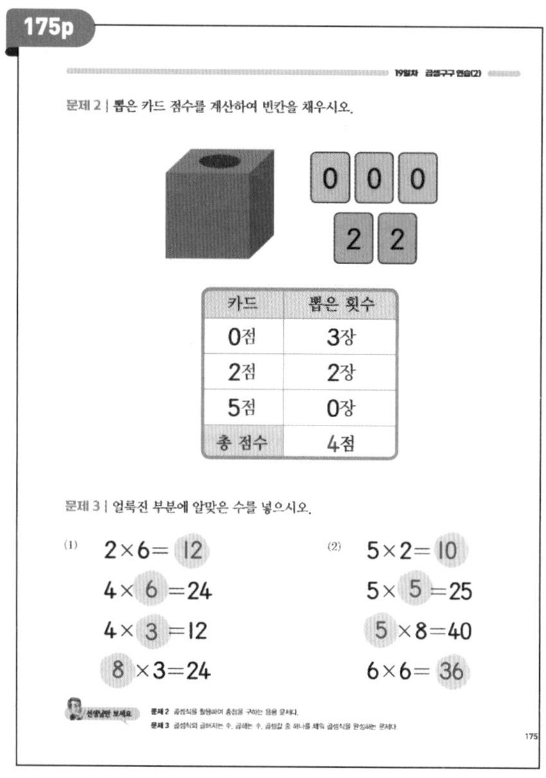

19일차 곱셈구구 연습(2)

문제 2 | 뽑은 카드 점수를 계산하여 빈칸을 채우시오.

0 0 0 / 2 2

카드	뽑은 횟수
0점	3장
2점	2장
5점	0장
총 점수	4점

문제 3 | 얼룩진 부분에 알맞은 수를 넣으시오.

(1) 2×6=12, 4×6=24, 4×3=12, 8×3=24

(2) 5×2=10, 5×5=25, 5×8=40, 6×6=36

176p

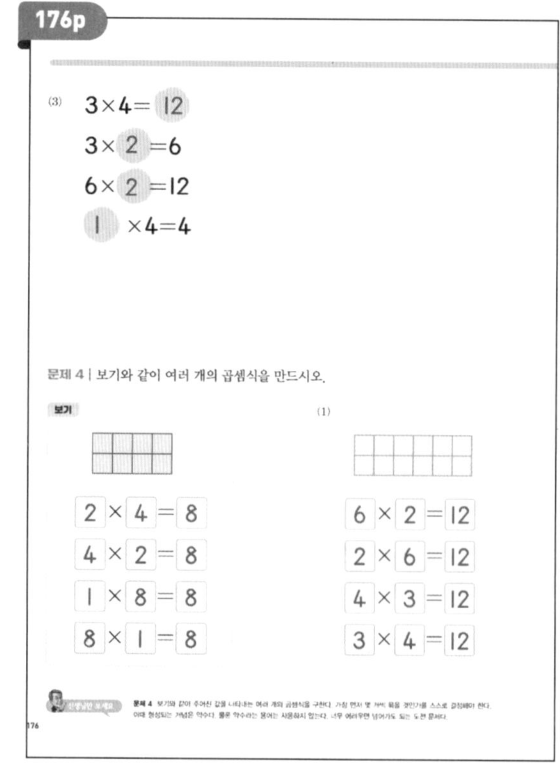

(3) 3×4=12, 3×2=6, 6×2=12, 1×4=4

문제 4 | 보기와 같이 여러 개의 곱셈식을 만드시오.

보기: 2×4=8, 4×2=8, 1×8=8, 8×1=8

(1) 6×2=12, 2×6=12, 4×3=12, 3×4=12

177p

(2)

7 × 4 = 28

4 × 7 = 28

2 × 14 = 28

14 × 2 = 28

(3)

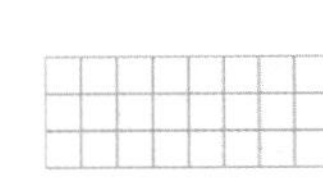

3 × 8 = 24

8 × 3 = 24

2 × 12 = 24

12 × 2 = 24

(4)

4 × 4 = 16

2 × 8 = 16

8 × 2 = 16

1 × 16 = 16

(5)

9 × 4 = 36

4 × 9 = 36

18 × 2 = 36

2 × 18 = 36

* 주의 : 이외에도 답이 여럿 있을 수 있다.